数字化学术信息资源利用

曾红岩　坤燕昌　著

西南交通大学出版社
·成　都·

图书在版编目（CIP）数据

数字化学术信息资源利用 /曾红岩，坤燕昌著. —成都：西南交通大学出版社，2011.2
ISBN 978-7-5643-1057-8

Ⅰ. ①数… Ⅱ. ①曾…②坤… Ⅲ. ①数字技术－应用－情报检索 Ⅳ. ①G252.7

中国版本图书馆 CIP 数据核字（2011）第 016984 号

数字化学术信息资源利用

曾红岩　坤燕昌　著

责任编辑	牛　君
封面设计	何东琳设计工作室
出版发行	西南交通大学出版社 （成都二环路北一段 111 号）
发行部电话	028-87600564　87600533
邮　　编	610031
网　　址	http://press.swjtu.edu.cn
印　　刷	四川经纬印务有限公司
成品尺寸	185 mm × 260 mm
印　　张	14
字　　数	368 千字
版　　次	2011 年 2 月第 1 版
印　　次	2011 年 2 月第 1 次
书　　号	ISBN 978-7-5643-1057-8
定　　价	23.80 元

图书如有印装质量问题　本社负责退换

前 言

本书立足于现代高校图书馆已经普遍建立的数字化学术信息资源体系，介绍了从信息资源的来源及分布，馆藏数字化学术信息资源体系组成及利用平台、利用基础，以及常用学术信息类型（涵盖图书、期刊、学位论文、报纸、专利、标准等类型）的具体利用，到怎样在信息检索报告和毕业论文写作的具体形式中体现合理利用数字化学术信息资源。全书着力于从使用的角度展示数字化学术信息资源的理论与实践，重视该研究领域内处于学术前沿的成果及应用，传递理性独立的学术研究意识。希望本书能够在学术研究的层面上给予高校学子切实可行的指导，帮助其获得从事学术研究的基本知识。当然也希望能初步展现作者在数字化学术信息资源利用的研究方面取得的成果。

本书撰写者为曾红岩、坤燕昌，其中曾红岩承担了全书大纲、第1章、第2章、第4章、第5章、第6章的写作以及全书的统稿工作；坤燕昌承担了第3章、第7章、第8章、第9章、第10章、第11章、第12章的写作。

限于作者学术视野和写作水平，本书难免存在疏漏之处，敬请读者批评指正。

著 者

2010年11月

目　录

资源篇

利用篇

整理篇

资源篇

与触手可及的能源、材料等实物形态的资源相比，以特殊形态存在的信息资源在人类社会发展与进步中的作用长期被忽略。当人类社会从漫长的游牧与农耕发展阶段进入近现代工业社会后，随着现代工业社会的建立，信息的交换与共享成为社会发展的必要条件，信息资源的重要性才凸显出来。信息资源进入网络传播阶段，终于彻底展现出其真实的力量。

在“信息是事物运动的状态及其变化方式的自我表述”，以及“信息资源是经过人类开发与组织的信息的集合”概念指引下，我们重组出数字化学术信息资源的基本轮廓，并作为现代高校图书馆馆藏信息资源体系中重要的一翼，呈现出愈来愈关键的作用。完整的馆藏数字化学术信息资源体系的展现平台——各级信息管理机构的网络门户，将成为信息用户最为关注的焦点。数字化学术信息资源利用平台的充分利用与否，已经成为衡量一个现代学术研究人员信息素质高低的重要指标。

1 数字化学术信息资源

不同的信息用户面对浩如烟海的信息资源具有不同的信息需求。对于高校师生及研究人员来讲，他们需要的信息资源是包含较高学术价值、使用方便的专业信息，这种信息我们视为学术信息资源。互联网的出现打破了传统出版发行机构对学术信息在发表展示上的限制，网络以全新的方式为研究人员提供了大量学术信息，极大地提高了学术研究的效率。网络时代的信息资源，基本被置于网络各个节点之上，演化成为数字化学术信息资源。

目前，在数字化学术信息资源的利用上，信息查找困难、信息质量不一、真伪难辨成为学术研究人员有效利用学术信息资源的瓶颈问题。我们拥有庞大的信息资源却很难加以充分利用，从中获取所需信息。以网络信息利用较为普及的美国、日本为例，据统计他们国家的研究人员信息吸收利用率也仅为10%左右[1]。由此可见，信息机构根据不同人群的不同需求，提供不同的数字化学术信息资源的同时，信息用户从自己的研究课题出发，找寻合适的数字化学术信息资源，成为学术研究工作的一个着力点了。

高校教学科研活动的主体是高校师生和学术研究人员，他们在教学与研究工作中查找、利用信息是为了满足自身教学、研究的需要，与社会大众对信息资源的需求有一定区别。这种区别表现在高校师生对信息的质量要求较高，长期持续进行的学术研究需要数量庞大、内容延续的专业文献；他们需要的信息资源要能够反映本学科的前沿发展水平和发展动态，具备良好的学科内容范围和准确性。从目前来看，数字化的纸本文献、电子期刊、联机数据库是比较稳定、准确可靠、方便存取的数字化学术信息资源。

数字化学术信息资源是正在演进发展中的一个概念，其内涵包括多种形态的、经过数字化的学术信息。就高校图书馆来看，除了馆藏图书书目数据库外，更为常见的是通过网络传递的本地镜像或远程提供的电子文献数据库。包括常见的文献形态如图书、期刊、学位论文、报纸、专利和标准等经过数字化的文献信息，以及伴随着图书馆联盟的兴起而出现的馆际存取文献信息，当然传统的远程联机数据库也是数字化学术信息资源的重要成员。

为便于我们更好地了解和掌握利用学术信息资源，下面简单厘清学术信息资源的几个重要概念。

1.1 信 息

人类文明主流形态经过不同的发展时期后，当今人类社会的主体已经进入以高速运转的物资交流为基础的全球统一发展的现代阶段。我们不能忽视在人员、原材料、货物频繁交流的背后，隐藏着另一条流转更快的信息洪流。不同的经济、文化信息往往先于物流在世界各地传播。信息对于正处于信息化时代的人类，其重要性不言而喻。

自从有了人类，有了人类的社会生产活动，人类就有了信息和信息的交流。在当今信息社会中，信息与空气、水一样重要，它与物质、能源并列构成世界的三大要素。及时获得必要、准确的信息是个人、社会存在与发展的前提条件。信息的重要性是在社会生产活动中被人们逐步认识到的。一条准确的天气预报可以使千万人的生命财产免遭损失，一条有价值的商业信息可以使商家获得巨额利润，一个确切的诊断信息可以救一个人的生命。进而，有效地利用信息和信息技术，可以逐步替代人们的脑力劳动和体力劳动。运用信息管理技术，可以使年产 1 000 多万吨的宝山钢铁厂，工人不到 10 000 人，树木葱郁的厂区像花园一般，与以前的钢铁厂景色大相径庭；也能让加拿大国铁使用数万员工管理的铁路总里程比我国近 300 万人员管辖下的铁路里程还要长[2]。在一些发达国家和地区，信息资源的开发和利用已经成为一种产业，即信息产业。在其国民生产中，信息产业创造的价值所占的比重已经超过其他产业，白领员工（非体力劳动者）比蓝领员工（体力劳动者）还要多。

1.1.1 信息的定义

作为支配现代人类社会三大要素之一的信息，与人类最早认识并感觉、测量到的资源——物质材料，以及通过击石钻木取火方法开始利用的资源——能源一样，早就被人类感知到了，并且为了便于信息的交流，人类发明了语言、文字、纸张、印刷、电报、电话、广播、电视等，直至今天的计算机网络。

汉语中的“信息”一词最早见于《三国志》中“正数欲来，信息甚大”的记载，其后唐代诗人李中《暮春怀故人》中的“梦断美人沉信息”，宋代诗人王庭《题辰州壁》中的“每望长安信息希”诗句里均有“信息”一词。其中“信”与“息”两字的意思相近，前者侧重于消息、征兆，后者强调情况、音讯。在人类社会早期以及在日常生活中，人们对信息的认识是比较宽泛和模糊的，多把信息看做消息的同义语，与当代信息的含义并不完全相同。

同样，在西方出版的许多文献著作中，Information（信息）和 Message（消息）两个词也是互相通用的。

20 世纪中期以后，在现代信息技术的飞速发展及其对人类社会的深刻影响下，信息相关领域的研究人员开始探讨信息的准确含义。信息作为物质世界的三大组成要素之一，其定义的适用范围是非常宽泛的。由于信息本身的普遍性、抽象性、高渗透性以及其他独特性质，导致人们对信息是什么这一提问的回答至今仍众说纷纭、莫衷一是。据不完全统计，信息的定义有 100 多种[3]，各个学科的学者从自身学科的角度，从不同侧面、不同层次揭示了信息的特征与性质。尽管人们在探索信息的过程中所形成的这些定义只适合于特定范围或层次，都有这样或那样的局限性，但对理解信息概念均有参考价值。

1928 年，哈特莱（L. V. R. Hartley）在《贝尔系统技术杂志》上发表了一篇题为“信息传输”的论文。他在文中把信息理解为选择通信符号（字母表中的字母）的方式，并用选择的自由度来计量这种信息的大小。他认为，发信者所发出的信息，就是他在通信符号表中选择符号的具体方式。发信者选择的自由度越大，他所能发出的信息量也就越大。哈特莱局限在通讯范畴的信息定义，只考虑了选择方式，没有涉及信息的内容和价值以及信息选择主体，自然存在着严重的局限性。

1948 年，《贝尔系统技术杂志》上发表的一篇重要论文，即香农（C. E. Shannon）的《通信的数学理论》，以及维纳（Wiener）的专著《控制论——动物和机器中的通信与控制问题》，创立了信息科学“三论”中的信息论和控制论。前者在信息的认识方面取得重大进展，因而被公认为信息论的创始人，后者则创立了控制论。香农把信息定义为“用来清除随机事件形式的不定性的东西”，信息就是不定性减少的量，是两次不定性之差。信息量的大小可用被其消除的不定性的多少来衡量，即等于信宿消除的不定性的数量。根据这一思想，1956年法裔美国学者布里渊（Brillouin）在他的名著《科学与信息论》中创造了“负熵”（Negentropy，由 Negative 和 Entropy 合成）这一名词，用来描述信息属性及其运动规律。而维纳认为信息“不是物质，也不是能量”，“是人与外部世界相互作用的过程中所交换的内容的名称”。维纳的信息定义包容了信息的内容与价值，从动态的角度揭示了信息的功能与范围。但是，人们在与外部世界的相互作用过程中，同时也进行着物质与能量的交换，若不加区别地将信息与物质、能量混同起来，是不确切的，因而也是有局限性的。

1975年，意大利学者朗高（C. Longo）在出版的《信息论：新的趋势与未决问题》一书的序言中说，信息是反映事物的形成、关系和差别的东西，它包含在事物的差异之中，而不在事物本身。对这种“信息就是差异”的说法，我国学者冯秉铨也表示赞同。

1991年，美国学者巴克兰德（M. Buckland）从实用的角度对信息作出定义。他认为信息可以定义为事物或记录（Record），记录所包含的信息是读者通过阅读或其他认知方法处理而获得的。在这个定义中，信息可以是文本，也可以是图片、录音磁带、博物馆陈列品、自然物体、实验、事件等世间万物中的许多事物，只要环境条件许可，都可以是信息[4]。巴克兰德的信息定义很实用，但却过于宽泛，它未能区别信息与信息载体以及信息与信息源。

1993年，西班牙学者库拉斯（Emilia Currus）在给“国际信息和文献工作论坛”的一封信中谈了自己对信息的认识：信息可以被传递、被感知和被理解，它需要有形的载体以变为实实在在的信息。信息是一种现象和一个过程，前者是指无意识感知的信息，用来调整我们的知识状态和态度；后者是我们需要和寻求的信息；是从文献中的数据经处理而来的[5]。这里信息同知识和数据相互混淆，信息是获取知识的方式，数据则是信息形成与获取的原材料。确切地说，将信息等同于现象和过程也不准确，物质与能量也可以说是一种现象。

1995年，美国学者萨克利夫（J. Tague-Sutcliffe）从信息服务的角度对信息进了界定。他认为信息是人和人所生产的记录跨越时空与其他人所交流的内容。信息是依赖于人类的概念化和理解能力的无形的东西，对于记录而言，它所包含的有形的文字与图片等是绝对的，但它所包含的信息对于读者或用户则是相对的。信息是读者通过阅读或其他认知方法处理记录所理解的东西，它不能脱离外在的事物或读者而独立存在，它是与文本和读者以及记录和用户之间的交互行为相关的，是与读者大脑中的认知结构相对应的东西[6]。

综合国外学术界对信息概念研究的最新成果，国内的学者提出了较为合理的信息定义，并由此推导出了一个完整的信息概念体系。这就是钟义信在《信息科学原理》一书中考察并比较了30多种信息定义后界定的，也是我们采纳的信息定义：信息是事物运动的状态及其变化方式的自我表述[7]。

信息是事物运动的状态与方式，具体地讲，是事物内部结构和外部联系运动的状态与方式。在此，“事物”泛指一切可能的研究对象，包括外部世界的物质客体，也包括主观世界的精神现象；“运动”泛指一切意义上的变化，包括机械运动、物理运动、化学运动、生物运动、思维运动和社会运动等；“运动状态”则是事物运动在空间上所展示的性状与态势；“运动方式”是指事物运动状态随时间而变化的过程样式。

由于宇宙间一切事物都在运动，都有一定的运动状态和状态改变的方式，因而一切事物都在产生信息，这是信息的绝对性和普遍性；同时，由于一切不同的事物都具有不同的运动状态与方式，信息又具有相对性和特殊性。这就是本体论意义上的信息定义，这个定义不受任何条件约束，与主体的因素无关，具有最广泛的适应性。

特别需要注意，在信息定义中强调了“自我”表述。这表明信息是一种客观的存在，不以主体的存在与否为转移，无论有没有主体，或者无论是否被某种主体感觉到，都不影响信息的“自我表述”。

如果引入一个约束条件，信息定义的层次就会下降，相应信息的适用范围就会变窄。

我们引入一个最有实际意义的约束条件——存在认识主体，从认识主体的立场上来定义信息。在这个条件的约束下，本体论层次信息定义就转化为认识论层次信息定义。认识论层次信息就是认识主体所感知或所表述的关于该事物的运动状态及其变化方式，包括事物运动状态及其变化方式的形式、含义和效用。

认识论层次信息与本体论层次信息定义所关注的都是“事物的运动状态及其变化方式”，因此两者之间存在着本质的联系。但是，它们之间又有原则的区别，即本体论层次信息定义从“事物”本身的角度出发，就“事”论事；认识论层次信息定义从“主体”的角度出发，就“主体”论事。由于引入了主体这一条件，认识论层次的信息概念就具有了比本体论层次信息概念丰富得多的内涵。事实上，人们只有在感知了事物的运动状态及其变化方式的形式，理解了它的含义，判明了它的价值，才算真正掌握了这个事物的认识论层次信息，并作出正确的判断和决策。

认识主体所感知的事物运动状态与方式，是外部世界向主体输入的信息，可称之为感知信息；认识主体所表述的事物运动状态与方式，是主体向外部世界（包括向其他主体）输出的信息，可称之为再生信息。认识论层次的信息受认识主体约束，可以说，没有主体就没有认识论信息。一般而言，在人类所及的有限时空中，本体论信息与认识论信息是可以互相转化的，其转化过程大致与人类认识和改造世界的过程相统一[8]。

具体来说，由事物对象产生本体论信息，作为主体的人从中提取所需信息尤其是结构、功能方面的信息（感知信息），然后通过分析、综合等过程再生出优化了结构、具备新型功能的信息（再生信息），再作用于事物对象，使对象结构发生改变并产生人类期望的新功能。这样，事物对象又产生了新的本体论层次的信息，新一轮的转化过程又开始了……这种周而复始螺旋上升的过程其实就是人类认识世界和改造世界的过程，这个过程不仅造就了大量的物质资源，而且积累了丰富的信息资源。对于正常的人类主体来说，事物的运动状态及其变化方式的外在形式、内在含义和效用价值这三者之间是互相依存、不可分割的。

本体论层次信息定义和认识论层次信息定义是最基本的信息定义，如果在认识论层次信息定义基础上再引入某种新的约束条件，认识论层次信息定义将转化为更低层次的信息定义；引入的约束条件越多，定义的层次越低。

例如，在认识论层次的信息定义中引入认识深度这一约束条件，认识论信息就可以进一步扩展为三个层次：语法信息，即主体所感知或表述的事物的运动状态及其变化方式的外在形式，这是最低层次的认识论信息；语义信息，即主体所感知或表述的事物运动状态及其变化方式的逻辑含义，这是较高层次的认识论信息；语用信息，即主体所感知或表述的事物运动状态及其变化方式相对于某种目的的效用，这是最高层次的认识论信息。

在语法、语义和语用信息三者之间，语法信息是最简单、最基本的层次，语用信息则是最复杂、最实用的层次，语义信息居于其中。以爱因斯坦的著名公式 $E = mc^2$ 为例，如果我们不了解每个字母或数字符号所代表的事物的含义，那么我们只能获得有关“英文字母与数字的一种特定排列方式”之类的信息，也就是说，只能获得该公式的语法信息；如果我们知道E代表能量，m代表质量，c^2代表光速的平方，那么我们就能获得质能转换关系方面的信息，也就是说获得了该公式的语义信息；如果我们进一步了解到利用质能转换公式可以改变原子核的质量状态从而获得巨大的原子核能时，我们才最终获得了该公式的语用信息。

一般说来，语法信息、语义信息和语用信息是密不可分的，不可能撇开其中的一个方面而孤立地研究其他方面；当认识和研究一个事务时，人们多是遵从语法、语义到语用的认识顺序，这可以看做一个认识小循环，是人类认识和改造世界的方法论。

在认识论层次的信息定义中，如果我们再换一个约束条件，即引入主体的认识能力和观察过程，可以将认识论信息分为三个部分：① 实在信息，是指这个事物实际所具有的信息，即事物实际的运动状态及其变化方式（实在信息是事物本身所固有的一个特征量，只取决于事物本身的运动状态及其变化方式，而与认识主体的因素无关）；② 先验信息，是认识主体在观察该事物之前已经具有的关于该事物的信息（先验信息既与事物本身的运动状态及其变化方式有关，也与主体的主观因素有关）；③ 实得信息，是认识主体在观察过程中实际得到的关于该事物的净信息（实得信息不仅与事物本身的运动状态及其变化方式有关，而且也与主体的观察能力以及实际的观察条件有关）。

从“信息是事物的运动状态及其变化方式”这个广义的信息定义，即本体论信息作为基点，逐级引入约束条件：认识主体、主体的认识能力与认识深度、认识对象的运动方式（随机型、半随机型、模糊型、确定型）等，信息的内涵就变得越来越丰富，适用范围则变得越来越窄；与此同时，信息的定义由一而众，逐级展开，自然形成一个层次严密、清晰的信息概念体系[9]。

1.1.2　信息的特征

不同学科研究者归纳出的信息特征具备各自的学科背景，因此各不相同。下面从信息资源利用研究的角度，得到信息最基本的特征[10]。

1.1.2.1　信息源于物质，而不是物质本身

信息是事物运动的状态及其变化方式的自我表述，客观存在的物质是信息的来源，物质的运动状态及其变化方式就是本体论层次的信息；当这些物质的运动状态及其变化方式被认识主体所感知或表述，就成为认识论层次的信息。而这时的“物质的运动状态及其变化方式”并不是物质本身，信息不等于物质。

信息从物质运动中产生后，就离开它的源物质而寓于媒体物质，从而相对独立地存在。例如，一个物体在运动，它的运动状态和状态改变的方式可以被高速摄影机拍摄下来，经过一定的处理，还可以把它重现出来。这时，产生这种运动状态和方式的那个物体（源物质）已离开观察者，但它的信息（运动状态及其变化方式）却被记录下来并可以不断地被重放。这时保留下来的仅仅是信息，而不是源物质本身。

1.1.2.2　信息源于精神世界，又不限于精神领域

信息是事物运动的状态及其变化的方式，事物运动既可以是物质的运动也可以是精神的运动——思维的过程，因此，精神领域的事物运动也就成为信息的一个来源。按照认识论层次的信

息定义，信息是认识主体所感知或表述的事物运动的状态及其变化方式，主体所表述的内容就是精神领域的东西，如人的思想状态、情绪、意志、方针、政策、命令、指令等。精神领域的信息与客观物体所产生的信息一样，也具有相对独立性，可以被记录下来加以保存、复制或重现。

由于客观世界的物质客体和精神世界的主观事物都可以产生信息，所以信息的存在是超出精神范畴限制的。

1.1.2.3 信息与能量密切相关，又与能量有本质区别

信息是事物运动的状态和状态变化的方式，能量是事物做功的能力，信息与能量都与事物的运动相关联。从一定的意义上说，信息与能量两者都可以是事物运动的状态函数。传输信息或处理信息需要一定的能量来支持，控制和利用能量也需要有信息来引导。例如在自动化防空体系中，为了取得空间目标的信息，就需要有足够的能量来开动雷达系统；为了传递这个信息，就要有相应的能量来支持通信系统的工作；为了导出某枚导弹的发射状态参数信息，就要有能量来保证计算机正常运行。不仅利用先进设备来取得信息、传递信息和处理信息时需要有能量作为动力，即使凭肉眼来观察信息，也同样需要能量来支持：没有生物能量，人的眼睛不能工作；没有光能照亮物体，人眼也看不见任何物体。另一方面，控制和驾驭能量，使它发挥好的效用又离不开信息。例如，上面提到的自动防空体系，若要使导弹能够命中目标，没有信息的引导是不可能的。

信息和能量的关系虽然如此密切，但是它们之间有着本质的区别：作为事物做功的能力，能量提供的是动力；作为事物运动的状态和状态变化的方式，信息提供的是知识和智慧。

1.1.2.4 信息能被提炼成知识，而信息不等于知识

知识是人类长期实践经验的结晶，主要包含两个基本的方面：一方面，知识告诉人们世界是什么，世界发展变化的规律是什么；另一方面，知识又告诉人们应当怎样同外部世界打交道。换句话说，知识一方面是人们认识世界的结果，另一方面又是人们改造世界的方法。由认识论层次信息的定义“信息是主体所感知或所表述的事物运动的状态及其变化方式”，显而易见，认识世界正是认识各种事物运动的状态和状态变化的方式（规律）；改造世界则是依据主体再生以及表述出来的事物运动的状态及其变化方式（方法）而采取的行动。因此，知识与认识论层次信息相通，只是它带有更加普遍、更加深刻的属性而已。

例如，牛顿第二运动定律 $F = ma$ 是物理学的重要知识，它描写具有质量为 m 的物体受到力 F 作用时会产生加速度 a。$F = ma$ 是对于这类事物运动的状态以及状态变化规律的表述，这项知识能够满足认识论信息定义的要求，它就是信息。但是，信息却不见得是知识。信息虽然能够告诉人们事物运动的状态是什么，这种状态会以什么方式改变，但是信息不一定具有普遍抽象的属性。因此，只能说信息具有知识的属性，但它本身不一定就能够被称为知识。例如，学校上课铃声响了，它给出了一种信息：上课的时间到了。显然，这种信息只能看做一种常识，而不能叫做知识。然而信息具有知识的属性，使它可以改变人们的知识状态，使人们由“不知”变为“知”，或由“知之较少”变为“知之较多”。如果信息根本不具备知识的任何属性，人们就不可能把信息加工成为知识，正像人们不能把石头孵化成小鸡一样。

1.1.2.5 信息能被感知、传递、处理和利用

信息是现实世界各种事物运动的状态和状态变化的方式，具有非常具体和真实的属性。信息可以被人、生物、机器所感知，例如，人类和生物的感觉器官就是专门用来感知信息的，被

称为信息的感受器官。事实上，若不是为了感知信息，感觉器官就失去了用途，会在长期进化的过程中退化（用进废退）。但是，人类的感觉器官非但没有退化，反而变得越来越精致，越来越灵敏，甚至还要用现代科学技术的成就来扩展它们的功能水平，就是因为它们担负着感知信息的任务。人类和生物一时一刻都不能没有信息，否则就不能够生存。因此，感觉器官感知信息的作用是极为重要的。

信息不仅可以被感知，而且可以被传递、处理和利用。由于信息具有脱离母体而相对独立的能力，因而它就可以通过一定的方法使之在时间或在空间上进行传递。在时间上的传递称为存储，在空间中的传递称为通信。其实，存储也是一种通信：今天与明天的“通信”，或者今天与后天的“通信”。当然，信息在空间中的传递必然也伴有时间上的传递，因为它在空间中传递的速度是一个有限值。信息可以在时间上和空间中传递，是一个十分有用的属性，它使人类的知识能够积累和传播，使人与人之间能够进行信息的交流，使人与环境之间能够保持信息的联系，从而能够更好地认识环境和改造环境。

本书后面各章将会具体探讨信息利用方面的问题，这里不再详述。应当指出的是，正是因为信息具有能够转化为知识以及能被人类利用的特征，对于人类信息才具有如此巨大的意义。

1.1.2.6　信息可以共享

信息不是物质，不服从物质不灭定律；信息也不是能量，不服从能量守恒定律；信息可以共享，这才是信息的运动规律。由于信息可以共享，当信息从传者转移到受者时，传者不会因此丢失信息。正如萧伯纳所举的“苹果与思想”的例子，苹果交换之后交换双方仍然各有且仅有一个苹果，但思想交换之后交换双方都拥有了两种思想。

由于信息可以脱离源事物而相对独立地存在并寓于其他载体，因此可以被无限制地进行复制、传播，分配给众多用户，为大家所共享。信息可以共享的特征，使它对人类具有特别重要的意义。如同知识经济与物质经济的不同一样，信息可以共享的特性带来了非常巨大的、根本性的变化。与物质是用掉一点少一点，就像杯子里的水，喝一口少一口不一样，一个人将信息传给别人，本人的信息并不会减少。譬如，一位专家今天作了一个报告，不会因此脑子里就少掉一点知识，下次想不起来了。事实是台下听报告的一二百人可能都知道了这些知识，信息量放大了几百倍[11]。

需要注意的是，虽然信息具有相对独立性，可以无限制地进行复制，为众多用户所共享，但是在复制、传递或做其他处理的过程中，语法信息量本身永远不会增加。不是说把一份信息复制一下信息量就增加了一倍。实际的情况是，不管复制多少份，都没有增加新的信息量。相反，由于噪声干扰的影响，由于复制、传递和处理过程中不可避免地存在误差或非线性操作，结果所得到的语法信息量只会减少（称为信息损失），不会增加。

1.1.3　信息的分类

作为一类独立的研究对象，要全面系统地认识信息，我们就必须对信息进行分类。同时我们有必要选择多种标准对其进行分类，这样既有助于人们全面地认识信息，同时又有助于我们弄清哪些信息属于信息资源的范畴。

常见的信息分类主要有[12]：

（1）以信息的性质为依据，信息可分为语法信息、语义信息和语用信息；

（2）以认识主体为依据，信息可分为客观信息（关于认识对象的信息）和主观信息（经过认识主体思维加工的信息）；

（3）以主体的认识能力和观察过程为依据，信息可分为实在信息、先验信息和实得信息；

（4）以信息的逻辑意义为依据，信息可分为真实信息、虚假信息和不定信息；

（5）以信息的生成领域为依据，信息可分为自然信息、社会信息和思维信息；

（6）以信息的应用部门为依据，信息可分为工业信息、农业信息、军事信息、政治信息、科技信息、文化信息、经济信息等；

（7）以信息的记录符号为依据，信息可分为语声信息、图像信息、文字信息、数据信息等；

（8）以信息的载体性质为依据，信息可分为文献信息、光电信息、生物信息等。

（9）以信息的运动状态为依据，信息可分为连续信息、离散信息、半连续信息等。

上述信息分类有一个共同特点，即它们每次只选择一个分类标准，它们是从信息的某一侧面切入来分析信息的。这样的分类虽然能给人们提供多种研究入口，能让人们多侧面地认识信息，却无法使人们形成完整系统的认识。为此，我们以本体论信息为基础，以信息来源、内容和应用领域等为主要依据，综合多种标准构建一个信息分类体系（参见表 1.1）。该体系在兼顾信息体系完整性的同时将重点放在再生信息这一大类上。再生信息是人们对感知信息进行思维加工并向外输出的结果，是信息资源的主体，因而也是我们研究的重点。

表 1.1　信息分类体系

- 本体论信息
  - 人类未感知的信息
  - 知识论信息
    - 感知信息
      - 自然信息
      - 社会信息
      - 思维信息
    - 再生信息
      - 理论信息
        - 哲　学
        - 人文科学
        - 社会科学
        - 自然科学
      - 技术信息
        - 材料技术
        - 能源技术
        - 信息技术
      - 应用信息
        - 工业信息
        - 农业信息
        - ⋮

1.1.4　信息的功能

物质、能量和信息是构成现实世界的三大要素。提出“三次浪潮”学说的美国学者托夫勒（A. Toffley）认为：“第一次浪潮的变化，是历经数千年的农业革命。第二次浪潮的变革，是工业文明的兴起，距今不过 300 年。今天的历史发展甚至更快，第三次浪潮的变革可能只要几十年就会完成”。从另一个角度来看，三次浪潮就是围绕着物质、能量和信息的开发依次出现的人类变革浪潮[13]。托夫勒尽管没有明确提出第三次浪潮是什么，但依其所描述的内容，第三次浪潮无疑是信息浪潮，是以信息开发为核心的人类变革浪潮。

信息是一种重要的社会资源。现代社会将信息、材料和能源看做支持社会发展的三大支柱，这充分说明了信息在现代社会中的重要性。信息还是信息产业的内核，是未来经济的希望，其作用是无可估量的。

信息的基本功能在于维持和强化世界的有序性，信息的社会功能则表现为维系社会的生存，促进人类文明的进化和人自身的发展。具体地讲，信息的功能主要表现在下述 5 个方面[14]：

1.1.4.1 信息是宇宙万物有序运行的内在依据

信息源于物质的运动，早在生命现象出现之前，自然界中无机物之间、无机物及其周围环境之间就存在着相互作用，存在着运动、变化的过程，因而也存在着信息的运动过程。无机界简单的信息交流在一定程度上维持着它们之间的有序形态。由于无机物不能利用信息而只能被动地接受信息，它们的运动最终是趋于混乱和无序的，只有有机体才能利用信息使自身通过进化不断向更高层次的有序态发展。有机体的进化本身是有序性的体现，而这种有序性正是有机体利用信息的结果，如向日葵选择阳光、植物的传花授粉、蜜蜂酿制花蜜、燕子季节迁徙、狐狸变换毛色等都是一种利用信息的行为。信息是一切生物进化的导向资源。生物生存于自然环境之中，而外部自然环境经常发生变化，如果生物不能得到这些变化的信息，就不能及时采取必要的措施来适应环境的变化，就可能被变化了的环境所淘汰。可以说，缺少物质的世界是空虚的世界，缺少能量的世界是死寂的世界，缺少信息的世界则是混乱的世界。

1.1.4.2 信息是人类认识世界和改造世界的中介

形象地说，信息如同一座桥梁，其作用在于实现人类与自然界的沟通。人类通过自己的感觉器官从物质世界中感知和提取信息，然后通过大脑的加工，以信息输出的形式作用于物质世界而达到改造的目的，信息始终是这个过程的中介和替代物。马克思曾谈到，蜜蜂筑巢的本领令世间最高明的建筑师都感到羞愧，但是最蹩脚的建筑师也比蜜蜂高明的地方在于他在建房子之前脑中已有了建筑的形象。在此，人类之所以比蜜蜂高明，就在于他的信息能力远远高于蜜蜂的信息能力。由于掌握了利用信息的知识和技能，人类才能够移山填海、改天换地，才能“运筹帷幄之中，决胜千里之外”，才能改造世界（更确切地说，应当是优化世界），使之服务于人的目的。

1.1.4.3 信息是维系社会生存与发展的动因

人是一种社会动物，人类活动是一种社会性活动，这种社会活动赖以形成、维系和发展的根本保证正是人与人之间能够有效地进行信息交流。我国远古时有两个重大事件影响了历史的进程，一是“神农尝百草”，二是“仓颉造字”。这两件事之所以影响重大，是因为神农尝百草的经验能够在部落群体内部和部落之间交流，这样不仅可以避免人们不必要的死亡，也可增强群体的凝聚力；仓颉造字更是直接地促进了信息交流的深度和广度，从而促进了社会的整合与发展。进入文明社会之后，曾被列入“四大发明”的我国古代造纸术、活字印刷术、火药和指南针，以及近现代的电信技术、现代通信技术和计算机技术，都先后带来了人类社会的加速发展。在此，信息技术固然重要，但更重要的是信息技术为人与人之间的信息交流和共享提供了强大的支持和可靠的保证。维纳认为，信息是人类社会的“融合剂”，这也许只是一个方面；由于社会内部存在信息交流，每一代人都可以在前人的肩膀上起步，因此，信息本身也是社会前进与发展的基石，是人类进化的动力。

1.1.4.4. 信息是智慧的源泉，是人类的精神食粮

人之所以不同于动物就在于人能够思维，具有智慧。智慧是人独特的品质，但智慧不是与生俱来的，它是信息过程的产物。一个人存储的信息越多，信息处理能力越强，他的智慧就越高。毛泽东的智慧就是与他所读过的书以及他的丰富经历成正比的，古人云：“读万卷书，行万里路”，其目的就是告诫人们要注重信息的采集、存储和利用。据心理学家的研究，信息与空气、水一样已成为人类生活必不可少的条件。当我们闲暇之时，我们总是设法找一些读物、找人聊天或收听、收看什么；当我们工作或学习时，信息是我们的工作手段或学习对象；即使当我们睡眠时，“意识流”依然不断，我们做梦、说梦话，一些科学家甚至在梦中解决了难题。总之，我们不能想象没有信息的生活，信息是我们的精神食粮。

1.1.4.5 信息是管理的灵魂

自人类诞生之日起，管理就一直是人类的一项经常性的社会活动。管理本身就是一个有序化的过程，在这个过程中，管理者不断向管理客体传递信息，监督客体的运行状态，及时收集反馈信息，并不断地作出调整，以保证目标的实现。管理最重要的职能之一是决策，决策就是选择，而选择意味着消除不确定性，意味着需要大量、准确、全面、及时的信息。20 世纪后半叶，管理信息系统（Management lnformation System，MIS）风行全球；到 80 年代，西方发达国家的行政部门和许多大企业相继出现了信息主管（CIO）的职位，其职责是全面管理本部门的信息资源；进入 90 年代，在信息高速公路建设的热潮中，越来越多的企业进入互联网，它们将信息视为企业的生命和管理的灵魂；而所有这一切都是管理活动中信息重要性的体现，是现代管理的发展趋势。

1.2 信息资源

信息是事物运动的状态及其变化方式的自我表述，是宇宙万物发展变化的基本属性。对应地，资源必须有人类的参与才能体现出来。资源可以简单叙述为：在人类的社会生产活动中得到的能够利用的物质、能量与信息的总和。信息与资源并不完全等同，信息并非全都是资源，只有满足一定条件的信息才能称之为信息资源，即只有经过人类开发与组织的信息才是信息资源。

1.2.1 信息资源界定

20 世纪 90 年代中期以前，在对信息资源概念的认识过程中，大多数学者都是从各自专业或自我理解的角度使用信息资源一词，而未作深入的研究。那个时期普遍流行列举式的泛化定义。90 年代中期后，一些学者开始从科学的意义上来抽象和概括“信息资源”概念：

（1）“信息资源是反映客观事物的各种信息的总称，也是各种信息的集合体”[15]；

（2）“信息资源也就是可以利用的信息的集合……换言之，信息资源是经过人类开发与组织的信息的集合”[16]；

（3）“信息资源是将信息通过在生产、流通、加工、存储、转换、分配等过程中，作用于信宿（用户）进行开发利用，为人类社会创造出一定财富而成的一种社会资源”[17]；

（4）“对信息资源有两种理解。一种是狭义的理解，即仅指信息内容本身。另一种是广义的理解，指的是除信息内容本身外，还包括与其紧密相连的信息设备、信息人员、信息系统、信息网络等”[18]；

（5）“广义的信息资源是指信息和它的生产者及信息技术的集合。即广义的信息资源由三部分组成：第一，人类社会经济活动中的各类有用信息。第二，为某种目的而生产有用信息的信息生产者。第三，加工、处理和传递有用信息的技术。狭义的信息资源则仅仅指人类社会经济活动中经过加工处理有序化并大量积累后的有用信息的集合，它包括科学技术信息、政策法规信息、社会发展信息、经济信息、市场信息、金融信息等多方面内容”[19]。

从上述观点再参照信息与资源两个概念的基本内涵，我们可以得出有关信息资源的一些基本观点：

首先，信息资源是一种信息，是信息集合中的一个子集，即信息资源是信息的一部分。人类对信息的加工、处理和有序化活动是信息成为资源的必要条件，信息资源是人类脑力劳动或者说认知过程的产物，即信息资源中包含的人类智能劳动是区别于其他类别资源的主要因素，因而智能性成为信息资源的本质特征。同时，人类智能的有限性也决定了信息资源的有限性。相对于人类的信息需求，信息资源永远是有限的，所以信息资源只是信息的极有限的一部分。

其次，信息资源也是一种资源。资源可以定义为通过人类的参与而获取（或可获取）的可利用的物质、能量与信息的总和[20]。信息资源是通过人类的参与而获取的资源，人类的参与在信息资源形成过程中具有重要的作用。据自然科学研究，物质资源的丰度与凝聚度是亿万年物质运动的结果，而信息资源的可利用性或信息丰度与凝聚度则是人类开发与组织的结果。信息资源是人类脑力劳动的产物，人类的智能决定着特定时期或特定个人的信息资源的量与质，智能性也可以说是信息资源的“丰度与凝聚度”的集中体现。

第三，信息资源就是经过人类开发与组织的信息的集合，人类的参与就是通过对信息的开发与组织来体现的。这里的信息开发，是指人类根据自身需求以认知、思维、创造等方式从事物中感知、生成信息的过程，而信息的组织，则是指人类根据一定的规则以语言、文字等符号为手段对所开发的信息实施有序化的过程。辩证来看，信息的开发与组织是一个过程的两个方面，开发离不开组织，组织本身也是一种开发。由于社会发展程度不同，对信息资源的开发程度不同，加之人的认识能力、知识储备和信息环境等条件的差别，信息资源在人类世界不同区域、不同人群中的分布呈现不均衡状态。

综上所述，我们可以得到信息资源的一个基本界定：信息资源是经过人类开发与组织的信息的集合。

1.2.2 信息资源类型

如前所述，信息资源是一种特殊的信息，是经过人类开发与组织的信息。没有被个人开发和组织，从而能够为个人或他人所利用的信息都不属于信息资源。信息资源是由信息、人、符号、载体四种最基本的要素构成的。其中，信息是信息资源的源泉，人作为认识主体是信息资源的生产者和利用者，符号是人生产和利用信息资源的媒介和手段，载体则是存储和利用信息资源的物质工具。从信息资源要素的角度来看，信息资源是人通过一系列的认知和创造过程之后以符号形式存储在一定载体（包括人的大脑）上可供利用的全部信息。

信息资源的类型划分标准繁多，下面根据资源划分的不同阶段采用不同标准来划分[21]：

（1）以开发程度为依据，信息资源可划分为潜在的信息资源与现实的信息资源两大类型。

① 潜在的信息资源是指个人在认知和创造过程中储存在大脑中的信息资源，它们虽能为个人所利用，但一方面易于随忘却过程而消失，另一方面又无法为他人直接利用，因此是一种有限再生的信息资源。

② 现实的信息资源则是指潜在信息资源经个人表述之后能够为他人所利用的信息资源，其特征是具有社会性，通过特定的符号表述和传递，可以在特定的社会条件下广泛、连续往复地为人类所利用，因此是一种无限再生的信息资源。

（2）以表述方式为依据，现实信息资源可以划分为口语信息资源、体语信息资源、文献信息资源、实物信息资源和网络信息资源。

① 口语信息资源是人类以口头语言所表述出来而未被记录下来的信息资源，它们在特定的场合被“信宿”直接消费并且能够辗转相传而为更多的人所利用，如谈话、聊天、授课、讲演、讨论、唱歌等活动都是以口语信息资源的交流和利用为核心的。

② 体语信息资源是人类以手势、表情、姿态等方式表述出来的信息资源，它们通常依附于特定的文化背景，如舞蹈就是一种典型的体语信息资源。

③ 文献信息资源是以语言、文字、数据、图像、声频、视频等方式记录在特定载体上的信息资源，其最主要的特征是拥有不依附于人的物质载体，只要这些载体不损坏或消失，文献信息资源就可以跨越时空无限往复地为人类所利用。

④ 实物信息资源是人类通过创造性的劳动以实物形式表述出来的信息资源，这类信息资源中物质成分较多，有时难以区别于物质资源，而且它们的可传递性一般较差。

⑤ 网络信息资源是指互联网、外联网和内联网上处于流动状态的海量信息资源。其中，互联网信息资源泛指链接在网络上的所有计算机和数据库中的信息资源，人们可以免费或付费获取这些资源；外联网信息资源是指一个组织与其合作伙伴之间通过专用电话线、数据封装技术或互联网建立的能够有限共享网络上的信息资源，只有外联网的成员才能利用其中的信息资源；内联网信息资源是指一个组织通过防火墙与互联网相隔离的内部专用网络上的信息资源，通常只有一个组织内部的成员能够利用这些信息资源，外部人员只有获得许可才能利用这些信息资源。网络信息资源目前已经成为教学科研人员、策划咨询人员和各类决策人员等高端用户获取信息的主渠道之一。为此，如何有效、合法或组合利用网络信息资源将在很大程度上决定着一个组织或个体的发展。

（3）以记录方式和载体材料为依据，文献信息资源可划分为书写型、印刷型、缩微型、声像型和机读型五大类。

① 书写型文献信息资源一般以纸张为载体，记录方式为人工抄写，包括手稿、信件、日记、原始档案等。

② 印刷型文献信息资源也主要以纸张为载体，记录方式主要是印刷技术，包括油印、铅印、胶印、木板印刷、复印、激光打印等。

③ 缩微型文献信息资源以感光材料为载体，记录方式主要是光学记录技术，主要类型有

缩微胶卷、缩微平片、缩微卡片等。

④ 声像型文献信息资源以感光材料和磁性材料为载体，记录方式为光录技术和磁录技术，主要类型有唱片、录音录像带、电影胶卷、胶片、幻灯片等。

⑤ 机读型文献信息资源以磁性和光学材料为载体，记录方式为磁录与光录技术，主要类型有磁带、磁盘、软盘、光盘等。

（4）以出版形式为依据，印刷型文献信息资源还可划分为图书、期刊、会议文献、研究报告、专利文献、政府出版物、学位论文、产品文献、档案、标准文献、报纸、图表、图谱等。

信息资源是一个完整的体系（参见表 1.2）。作为一个体系，它是一定范围内各种信息资源所构成的整体。在这个体系中，潜在信息资源与现实信息资源是相互依存、相互促进和相互转化的，潜在信息资源是未来信息资源开发的重点，现实信息资源尤其是文献信息资源则是信息资源利用的主要对象。

表 1.2 信息资源体系

- 信息资源
  - 潜在的信息资源（以人的大脑为载体的信息资源）
  - 现实信息资源
    - 口语信息资源
      - 谈话
      - 授课
      - 唱歌
      - 讨论等
    - 体语信息资源
      - 手势
      - 表情
      - 姿态
      - 舞蹈等
    - 文献信息资源
      - 书写型（手稿等）
      - 印刷型
        - 图书
        - 期刊
        - 报纸
        - 档案
        - 学位论文
        - 专利文献
        - 标准文献
        - 研究报告
        - 会议文献
        - 产品文献
        - 政府出版物
      - 缩微型（缩微文献）
      - 声像型（视听文献）
      - 机读型（数字文献）
    - 实物信息资源
      - 产品样本
      - 模型
      - 雕塑
      - 碑刻等
    - 网络信息资源
      - 局域网信息资源
      - 广域网信息资源
      - 互联网信息资源

1.2.3 信息资源生成

信息资源是经过人类开发与组织的信息集合，与物质产品的生产不同，信息资源的生成是以人的脑力劳动为主导的过程，即是说，信息资源是人的认知过程的产物。人脑与计算机（由于计算机被赋予了人脑的部分功能，计算机也就可以生成信息资源）是信息资源生产的最主要的机器，其他信息机器如照相机、显微镜、望远镜、录音录像机等只能辅助人的大脑获取和存储信息而不能生成信息资源，它们只能是信息资源生产的辅助工具[22]。

由于信息资源生成的主要工具是人的大脑，信息资源的生成任务主要由个人来承担，因此信息资源的生成是一个相当个体化的现象。职业研究人员、职业作家、决策者、记者、教师、医生等都是社会中主要的信息资源生成者，虽然他们可能采用集体研究的形式，但最终的信息资源生成却是由每个个体的大脑分别完成的。

信息资源的生成是一个异常复杂的过程，其生成机制（主要是思维机制）的许多方面对于人类而言还是不解之谜。根据现代生理学、心理学的研究，信息资源的基本生成过程是这样的：

第一步，人体利用信息感觉器官感知外界信息。

人类通常通过眼睛和耳朵获取信息。通过听觉，初生幼儿所获取的信息比通过视觉所获取的信息多，随着年龄的增加，视觉在获取信息方面逐渐占据优势，即所谓“百闻不如一见”。近代生理学家研究证明，单位时间内由视神经输入的信息量是听神经输入信息量的 540 倍[23]。又据研究表明，信息通过不同通道输入大脑时大脑的吸收率分别为：

视觉通道 ——83%

听觉通道 ——11%

嗅觉通道 ——3.5%

触觉通道 ——1.5%

味觉通道 ——1%

如果将视觉和听觉通道结合起来，大脑的吸收率还会明显提高[24]。在现实生活中，教学活动就是利用多通道来提高学生大脑吸收率的典型。

换个角度，人对外界的感知也可以看做外界对人的刺激。这些刺激大致分为三类：自然信息刺激、实践信息刺激和文化信息刺激，分别对应于人类的遗传知识（本能）、经验知识和文化知识。在外界信息刺激的作用下，人类相应器官的神经细胞将受到具有一定节奏和空间分布的信息力的作用，这些作用首先赋予人体的是感觉。这些感觉是外部世界的信息与人体的信息相互作用而在人的信息功能系统特别是人的大脑中留下的响应（即系统相应于外界刺激所引起的本身状态的变化及其过程）。这种响应与过去的信息作用在人体内信息存储器中留下的响应痕迹（即记忆）交互感应而形成某种响应群时，感觉就开始过渡为知觉。知觉也称映象，它能较完整地对于外界物质系统的外部状态或结构给出同态的响应（同态是控制论中的术语，是指两种事物之间存在某种非一一对应的变换）。感知、知觉（映象）、相应层次的记忆以及它们之间的多种联系，共同构成了人体系统的观察器部分[25]，这个部分所产生的信息称为感知信息，其中被存储起来可资利用的那部分构成了潜在信息资源。

第二步，经过思维过程，感知信息转变为再生信息。

感知信息从人体的观察器部分进入控制器的思维和决策系统，信息流顺次经过抽象、概括、分析、综合、概念、判断、推理、形成结构等思维过程，最终产生知识形态的信息，这部分信息称为再生信息。但上述思维程序只是一般的顺序，在真实的思维过程中，信息流经常发生大量的随机运动，这种随机运动有时正是创造和灵感的物理机制。值得说明的是，在整个思维过程中，大脑的记忆功能成分始终是密切联系各级逻辑功能的通路，由此才可能在极短的时间内发生信息的多次流通和反馈，也就是说，良好的记忆是进行成功的思维活动的重要条件。

思维是信息资源生成的重要机制。从信息论的观点来看，思维就是在不断的外界信息（负熵）流入的条件下，人脑中各种功能成分吸收负熵以形成趋向于有序的自组织运动过程。思维的存在和运行需要三种必要条件：首先，人类社会的实践活动是人类思维存在和运行的物质基础，没有实践就无法获取信息，思维也就会成为无源之水。其次，文化信息（以语言、文字等符号表达的信息）是思维存在和运行的信息基础，文化信息是一种外储信息，作为思维的产品，它是人们进一步思维的素材，现代社会漫长的学校生涯就是个人接受文化信息、强化思维训练的信息投入过程。最后，逻辑是思维存在和运行的规范基础，逻辑（包括形式逻辑、数理逻辑和辩证逻辑）不外是一种思维的程序和方法，它贯穿于整个思维过程，引导着信息流的有序运动。经过思维，人的认识实现了从感性认识到理性认识的飞跃，并形成具有一定信息结构的知识，这些知识构成了潜在信息资源的主体。

第三步，信息引导人体运动，让潜在的信息资源转变为现实的信息资源。

在信息资源生成的最后阶段，知识成为决策的力量，这种力量触发人体控制器的执行系统，引起肌肉的紧张和机体的运动，使得人脑中潜在信息资源转化为现实信息资源，从而得以输出已经生成的信息资源，为个人或他人所利用。

通过上面的三个步骤，人脑的认知过程就能将“事物运动状态及其变化方式”这亘古不变的客观信息中的极小部分，转变为人这一主体所感知或所表述的关于事物的运动状态及其变化方式，并在人体器官的驱动下，以现实信息资源的状态表达出来。

随后，在新生成信息资源的指导下，人类的活动影响或改造（优化）客观世界，改造（优化）后的客观世界又再向人体发出信息……，如此周而复始地使信息流完成循环。每一个这样的循环就构成一个完整的单元认识过程，因而也构成了一个完整的信息资源生成过程[26]。

与物质资源的生产一样，这一系列的认识生成过程源源不断地生成信息资源，持续地支持人类的生存和社会的发展。当然，两者之间还是有一定区别的，物质资源经过开发与生产过程形成物质产品之后，一般不再将物质产品看做一种资源，因为物质产品除非经过特殊处理，不能作为再生产的要素；但信息资源的生成则不然，信息资源经开发和生产形成信息产品后，依然是信息资源，依然是进一步思维的素材。信息资源与物质资源的这种区别是信息资源难以界定的主要原因之一。

信息资源的价值体现在三个因素上。首先是信息资源中附加的人类劳动的数量和质量，附加的人类劳动直接体现着信息资源的价值；其次是信息资源的真实度，即信息资源所反映的事物运动状态与变化方式与其实际的运动状态与变化方式的相符程度，真实度高，就能减少信息资源利用者的不确定性，使其价值升高；最后是信息资源的时效性也从时间的角度体现着其价值的高低，新颖及时的信息资源，其价值就高，反之使其价值就低。

1.3 数字化学术信息资源

在信息的分类中，带入“应用信息的部门”这个分类条件时，信息可分为工业信息、农业信息、军事信息、政治信息、科技信息、文化信息、经济信息等。当我们把信息资源的应用部门限定为以高校和研究院所为主的学术研究机构时，这些部门产生、存储和传递的就是学术信息，而学术研究人员就是生成学术信息资源的源泉。信息资源所具有的知识、信息含量、理论水平以及在本学科的研究领域中所达到的高度是体现信息资源学术价值的主要指标。

学术研究机构中的重要部分是高等院校，高校师生在教学科研活动中产生的信息集合可以称之为高校学术信息资源。广义来讲，凡是跟高校教学科研相关的信息资源都可以归纳到学术信息资源范畴里。这里面最为重要，或者成为学术信息资源主体的是高校图书馆所建立的文献信息保障体系，以及这个体系中的文献信息资源。在这个数量巨大、类别完善的体系中，随着现代信息技术深度介入，原来以纸本印刷文献为主、人工传递的学术信息，已经转变为以数字化学术信息为主、网络传播的崭新形态。

20 年在人类历史长河中只是一瞬间，就在这刚过去的短短 20 年内，学术信息资源的主体形态就发生了巨大的变化。中国古人发明的造纸术与活字印刷术在造福人类千余年后，迅速被新兴的磁录技术与光录技术所取代，印刷出版的纸本文献被磁盘、光盘等新型记录载体文献所替代。这里最值得一提的就是网络的日益发达，使得网络的触角伸进人类社会的各个角落，当然也包括人类的知识殿堂——高校学术研究领域。现在的高校教师、研究生和本科生，其教学研究、甚至课程学习已经无法脱离网络而存在。追踪学科前沿信息、掌握最新学术动态、挖掘专业发展机会、获取学习资料，他们都需要在网络平台上进行。信息资源数字化的进步，让数字化图书、电子期刊、学位论文得以完整呈现，馆际间文献信息资源共建、共知、共享让远程学术信息资源近在咫尺，学术研究不再需要面对纸质文献的低层次保障，数字化学术信息资源的充分发展提供了更优的服务。

1.3.1 学术信息资源数字化

在信息技术的支撑下，信息资源的数字化已经成为信息资源利用的前提。信息资源的数字化就是利用基于 0 和 1 的二进制数字逻辑简单、易于处理、易于压缩、易于传递、可靠性高的特性，采用间断的电磁脉冲（用 0 和 1 代表）来获取、存储、处理和传递文字、声音、图像等信息[27]。

信息数字化的技术突破，使信息的表达和传输出现了质的飞跃。在计算机内部，文本、图形、图像、影视、声音等，只不过是大小不同、结构不同、加工不同、输入输出条件不同的数字化文件而已。信息资源数字化，把大数量、多类型、多媒体、非规范的信息融合在数字化信息中，从根本上改革了原始信息的生成、采集、传递、服务的传统模式，是对以纸张为主要介质的传统文献信息资源概念的突破性发展。

数字化信息利用计算机技术进行制作、处理、加工，利用通信技术进行传播，便于各种媒介信息的一体化、相互转换和二次开发。各种各样的信息可以任意组合、加工，不管是文本、图形、图像，还是声音、计算机数据，都能转化成为使用方法简单、用途广泛的信息产品，这些信息产品可寓于书本型、缩微品、录音录像带、光盘、通信网络传递等多种介质。

这里面发展最为广泛和迅速的是网络形态的数字化学术信息资源。

互联网是开放性的全球性网络，现已发展成为包含科技、文化、商业、新闻、娱乐等多种形式和类别的巨大分布式信息空间——一个极具价值的信息源。追溯网络发展的步伐，从始于 1966 年美国国防部的阿帕网（ARPAnet），经过 1983 年的美国国家科学基金会网络（NSFnet）到 1989 年的互联网（Internet），可以看到网络的起源和发展起因都是科研和教学的需要。由于 1994 年互联网实行商业化，从而促使网络以各种形态得到迅猛发展，但网络初始的科研和教育功能仍处于比较重要的地位。互联网的普及在很大程度上改变了旧有的科学研究方式和信息交流模式，打破了时空限制，为科研人员提供了一个全新而高效的信息利用工具。

随着 Internet 的飞速发展和普及，网络已成为人们生活中乐于接受的“第四媒体”，一种既不同于纸质载体文献，又不同于光盘文献的新型信息资源随之产生了，这就是网络信息资源。从信息内容所涉及不同领域的角度来分类，网络信息资源可分为政府信息、学术信息、教育信息、经济信息和文化信息等。这里的网络学术信息资源是指通过计算机网络可以利用的各种用于学术研究的信息资源的总和。具体来讲，网络学术信息资源是指为了特定目的产生的，通过网络传递、交流并应用于学术科研活动的所有数据、消息、经验和知识的总和[28]。

网络学术信息资源层次多，品质多样。按照学术信息加工的深度划分，它分为零次学术信息、一次学术信息、二次学术信息和三次学术信息；按照学术信息的媒体表现形式划分，它分为文本学术信息、图像学术信息、图形学术信息和超文本学术信息等；按照学术信息的来源划分，它分为电子书刊、书目数据库、联机数据库及软件资源等。

与一般的学术信息资源相比，以网络学术信息资源为代表的数字化信息资源具备一些优秀的属性，其中最能体现现代信息资源卓越品质的是数字化学术信息资源的累积增值属性。

由于信息资源生成需要人或计算机介入，是一个复杂的思维加工过程，所以与表述客观事物运动的状态及其变化方式的信息相比，人们得到信息资源总有一个滞后期。这种信息资源的时间滞后在信息资源的使用价值上基本表现为负面的影响，即信息资源的时效性会影响甚至严重地降低信息资源的使用价值。而由于学术研究活动的特点，即学术研究具有一定的继承性与延续性，从而导致了部分学术信息资源的价值随着时间推移，具有一定的累积增值性。这一点在数字化学术信息资源的时效性效果判断上同样有效。数字化学术信息资源作为信息资源的一种，其所具有的信息时效性的负面影响，与经济信息、商业信息等其他信息相比较，明显减弱。与所属的学科相关，数字化学术信息的老化速度也具备自己的特色。

另外，数字化学术信息资源的呈现形态具有独特的优势。凭借 Web 链接特性，现代的数字化学术信息资源系统能够将不同形式、不同来源的学术信息联系在一起，形成一个知识整合平台，为检索、分析、组织学术信息提供了一种资源体系。基于 Web 的非线性结构将引文索引关联到整个文献检索系统建立的引文索引，具有延伸与扩展能力，充分发挥了链接的优势，强化了其信息提供的功能。新型的跨数据库检索系统整合不同类型资源，与不同出版机构网络版全文进行链接，提供从网上直接获取其全文，甚或直接从网上获取公开发表的学术论文。例如，我们在查看某一篇学术文献时，数字化学术信息资源系统可以瞬间列出该文引用或点击历史、该文参考文献列表、每条参考文献被引频次、参考文献在来源文献中的上下文（绝大部分可得到全文），同时通过引文链接可以获得该文为后继文献引用的信息，引用该文的文章上下文（同样绝大部分可得到全文），以及与该文同被引的文章列表，进而所有引文都可以继续查看其引用与被引情况。通过链接，研究人员由一篇文献可无限延伸下去，充分体现了引文索引滚雪球式的扩展功能。

数字化学术信息资源中应用的超级链接，使类似于参考文献形式的 Web 链接具有了无限扩展能力，只需轻轻点击即可实现一步到位式的参考。而系统同时具备的引文分析的功能更应引起格外关注。

著名英国学者吉曼（J. M. Ziman）曾经这样讲过“没有一篇科学论文是孤立存在的，它是被深嵌在整个学科文献体系之中的”。正是由于文献这种引用与被引用关系构成了科学论文网络，并为科学论文检索提供了线索，同时构成了引文分析的基础。我们通过引文追溯文献之间的内在联系，就可以找到一系列内容相关的文献以及某一研究领域、某一学术观点的发展脉络，从而可以看出某一学科或领域的研究动态和发展趋势，并根据某一学术概念、某一方法、某一理论的出现时间、出现频次、衰减情况等，分析出学科或领域研究的走向和规律。同时，引文分析还逐渐发展成为评价一个国家、一个地区、某个单位以至个人科研成果及其学术影响的极为重要的工具之一[29]。

数字化学术信息资源系统丰富的引文分析资源远远超过其他形态学术信息资源系统，使其分析功能得到了大力的发展。目前世界各国的引文分析系统均采用图表形式显示影响与趋势，用户可以迅速分析和组织检索结果，从时间、机构、学科、作者等选项更深入了解检索结果，有些系统显示某一主题文献（或某一作者、机构所发表文献）的时间分布，有些则是从揭示文献作者的影响而发端。

上面我们引述的只是数字化学术信息资源所具备优越属性的一小部分，随着现代信息技术日新月异的发展，更多、更符合学术研究人员需要的性能将开发并付诸使用。这里面除了高校图书馆联盟对数字化学术信息资源的开发带来的新技术应用外，数字化信息集成商对学术信息的整合也是不可小觑的力量。

数字化学术信息资源系统已经不是传统意义上的文献信息资源集合体，它是一个通往各类型信息数据库、包含丰富信息资源的强大信息资源体系。这种系统的充分利用为研究人员提供了发现、检索、浏览、借鉴前人工作成果的空间，其发展将有效地促进科学进步。

1.3.2 数字化学术信息资源范例

1.3.2.1 中国高等教育数字化图书馆

与其他类型学术信息资源一样，数字化学术信息资源富集地是社会专业信息收藏机构，包括国家图书馆、公共图书馆、档案馆、博物馆等，而作为学术研究人员最为集中的研究院所、大专院校图书馆更是数字化学术信息资源收集整理的基地。

高校图书馆在国家政策的支持下，除拥有丰富的纸本学术信息馆藏资源，在数字化学术信息资源建设方面也有长足的进步。其中“中国高等教育数字化图书馆”的建设就是一个成功的例子。

中国高等教育数字化图书馆（China Academic Digital Library & Information System，简称CADLIS）项目是“211”工程三大公共服务体系之一，经发展和改革委员会2004年8月批复，正式启动建设。CADLIS包括两个专题项目，即CALIS（中国高等教育文献保障系统）二期工程（网址：www.calis.edu.cn）和CADAL（中英文图书数字化国际合作计划，网址：www.cadal.cn）。北京大学、浙江大学、清华大学等20多家大学图书馆承担了CADLIS的建设任务，100多家大学图书馆参与了CADLIS的子项目建设。

CADLIS建设包括四个方面的内容[30]：

第一是数字图书馆标准与规范建设。在数字资源加工与存储、数字对象分类与描述、元数据标准与互操作、系统模式与互操作、服务模式与规范等涉及数字图书馆建设的基础性工作方面，建立符合国际主流、与未来的国家标准保持同步衔接的标准规范体系，为建设开放性的中国高等教育数字图书馆提供保障。经过“十五”期间的建设，建设馆及时把握国际最新动态和数字图书馆标准规范的发展趋势，已经建立起CADLIS标准规范体系，该体系充分保障了中国高等教育数字图书馆的建设。

第二是数字资源建设。重点建设中外文图书、电子期刊、学位论文、经典著作、教学参考用书和其他重要文献等全文数据库，联合书目、现刊目次、重点学科导航等二次文献数据库，以及专题特色数据库、部分工具性数据库等，形成以数字化图书期刊为主、覆盖所有重点学科的学术文献资源体系。在“十五”期间建设 120 T 字节数字资源量的基础上，据统计，到 2008 年年底 CALIS 数字化信息资源总量达到 180 TB，145.4 万册包括学位论文、民国图书期刊、古籍、现代图书、英文图书等文献被数字化（2009 年 5 月 28 日的数据）[31]。

第三是数字化技术支撑环境建设。包括数字对象加工、数字对象管理、应用系统与工具、数字图书馆门户、综合服务管理等应用软件系统建设，形成数字资源制作、管理、组织、存储、访问、服务的分布式数字图书馆技术支持环境。

第四是服务体系建设。由全国中心、地区中心/省级中心和各高校图书馆组成三级服务保障体系，形成“集中资源、分工合作、均衡负载、用藏结合”、高效的中国高等教育数字图书馆。

经过“九五”“十五”期间的建设，按照“统一规划、分工实施、紧密协调、共建共享”的原则，加强数字图书馆标准与规范、数字化文献资源、技术支撑环境和文献服务体系建设，进一步完善和强化系统的、统一的信息检索、馆际互借、协调采购、联机编目和参考咨询等功能，已经初步建成具有国际先进水平的开放式中国高等教育数字化图书馆的框架。在此基础上，“十一五”期间再作进一步的努力，就能够真正建成世界一流的开放式中国高等教育数字化图书馆。

1.3.2.2 中国高校人文社会科学文献中心

除了 CALIS 和 CADAL 项目之外，另一个具有重大意义的数字化学术信息资源建设项目 CASHL 也成功起步，运行良好。

CASHL（China Academic Social Sciences and Humanities Library，中国高校人文社会科学文献中心）是在教育部的统一领导下，本着“共建、共知、共享”的原则、“整体建设、分布服务”的方针，为高校哲学社会科学教学和研究建设的文献保障服务体系，是教育部高校哲学社会科学“繁荣计划”的重要组成部分，也是全国性的唯一的人文社会科学文献收藏和服务中心，其最终目标是成为“国家级哲学社会科学资源平台”。

CASHL 的资源和服务体系由两个全国中心、五个区域中心和十个学科中心构成，于 2004 年 3 月 15 日正式启动并开始提供服务。CASHL 目前已收藏有 7 500 多种国外人文社会科学领域的重要期刊、900 多种电子期刊、20 余万种电子图书，以及“高校人文社科外文期刊目次库”“高校人文社科外文图书联合目录”等数据库，提供数据库检索和浏览、书刊馆际互借与原文传递、相关咨询服务等。任何一所高校，只要与 CASHL 签订协议，即可享受服务和相关补贴。

CASHL 的建设宗旨是组织若干所具有学科优势、文献资源优势和服务条件优势的高等学校图书馆，有计划、有系统地引进和收藏国外人文社会科学文献资源，采用集中式门户平台和分布式服务结合的方式，借助现代化的网络服务体系，为全国高校、哲学社会科学研究机构和工作者提供综合性文献信息服务。CASHL 目前已拥有 200 多家成员单位，包括高校图书馆和其他人文社会科学研究机构，个人用户 20 000 多个，接受检索请求达千万次，原文传递请求 17 万多篇。

1.3.3 数字化学术信息资源发展

依托人力和智力优势，高校图书馆的资源数字化走在全国的前列。几乎所有的高校图书馆都在实现馆藏纸本文献书目数字化、建设数字化特色馆藏的同时，积极购买数字化信息集成商提供的大型商业数字化信息资源数据库，形成从十几个到几百个大小不等、中外文共有的数字化学术信息资源体系。

高校信息用户为教学研究查找资料、学生写作毕业论文而利用数字化学术信息已经成为常态，因此数字化学术信息资源的发展就更受关注。作为国内数字化信息建设的先行者，经过10年建设，数字化信息总量达180 TB，使全国1 000多所高校师生受益，项目资源的用户已遍及70多个国家和地区的CALIS项目在国内外产生了较大影响，是目前国内外容量最大的公益性数字化文献信息资源之一，也是目前国内外最大的文献资源共建共享和保障服务体系之一。

未来中国数字化学术信息资源发展主流仍然是以CALIS、CASHL为代表的国家信息化工程，关注它们的建设发展，我们就能追踪到数字化学术信息资源建设进展，共享到数字化学术信息资源的优质服务。除此之外，以国家中东部发达地区高校为主的区域性信息共建共知共享工程也在逐步开展。在现代网络通讯技术的支撑下，这些区域性数字化学术信息资源系统的建设成果，也能让全国各地，特别是西部偏远地区的学术研究人员得到及时的服务。

当然，在已经市场化的信息资源开发建设领域，国内外数字化信息集成商的充分介入，也及时弥补了数字化学术信息资源开发的许多空白。商业学术信息资源商们优质专业的服务也赢得了广泛的市场。在可预见的将来，这些已经成长壮大的国内外学术信息资源提供商将会扮演更加重要的角色，源源不断开发出的优质、丰富的学术信息资源也将为高校师生的学术研究提供更加高效的服务。

2 馆藏数字化学术信息资源

馆藏，是指文献收藏机构的文献收藏量，包括文献种类和文献数量。但是馆藏并不仅仅是文献种类和数量的简单叠加，而是一个经过精心选择和严密组织的知识体系。经过长期的建设发展，现代文献收藏机构的馆藏所构成的知识体系相对完备，拥有其他收藏机构所不具备的特色藏品[32]。

图书馆、档案馆、文献情报中心三大系统，构成了数字化学术信息的收藏体系。各系统由许多按区域、专业或学科组建的收藏机构组成，其中又各形成若干区域文献收藏中心。例如，图书馆系统有国家图书馆、地区图书馆、专业图书馆和学校图书馆之别，其中国家图书馆为全国文献收藏中心，省级公共图书馆及学校图书馆中的重点高等学校图书馆成为区域文献收藏中心。

2.1 高校图书馆

图书馆是人类生产和社会活动发展到一定阶段的产物。图书馆的产生与人类社会、文明的进步步调一致，紧密相关，其发展与演变始终是人类文明的标志。

根据不同的划分标准，图书馆可划分为不同的类型。1974 年国际标准化组织颁布了《ISO 2789—1974（E）国际图书馆统计标准》，其中“图书馆分类”将图书馆分为六大类：国家图书馆、高等院校图书馆、其他主要的非专门图书馆、学校图书馆、专门图书馆、公共图书馆。目前我国根据上述标准划分出的图书馆的类型有：国家图书馆、公共图书馆、高等学校图书馆、科学和专业图书馆、工会图书馆、儿童图书馆、军事图书馆等。一般来讲，公共图书馆、专业图书馆和学校图书馆所拥有的馆藏机构和馆藏量，占据了图书馆系统中绝大部分份额。

高校图书馆作为图书馆系统中的一个重要成员，担负着为全社会收集保存人类精神财富的责任。而作为高等院校的重要组成部分，我国高校图书馆的建设发展，要遵从中华人民共和国教育部 2002 年 2 月 21 日颁发的《普通高等学校图书馆规程（修订）》（简称《规程》）。作为高校图书馆建设与发展的纲领性文件，《规程》从高校图书馆的管理体制和组织机构、文献资源建设、读者服务、科学管理、工作人员以及经费、馆舍、设备等方面，进行了全面细致的规定。了解并积极运用《规程》中所赋予的权利，可以从更高层面上掌握高校图书馆所提供的信息资源服务项目、范围，为自己的工作与学习获得更优质的信息保障。

2.1.1 机构与任务

高校图书馆的属性和地位可以简明扼要地阐述为：“高等学校图书馆是学校的文献信息中

心，是为教学和科学研究服务的学术性机构，是学校信息化和社会信息化的重要基地。高等学校图书馆的工作是学校教学和科学研究工作的重要组成部分。高等学校图书馆的建设和发展应与学校的建设和发展相适应，其水平是学校总体水平的重要标志。”[33]

高校图书馆需要积极采用现代技术，实行科学管理，不断提高业务工作质量和服务水平，最大限度地满足读者的需要，为学校的教学和研究提供切实有效的文献信息保障。其主要任务是：

（1）建设包括馆藏实体资源和网络虚拟资源在内的文献信息资源，对资源进行科学加工整序和管理维护。

（2）做好流通阅览、资源传送和参考咨询工作，积极开发文献信息资源，开展文献信息服务。

（3）开展信息素质教育，培养读者的信息意识和获取、利用文献信息的能力。

（4）组织和协调全校的文献信息工作，实现文献信息资源的优化配置。

（5）积极参与文献保障体系建设，实行资源共建、共知、共享，促进事业的整体化发展。开展各种协作、合作和学术活动。

2.1.2　信息资源建设

高校图书馆应根据学校的发展目标和教学科研的需要，根据馆藏基础及地区或系统文献资源布局的统筹安排，进行馆藏信息资源建设工作：

（1）制订文献信息资源建设方案，形成具有本校特色的馆藏体系。在文献采集中应兼顾纸质文献、电子文献和其他载体文献，兼顾文献载体和使用权的购买。保持重要文献和特色资源的完整性和连续性，注意收藏本校以及与本校有关的出版物和学术文献。

（2）开展特色数字资源建设和网络虚拟资源建设，整合实体资源与虚拟资源，形成网上统一的馆藏体系。

（3）高校图书馆对采集的文献信息资源应及时进行加工整序，并尽快发布，提供使用。根据国家的相关规定，实现文献信息资源加工、组织和管理的标准化。

（4）高校图书馆应重视目录体系建设，成为全校的书目数据中心；建立完善的文献信息检索系统，满足用户多途径检索的需求；应加强对书目数据库的管理和维护，保证数据与资源的一致性。

（5）高校图书馆应科学合理地组织馆藏，既要有利于文献信息的管理和保护，更要有利于文献信息的充分利用。

2.1.3　信息资源服务

高校图书馆应以读者第一、服务育人为宗旨，健全服务体系，做好服务工作：

（1）高校图书馆应尽可能延长服务时间，其中，书刊阅览服务时间每周应达到 70 小时以上，假期应保证一定的开放时间，网上资源的服务应做到每天 24 小时开放。

（2）高校图书馆应开展多种层次多种方式的读者服务工作，提高各种文献的利用率。兼顾纸质文献、电子文献和其他载体文献的流通阅览，积极推广纸质文献开架借阅、电子资源上网服务。通过编制推荐书目、导读书目，举办书刊展评等多种方式进行阅读辅导；通过开设文献信息检索与利用课程以及其他多种手段，进行信息素质教育。积极开展参考咨询、文献信息定题检索、课题成果查新、信息编译和分析研究、最新文献报道等信息服务工作。

（3）高校图书馆应根据学校的网络条件，积极开展网上预约、催还和续借服务，网上馆际互借和文献传递服务，网上电子公告、电子论坛和意见箱服务，网上信息资源导引服务，最新信息定题通告服务，网上协同信息咨询服务等网络服务。

（4）高校图书馆应保护读者合法、公平地利用图书馆的权利。应为残疾人等特殊读者利用图书馆提供便利。

（5）高校图书馆应教育读者遵守规章制度，爱护文献资料和图书馆设施。对违反规章制度，损坏、盗窃文献资料或设备者，按照校纪、法规予以处理。

（6）有条件的高校图书馆应尽可能向社会读者和社区读者开放。面向社会的文献信息和技术咨询服务，可根据材料和劳动的消耗或服务成果的实际效益收取适当费用。

2.2　馆藏信息资源体系

自商周以来，我国文献的形态几经变迁。就载体而言，由甲骨、青铜、竹木转而为缣帛，又转而为纸张。就制作方式而言，由刻、铸、书写而印刷，由简册、卷轴而册叶。同是纸质文献，又可根据其出版形式的不同而分为常规文献（图书、报纸、期刊）和特种文献（专利文献、标准文献等）。进入20世纪以来，随着社会发展和文献生产技术的日新月异，文献形态发生了巨大的变化，除了传统的纸质文献呈现多样化发展趋势外，非纸质文献，如声像文献、缩微文献和软磁盘、光盘等机读文献相继问世，开创了文献发展史上的新纪元[34]。

随着文献形态的变迁，图书馆的馆藏信息资源也在不断地演变，其范围正朝着多类型、多载体、多元化方向发展。具体来说，图书馆藏信息资源的变化经历了从单一实体馆藏到实体馆藏与虚拟馆藏结合的过程。实体馆藏包括纸质文献资源和非纸质文献资源。纸质文献资源包括：图书、期刊、特种文献资料（专利文献、标准文献、研究报告、会议文献、政府出版物、学位论文、产品资料等）；非纸质文献资源包括：缩微文献、视听型文献以及电子型文献。而虚拟馆藏则是只有通过计算机网络才能获取的置于异地的数字化文献，这些电子信息资源虽不在本馆之内，但读者可以借助网络方便地加以利用，其优势在于它具有广泛的共享性[35]。虚拟馆藏包括各种网络信息资源，按资源的地域覆盖范围划分，虚拟馆藏信息资源可以分为局域网信息资源、广域网信息资源和互联网信息资源三个类型。

2.2.1　实体馆藏信息资源

实体馆藏信息资源曾经是馆藏信息资源体系中的主体，甚至是大多数图书馆的唯一馆藏资源。作为图书馆重要的信息资源，实体馆藏资源主要由纸质文献资源组成。进入近现代社会以后，非纸质文献资源在实体馆藏资源体系中的比例也逐渐增加。

2.2.1.1 纸质文献资源

按照承载信息的物质载体来划分图书馆馆藏，人们习惯以纸张作为标志，将以纸张作为载体的文献信息称为纸质文献信息，而将采用其他形式载体的文献信息称为非纸质文献信息。由于图书、期刊构成了纸质文献信息的主体，人们也广义地将其称为书刊资料，而将非纸质文献信息称为非书资料。

纸质文献资源记录着无数有用的事实、数据、理论、方法、假说、经验和教训，是人类跨时空交流、认识和改造世界的基本工具。这类信息资源经过个人与机构的加工、整理，较为系统、准确、可靠，作为秉承人类智慧的文献信息载体，纸质文献资源便于保存与利用，曾经是人类拥有数量最大、利用率最高的信息资源。只是在信息技术快速发展导致新型文献载体层出不穷的今天，逐渐凸显出纸质文献资源时效性较差、存储物理空间巨大、信息传输效率低下的差距来。

纸质文献资源包括的文献信息品种与前述“信息资源体系”中的印刷型文献信息资源相一致，即主要包括图书、期刊、报纸、档案、标准、图谱、研究报告、会议资料、学位论文、专利说明书、产品说明书、政府出版物等类型文献信息。

国家标准《文献类型与文献载体代码》（GB/T 3469—1983）根据实用标准，将文献分成 26 个类型：专著、报纸、期刊、会议录、汇编、学位论文、科技报告、技术标准、专利文献、产品样本、中译本、手稿、参考工具、检索工具、档案、图表、古籍、乐谱、缩微胶卷、缩微平片、录音带、唱片、录像带、电影片、幻灯片、其他（盲文等）。这些文献类型占据了纸质文献资源所包含文献信息类型的主要位置。

1. 图　书

图书，也称不定期出版物，主要指用文字图画或其他符号，手写或印刷于纸或其他载体上，并具有相当篇幅的文献，是现代印刷型文献的主要形态之一。图书在内容上具有相当的知识容量，在形式上表现为一定的篇幅，是人类文献中最古老、最重要的类型[36]。国家标准《情报与文献工作词汇 · 传统文献》（GB/T 13143—1991）对图书（Book）的解释是：一般不少于 49 页并构成一个书目单元的文献。按照联合国教科文组织（UNESCO）和国际标准化组织（ISO）规定，49 页不包括封面与扉页。48 页或少于 48 页的小书被称为小册子（Pamphlet）。根据不同的标准，图书可以划分为：按文种分为中文图书、日文图书、西文（英、法、德等拉丁文字）图书等；按作用范围分为通俗图书、教科书（教材）、工具书等；按写作方式分为专著、编著、汇编、翻译、编译等；按出版卷帙分为单卷本、多卷本等；按刊行情况分为单行本、丛书、抽印本等；按版次情况分为初版本、重版本、修订本等。据统计，2008 年全国共出版图书 274 123 种，其中新版图书 148 978 种，重版、重印图书 125 145 种，与上一年相比图书品种增长 1 041%，新版图书品种增长 9.36%，重版、重印图书品种增长 11.68%[37]。

2. 连续出版物

连续出版物（Serial Publication）：具有统一题名、定期或不定期以分册形式出版、有卷期或年月标识、计划无限期按时间或编号顺序连续出版的文献。它包括期刊、报纸、年度出版物及其他连续性报告、会议录、专著性丛刊等。连续出版物是与图书并列的最主要的文献类型，是极其重要的信息来源。内容新颖、报道及时、出版连续、读者众多、信息密集、形式一致是其主要特点。以报刊为主的连续出版物是人类近代文明的产物，自产生之日起，它们就与社会政治、经济状况和文化思想有着密不可分的联系。为了适应不断发展变化的社会需求，其形式和职能日益多样化，这为我们了解当前社会动态、研究中外历史提供了直接而丰富的文献和信息。

连续出版物中较为重要的有：

（1）期刊（Periodical）：又名杂志，是一种有固定名称，按年月、卷期顺序编号成册的连续出版物。通常每年至少出两期，每周至多出一期（包括一期），其中以月刊、双月刊和季刊最为常见。期刊是连续出版物的主体和信息源的主体。由于期刊具有广、灵、快等特点，因此期刊上载有大量的、原始性的第一手资料和原创性的观点和成果。尽管有些成果不够成熟和全面，但是正由于欠成熟和全面，其信息含量才大、参考性才强。现代期刊品种繁复，而其中蔚为大观的学科期刊在社会文献传播中占有十分重要的地位。学科期刊是指哲学、自然科学和社会科学各学科领域中的专业刊物。随着学科研究的不断深入发展，学科期刊的扩容十分迅速。据不完全统计，目前世界上不少学科的专业期刊每年出版在 1 000 种以上[38]。2008 年全国共出版期刊 9 549 种（含高校学报、公报、政报、年鉴 1 742 种），平均期印数 16 767 万册，总印数 31.05 亿册，与上年相比，种数增长 0.86%，平均期印数增长 0.42%，总印数增长 2.1%[39]。

（2）报纸（Newspaper）：是一种以刊载新闻和时事评论为主的、定期面向社会公众发行的连续出版物。与期刊相比，报纸多为活页，其出版周期比期刊更频繁，有日报、隔日报、周报、旬报等多种形式，其中以日报最为常见。在现代印刷文献中，报纸无论在出版周期或发行量上，都具有其他文献所无法比拟的传播优势。报纸的特点是内容丰富、信息量大、出版迅速、发行面广、读者众多，但资料较庞杂零散，不易积累与保存。利用目录、索引等检索工具查找与利用报纸信息，往往能起到事半功倍之效。2008 年全国共出版报纸 1 943 种，平均期印数 21 154.79 万份，总印数 442.92 亿份，与上年相比，种数增长 0.26%，平均期印数增长 2.97%，总印数增长 1.13%[40]。自近代报纸诞生至今，已累积起一个多层次、多品种的庞大的文献体系，为我们研究近现代社会发展史准备了极其丰富的第一手资料。

3. 特种文献

图书、报纸、期刊是最为常见而又常用的文献，有“常规文献”之称。而纸质文献中，除常规文献之外，还有一些“特种文献”，如专利文献、标准文献、会议文献、学位论文等。这些特种文献的出版形式、管理方式和目录体系与常规文献有所不同。例如，图书、报刊的出版发行，有书号、刊号，而专利文献、标准文献用的是专利号、标准号，会议文献没有固定的出版形式，学位论文则多数不公开发行，但它们都有特定的管理方式，并有相应的、自成系列的检索工具可供利用。因此特种文献是泛指具有特定内容、特定用途、特定读者范围、特定出版发行方式的文献，尽管这类文献有的并非很成熟、可靠，但是它们内容新颖专深、实用性强、信息量大、参考价值高，是极为重要的信息资源。

（1）学位论文（Dissertation，Thesis）：是指高等院校或研究机构的学生在导师指导下独立完成的学术研究或实验成果的书面报告，是授予学位的主要依据。与学位层次相应，学位论文有学士论文、硕士论文和博士论文之分。其中学士论文应能表明作者确已较好地掌握了坚实的基础理论、专门知识和基本技能，并具有从事科学研究工作或担负专门学术工作的初步能力；硕士论文应能表明作者确已在本门学科上掌握了坚实的基本理论和系统的专门知识，并对所研究课题有新的见解，有从事科学研究工作或独立担负专门学术工作的能力；博士论文应能表明作者确已在本门学科上掌握了坚实宽广的基本理论和系统深入的专门知识，并具有独立从事科学研究工作的能力，在科学研究或专门学术领域上具有创造性的成果。较高层次的学位论文要求作者系统掌握某学科的理论知识，并运用这些知识研究、解决有关问题，以表明自己的专业研究能力。通过专家答辩委员会通过的硕、博士论文，一般来说，都具有较高的专业水平和一定的独特性、系统性。有的论文答辩通过后正式出版或发表，有的则不公开发表。我国 1979 年恢复学位制度，国务院学位委员会指定北京图书馆（现国家图书馆）负责收藏自然科学和社会科学博士学位论文及其摘要，中国科技信息研究所收藏自然科学硕士和博士学位论文及其摘要，中国社会科学院情报研究所收藏社会科学硕士和博士学位论文及其摘要。每年全世界有成千上万的论文通过答辩。2008 年中国录取硕士研究生 39 万人、博士研究生 5.9 万人，每年的硕、博士论文将会超过 40 万份。

（2）研究报告（Research Report）：表述实验、研究、鉴定等工作成果的报告。它包括社科报告、科技报告、咨询报告等。其特点是反映最新研究成果、应用价值高。其中科技报告（Scientific and Technical Reports）是在第二次世界大战期间发展起来的，能反映最新的科学技术研究成果，其特点是一个报告单独成册，一般不在期刊上发表，保密性高、实用性强，由政府部门编辑，不定期出版，有系统的编号。科技报告受到各国政府和技术部门的重视，按其出版类型划分，科技报告分为：① 技术报告（Technical Reports，TR），是公开发行的科研成果技术总结报告，内容新颖完善；② 技术札记（Technical Notes，TN），是科研人员编写的专业技术文件，内容不完善，一般属于第一手材料，出版量很大；③ 技术备忘录（Technical Memorandum，MT），是一种内部使用、限期发行、保密性很强的出版物，内容有试验性报告，技术数据；④ 技术论文（Technical Papers，TP），多采用单篇形式在期刊上发表，内容新颖，参考价值大；⑤ 技术译文（Technical Translations，TT），是翻译国外有重大参考价值的技术文献；⑥ 特种出版物（Special Publication，SP），包括总结报告、技术资料汇编、会议录、数据手册、专著和论文题录等。按保密级别划分，研究报告可分为绝密报告（Top Secret Report）、机密报告（Secret Report）、秘密报告（Confidential Report）、非密报告（Unclassified Report）、解密报告（Declassified Report）。解密后或根据需要，研究报告可以正式发表，但多数不公开发表，仅供有关部门使用或参考。研究报告种类多，数量大，使用价值高。目前就科技报告而言，全世界每年出版达 10 多万种，其中美国政府编辑出版的四大报告最具影响力。

（3）专利文献（Patent Literature）：专利制度是对技术发明实行法律保护的一种制度，是技术发明商品化的产物。专利（Patent）是指对某项发明创造享有受法律保护的技术专有权利。专利的申请程序一般为：发明者就自己的某项发明创造向本国或外国政府的专利机构提出专利申请，经审查批准后，专利内容向社会公布，在法定年限内，该项发明在申请批准国享有技术使用的垄断权，并受到法律保护。在专利申请过程中所形成的记载专利内容的文件资料以及有关的出版物，就总称为专利文献。专利文献是专利制度的产物，是由各国专利机构按照专利法出版，表明在一定年限内发明所有者享有制造、使用、销售占有权的法律性文献。专利文献按内容可分为两大类型：① 专利文件，包括专利申请书、专利说明书以及与专利有关的法律文件；②专利检索工具，主要包括专利公报、专利文摘、专利分类表以及查阅专利的有关目录索引。其中专利说明书是专利文献的主体，主要内容有：专利号、题目、发明人、专利权所有者、申请日期、批准日期、分类号、内容（发明的内容、特点、使用范围等，通常附有插图）、专利权限等。自 1416 年 2 月 20 日，世界上最早建立专利制度的威尼斯城邦批准第一件有记载的专利以来，全世界已有 160 多个国家建立了专利制度，迄今已通报公布的专利说明书累计已达 4 000

万件，且正以每年约 100 万件的速度增长[41]。我国于 1984 年 3 月 12 日公布了专利法，1985 年 4 月 1 日正式开始实施。截至 2009 年底，我国累计共受理专利申请 5 822 661 件，其中国内 4 898 473 件，占 84.1%，国外 924 188 件，占 15.9%；截至 2009 年底，我国累计共授权专利 3 083 260 件，其中国内 2 644 571 件，占 85.8%，国外 438 689 件，占 14.2%[42]。

专利文献记载了丰富的发明创造的信息，反映出社会科学技术发展的水平和动态，其内容新颖详尽、先进实用，准确可靠、数量庞大。据统计，全世界最新技术成果的 90%～95%首先发表在专利文献中。例如，喷气发动机技术 1939 年首次在专利文献中发布，而这一技术在科技期刊上发表的时间是 1946 年。长期以来，我国的专利申请一直以非职务申请为主，2008 年，职务申请比例达到 50.8%，首次超过非职务申请。另外，国内外发明专利授权量基本呈五五开。发明专利授权国内所占比例为 49.7%，与国外的差距进一步缩小，表明中国企业和个人更加重视原创性创新和对核心技术的拥有，国家知识产权战略的实施极大地激发了全社会的创新热情。

（4）标准文献（Standards Literature）：是指由专门委员会组织制订、经公认权威机构或国家行政主管部门批准的一整套具有法定约束力的规范化文献，具体包括各种级别的标准、部门规范和技术规程等。根据国际标准化组织（ISO）的界定，标准文献还包括“有关的文献工具书：标准目录、索引、文献目录等”。现代标准文献是 20 世纪初随着大规模工业生产技术的发展而产生的，主要表现为一种技术规范，规定产品性能、工艺规程、标志或定义，以解决科学、技术和经济领域内的问题。在特定的范围内，标准必须得到贯彻执行。具有法律效力是标准文献的基本特征。标准的类型，按适用范围主要可分为国际标准、国家标准、专业标准、企业标准等。国际标准是国际组织协调活动的结果，目前主要由国际标准化组织（ISO）和国际电工委员会（IEC）组织制订。国际标准的执行，一般通过在国家标准中采用国际标准来体现。国家标准是针对国家范围内使用而制订的，由国家权威机构正式批准，一般属于强制性的标准。如 1982 年起，国家标准局逐年批准由全国文献工作标准化技术委员会组织制订的有关文献著录的系列国家标准，就有《文献类型与文献载体代码》[GB/T 3469—1983]、《文献著录总则》[GB/T 3792.1—1983]、《文摘编写规则》[GB/T 6447—1986]、《文后参考文献著录规则）[GB/T 7714—2005]。上述标准名称后“[]”内为标准号，由标准代号、序号和年代号组成。如 GB/T 7714—2005，GB 为中国国家标准代号，7714 为国家标准序号，2005 为年代号，表示该标准的颁布时间。标准是一个动态的系统，必须与最新科学技术保持同步，因此经常进行修订。

（5）会议文献（Conference Literature）：主要是指在学术会议上宣读或书面交流的论文、报告以及讨论记录等。随着现代社会科学技术的不断发展，学科分支越分越细。各门学科相继成立了专业学会和协会等学术团体。通过学会活动，业内研究者相互讨论和交流各自领域中的新问题、新观点。目前，全世界每年召开的学术讨论会不少于数千次。学术会议一般分全国性和国际性两个层次，大都是就某一学科或专业领域的重大学术问题进行高层次的研讨，往往广泛涉及该学科或专业领域研究的新课题、新成果和新趋势，所形成的会议文献具有信息量大、内容新颖、学科专业内容含量高的特点。通过会议文献，人们可以了解国内外相关学科的发展水平、动态和趋势。会议文献没有固定的出版形式，较常见的是汇编为会议录或专题论文集，以图书形式出版；或汇编成册，作为某一期刊的专辑发表，有的则分散作为期刊论文，或编入系统性科技报告中发表。

（6）档案（Archives）：国家、机构和个人从事社会活动留下的具有历史价值的文献。它包括信件、日记、备忘录、会议纪要、照片、报告、协议、证书等。档案是历史的原始记录，具有重要的凭证价值、参考价值和情报价值。按内容分，可有政治档案、经济档案、科技档案等；

按表现形式分，可有书面档案、形象档案、声音档案等。

（7）政府出版物（Government Publication）：由政府机构制作出版，或政府机构制作并指定出版社出版的文献。它包括法律、法令、议案、决议、通知、统计资料等行政性文献和科技文献。这类文献出版发行形式多种多样，或以图书、小册子、期刊正式出版，或内部出版；其形式为印刷型或机读型。其数量庞大、内容广泛、资料可靠，是极重要的信息资源。西方国家对政府出版物极为重视，大多设有专门出版机构和图书馆管理机构，加强对其管理和利用。

（8）产品样本（Trade Catalogue）：厂商为介绍推销其产品而印发的文献。它包括产品说明书、产品目录、企业介绍等。其内容详尽、可靠性好、直观性强，虽新颖性不如专利文献，但成熟性较之为强。

2.2.1.2　非纸质文献资源

随着近代信息技术的发展，在图书馆实体馆藏信息资源中，出现了一系列采用非纸质介质作为信息物质载体的新型文献信息资源类型，具体载体形式包括由光学成像技术带来的缩微胶卷、缩微平片和电影胶片、幻灯片，在电磁技术支持下出现的唱片、录音磁带、录像带，以及受惠于磁录技术和光录技术的磁盘、光盘。作为一类特殊载体形式的资源信息，非纸质文献资源出现于19世纪末，在第二次世界大战后的20世纪50～60年代得到迅速发展和广泛运用。

与纸质文献资源相同的是，非纸质文献资源具有实际的物理载体形态，能够收藏在图书馆内，图书馆享有永久使用权和所有权，读者可以借助相应的设备（缩微资料阅读器、电影放映机、录音录像播放机、光盘播放机、个人计算机等），在预设的物理空间中进行利用。与纸质文献资源相比，非纸质文献资源具有更高的信息存储能力、更丰富的信息品种，能够在更密集的时间空间内提供更多更好的信息服务。

随着各种信息载体和记录手段的发展和演变，非纸质文献资源在种类上和数量上有了很大的发展，同时，非纸质文献资源的发展在很大程度上依赖于科学技术的发展，所以非纸质文献资源在类型上的更新也是比较快的。例如，密纹唱片在1996年后就几乎不再为用户使用，而VCD在1995年后得到了迅猛发展。高密度激光唱盘（DVD-A）、高密度激光视盘（DVD-V）等新型媒体更是不断出现并得到迅速普及。

与纸质文献资源相比，非纸质文献资源同样发挥着保存知识、传播信息的功能，而且非纸质文献资源在载体介质与检索利用方面有其别具一格的特征，主要表现在以下几个方面：[43]

（1）非纸质文献资源的介质和结构与纸质文献资源不同.

绝大多数非纸质文献资源的载体介质采用感光或磁性材料，而纸质文献资源的介质则是纸张，因此，二者在结构方面也必然存在差异。一般普通图书主要由封面、书脊、书名页、版权页、目次、正文、参考文献、索引等组成。而非纸质文献资源由于类型多样，其具体类型的结构也存在较大差异。例如，听觉型视听文献通常由容器、标签、正文以及附件等组成；而缩微文献则由容器、题名帧、正文以及附件等部分组成。

（2）非纸质文献资源在保存、存储、检索方面具有明显的优势。

仅以光盘型数字文献为例就可以使这一点得到明显体现。《文渊阁四库全书电子版》由迪志文化出版有限公司研发制作、与香港中文大学出版社合作出版，该电子出版物将3 400余种、36 000余册、约8亿字的纸质文献数字化后储存在光盘上。《文渊阁四库全书电子版》分为《原文及标题检索版》和《原文及全文检索版》两种。其中标题版167张光盘，包含原书470万页（按现代页计算）的图像，备有多种书目检索、卷内标题检索和辅助研究功能，并附加了参考工具。而全文版也只有 183 张光盘，除具备标题版的所有内容及功能外更拥有约 8 亿个中文字符及其索引，可作全文检索。可见，非书资料具有存储量大、体积小、保存方便、多途径检索的功能。

（3）非纸质文献资源在表现内容方面具有丰富性与直感性。

印刷型文献主要依赖于静态的文字记录和图形描述，读者阅读静止而抽象；而非纸质文献资源则可以利用其自身记录信息的特点充分调动读者的各种感觉器官。借助于录音机、录像机、影碟机等专用设备，所需的信息就会直接进入使用者的耳膜和视网膜，从而达到“阅读”的目的。这种能使人观其形、听其声，给人以动态直观感觉的文献在帮助人们学习语言知识、观察科技现象、传播科学技术、娱乐消遣等方面，有其独特的作用。尤其是近年来多媒体技术的迅速发展，更是综合了视频和音频资料，发展和完善了多种动态效果。

（4）非纸质文献资源的阅读受阅读设备、阅读条件的限期。

不可否认，非纸质文献资源也有其不足。例如，印刷型文献的阅读不受时间、地点、阅读设备的限制，而绝大多数的非纸质文献资源却要借助于相应的阅读设备方可阅读：缩微制品要借助于显微阅读机，录音制品要借助于录音机或电唱机，录像制品要借助于录像机等等。但随着计算机的普及以及各种多媒体软件的开发，这些条件限制在逐渐降低。

随着非纸质文献资源的发展以及非纸质文献资源在多个方面优于印刷型文献的特点，读者对非纸质文献资源的需求正在不断增大，利用非纸质文献资源的数量也比以前有较大的提高。非纸质文献资源的种类和数量大幅度增加意味着非纸质文献资源在整个文献体系中地位的提高，它们已经开始承担起越来越重要的保存文献、传播知识的社会功能。

由非纸质文献资源的载体介质特征，人们可以将其类型划分为：

1. 缩微文献

缩微文献，是利用缩微摄影技术，将原始文献高倍缩小并记录于感光材料上而形成的缩微复制文献，其形态包括缩微胶卷、缩微平片、缩微卡片等。这种采用发端于 1839 年的缩微技术，以感光材料（主要有银盐胶片、干银胶片、重氮胶片和微泡胶片）为载体的新型文献，具有体积小、重量轻、便于收藏，检索迅速、复制方便，生产迅速、成本低廉，技术成熟，保存期长的特点。由于缩微文献的制作成本较低（只有印刷文献的 1/6），节省空间（普通缩微平片比纸质文献节省储存空间 98%），保存期长（通常工作环境中可以保存 50 年，适当环境湿度下能保存 100 年以上[44]），所以缩微技术曾广泛地应用于珍稀文献和目录卡片的缩微复制中。例如，善本古籍，往往由于其年代久远和存世稀少，一般不投入流通，读者借阅要受到很多限制；而缩微技术将原件摄制成缩微品，读者可以利用缩微文献，不接触原件而得睹其原貌，这就为珍稀文献的保存与利用开辟了新的途径。目前，我国的国家图书馆以及其他大型图书馆、档案馆，都已将大量善本古籍、重要档案摄制成缩微文献，以供流通使用。一些国家的图书馆已将馆藏 5 年以上的期刊改为缩微品来储存，不再保存原印刷本。近年来缩微技术与电子计算机和通讯技术相结合，产生了许多性能优异的新技术和新设备，如计算机输出和输入缩微片（COM，CIM）。COM 可以将计算机输出的二进制信息直接转换成人可阅读的缩微影像，而 CIM 技术能将缩微品上的映像资料转换成计算机可读二进制信息并直接输入计算机。此外还有诸如计算机辅助缩微品检索系统（CAR）、视频缩微技术等[45]。这些新设备和新技术的应用为缩摄制品的普及与发展创造了有利的条件。

（1）缩微胶卷（Microfilm）：使用缩微摄影技术，摄影记录资料以及其他信息并存储在电影胶片上形成的一种缩微型文献。洗印出来的 16 mm 或 35 mm 片卷上的每一个画格，能以幻灯片条的形式通过专用的机器设备加以单独地放映。

（2）缩微胶片（Microfiche）：又称缩微平片，是将原件图文按行与列记录在矩形胶片上所形成的缩微型文献。每张可记录一至多个画幅。其制作方法大致分为两类：① 将卷式缩微品按一定尺寸剪开后粘贴于透明胶片上；② 用拷贝机、步进重复式摄影机、COM 记录器把缩微图像摄制于矩形胶片上。有 105 mm、75 mm、70 mm 和 16 mm 等几种。一般使用的规格为 105 × 148 mm。按其对文献的缩小比率分为三类：普通缩微平片，每张可拍摄 60 ~ 98 页文献；超缩微平片，每张可拍摄 2 500 ~ 3 200 页文献；特超缩微平片，每张可拍摄 22 500 页文献。在平片上部印有肉眼可见的文献名称等著录事项，有的还有彩色编码。最后一帧画幅上通常记录有整张平片内容的索引。这种缩微品的检索较方便，同时可通过修改母片上若干帧画幅而及时增新删旧。

2. 视听文献

视听文献（Audiovisual Document）：也称声像文献、音像文献，是以唱片、电影胶片、幻灯片、录音带、录像带等感光材料或电磁材料为载体，记录并传播声音、图像及其他信息符号的一种声形并举的文献。根据人的感官接受方式，可将视听文献分为听觉、视觉和视听三种类型。其中，听觉型文献包括传统的唱片和录音磁带，视觉型文献包括无声影片胶片、幻灯片等，视听型文献则综合了前两项技术，能同时记录声音和图像，常见的有电影胶片、电视录像带等。

与纸质文献相比，视听文献能动态、逼真地记录自然界和人类社会中各种现象及活动过程，帮助人们了解和观察文字难以描绘的事物，其优点在于再现准确、展现直观、表达形象，具有技术先进，体积小、重量轻等特点，易于收集、保管和使用。声像文献的生产是通过专门的摄录设备完成的，故它所记录储存之信息的再现也需要相应的播放设备，在使用上不如纸质文献方便。

早在 20 世纪 20 年代，美国和西欧的一些公共图书馆和专业图书馆开始收藏音乐文献和有文献价值的唱片，视听文献开始作为图书馆的藏品并为读者服务。20 世纪 30 年代，西方国家广泛使用 16 mm 有声教学影片后，非戏剧性的教学影片大量地被图书馆收藏，视听文献的概念形成。随着科学技术的不断发展，特别是电子技术的普及，使视听文献的软硬件得到了更快的发展。到 20 世纪 60 年代后，视听文献大量产生并广泛运用于新闻、教育、文艺活动和科学研究之中。中国电影资料馆、中国照片档案馆、中国现代文学馆，以及其他中央、省市级大型公共收藏单位都收藏有大量视听文献，并提供视听服务。然而随着技术更为先进的音频视频光盘的出现，使用感光材料及磁性材料的视听文献就逐渐让位于采用磁录、光录技术的数字文献了。从 2007 年统计数据也能印证：该年全国共出版录音带（AT）6 989 种，14 652.81 万盒，与上年相比，品种下降了 14.52%，数量下降了 20.5%，同年全国只出版录像带（VT）24 种，5.47 万盒，品种下降了 48.94%，数量下降了 19.44%[46]。到 2008 年，全国出版的录音带为 4 581 种，继续下降 34.45%，录像带 4 种，再下降 83.33%[47]。

3. 数字文献

数字文献（（Digital Document）：又称机读型文献，是指采用磁录、光录技术，通过计算机将文字、图像、声音、影像转换成二进制数字代码，记录在磁性（磁盘）或光学（光盘）等信息载体上，并具备相应的数据库管理功能，可供读者利用信息阅读设备（个人计算机）进行浏览、检索的文献。数字文献能高密度储存大量信息，按各种体系加以组织，并能高速度地通过多种途径（如文献题名、著者名、主题词、分类号等）进行检索。

数字文献是 20 世纪中叶伴随着计算机的产生而出现的，文献信息通过键盘或图像识别装置输入计算机，经过计算机处理，将文字和图形转换成计算机二进制代码存储到磁盘或光盘上。阅读时，通过计算机程序将信息进行逆向转换，再现文字图像信息，输出并显示在显示终端屏幕上。在当今计算机设备家电化潮流影响下，普通家用电器如 CD 机、VCD 机、DVD 机和蓝光 BD 机也能阅读部分数字文献内容，而计算机显示器终端也有被大屏幕平板电视取代的可能。我国数字文献的制作起步于 20 世纪 80 年代，按时间顺序投入使用的载体形态有：软磁盘（FD）、只读光盘（CD-ROM）、高密度只读光盘（DVD-ROM）以及 2008 年取得后 DVD 时代光记录格式标准地位的蓝光光盘。早期的数字文献是纯文字型的，其后迅速向多媒体发展，图、文、声、像并茂。

数字文献的出版形式，按照其信息载体不同，可以粗略地划分为两类：

（1）磁盘型。

这里的磁盘是指软磁盘，通常为 3 英寸软磁盘，容量为 1.44 MB，可以存储 70 余万汉字的文字内容。由于软磁盘及其软磁盘驱动器曾经是普通个人计算机必备设备，所以磁盘型的数字文献在过去近 20 年间十分普及。就目前来看，由于软磁盘的容量太小，同时计算机软硬件的快速发展致使现在主流计算机基本不配置软驱，所以除了小型数字文献偶尔使用 3 英寸软盘出版外，绝大多数已改用光盘发行了。

（2）光盘型。

光盘属光学载体，是一种利用激光将信息写入和读出的高密度存储载体，目前已成为大型数字文献的主要出版形式。传统的纸质文献，如图书、报纸、期刊，纷纷制成光盘版而进入数字传播时代。数字文献现在主要采用普及率高、价格低廉的只读光盘（CD-ROM）进行出版，直径 12 cm 的 CD-ROM 容量接近 700 MB，可以存储 3.5 亿汉字的文字内容。随着 DVD 光驱成为个人计算机基础配置，数字文献的光盘型载体已经过渡到容量更大的高密度只读光盘（DVD-ROM），DVD 光盘的容量从 4.7 GB 到 17 GB 不等，而即将投入使用的蓝光光盘 BD 的容量更是达到惊人的 50 GB 以上。光盘型的数字文献的兴起时间，国外是 20 世纪 80 年代，我国则是在 20 世纪 90 年代中后期逐步普及。据最新统计，2007 年全国出版激光唱盘（CD）7 475 种 5 195.86 万张（同比品种增长了 10.35%，数量下降了 19.01%）、高密度激光唱盘（DVD-A）及其他载体 850 种、719.93 万张（品种下降了 5.56%，数量下降了 38.34%）、数码激光视盘（VCD）10 561 种、16 722.37 万张（同比分别下降了 17.15%和 17.98%）、高密度激光视盘（DVD-V）5 959 种、11 585.33 万张（同比分别增长了 29.52%和 16.42%）、只读光盘（CD-ROM）7 845 种、11 658.35 万张（同比品种增长了 12.99%，数量下降了 21.65%）、高密度只读光盘（DVD-ROM）421 种、934.38 万张（同比品种增长了 147.65%，数量下降了 5.71%）、交互式光盘（CD-I）及其他 386 种、991.31 万张（同比分别增长了 310.64%和 501.38%）[48]。再检视 2008 年的统计数据，该年 CD 出版 5578 种 4 404.91 万张（分别下降了 25.38%和 15.22%），DVD-A 及其他载体 1 562 种、1 349.28 万张（分别增长了 83.76%、87.42%）；VCD 出版 6 365 种、9 764.29 万张（分别下降了 39.73%、41.61%），DVD-V 出版数量为 5 367 种、8 044.8 万张（下降了 9.93%、30.56），CD-ROM 则为 7 828 种、13 638.94 万张（品种下降 0.22%，数量增长 16.99%），DVD-ROM 有 1 285 种、1 610.78 万张（分别增长了 205.23%和 72.39%），CD-I 及其他出版了 555 种、520.92 万张（品种增长 43.78%，数量下降 47.45%）[49]。

2.2.2 虚拟馆藏信息资源

人类进入现代社会后，信息技术的发展使得信息与社会的联系更加紧密，信息资源开发对人类社会经济发展、生产力提高、政治文明进步的贡献十分显著。这里，推动信息资源建设前进的主要动力，来自于全球性网络系统的建立。地理上处于不同位置的图书馆、信息开发机构之间能够通过网络相互利用信息资源，实现资源共享。因此，馆藏信息资源的范围得到极大的扩展，凡是能够被自己的读者、用户使用到的信息资源，不管其存储位置是在馆内还是在馆外，甚至远在数千公里外，都可以作为图书馆的馆藏资源看待。对于这些图书馆用户借助于计算机网络才能获取的位于异地的数字化信息资源，我们就称之为虚拟馆藏信息资源。

实体馆藏和虚拟馆藏共同构成了图书馆的信息资源，二者缺一不可。虚拟馆藏信息资源与实体馆藏信息资源相比，其特点有：① 图书馆的虚拟馆藏是数字化信息资源，是没有物理形态、逻辑意义上的馆藏信息资源；② 虚拟馆藏资源具备广泛的共享性，即某家图书馆的网上信息资源可以是多个图书馆的虚拟馆藏，而一个图书馆的虚拟馆藏，又可以来自多家图书馆、个人、机构和商业公司；③ 虚拟馆藏具有动态随机性，即虚拟馆藏信息随时都在更新、变化，而且虚拟馆藏大小与用户利用信息资源的能力和程度密切相关；④ 虚拟馆藏对计算机、网络设备构成的硬件环境有强烈依赖性[50]。

因为虚拟馆藏信息资源是基于先进的计算机网络存在的，所以其现代化程度远高于实体馆藏信息资源中的各种形态的文献信息资源。计算机网络按地域覆盖范围可以分为以下几种类型：① 局域网（LAN：Local Area Network），是以小型机和微型机为基础，网内计算机通过网络适配器和电缆来连接，在覆盖范围不超过 10 km 直径的区域范围内使用的网络，这种网络灵活、可靠、成本低，被广泛应用于机构、学校的信息自动化规划建设上；② 广域网（WAN：Wide Area Network），是通过公共电信设施（公用电话交换网、公用数字交换网、通讯卫星）和少数专用线路，将跨区域（跨越地区、国家甚至洲际范围）的专用计算机连接起来，进行高速数据交换和信息共享而形成的一个通信网络；③ 城域网（MAN：Metropolitan Area Network），介于局域网与广域网之间，使用 LAN 技术和高速光纤设备，在一个特定的范围（高校校园、工业区或城市）内将局域网段连在一起而形成的网络；④ 网际网，网际网是网络的网络，它将世界上各种各样的局域网和广域网相互连接起来形成一个全球性的大网，Internet（互联网）就是网际网的典型代表[51]。

与计算机网络的类型相对应，就目前来看，图书馆必备的虚拟馆藏信息资源包括局域网信息资源、广域网信息资源和互联网信息资源。

2.2.2.1 局域网信息资源

作为虚拟馆藏信息资源中最具可靠性的一类资源，局域网信息资源在满足学术信息资源需求方面，扮演了极为重要的角色。局域网信息资源是存储于图书馆局域网中的，主要为图书馆所在城域网用户使用的信息资源，主要包括以本馆书目数据库、网络资源学科导航库、特色文献数据库为主的馆藏网络信息资源，以及本地镜像的数据库资源。

1. 本馆书目数据库

书目数据库是由专业信息机构编制，反映书目信息（关于书刊文献的著者、题名、出版等相关信息）的文献数据库。其编制目的主要是用于指引读者根据其中的著录项目，获知符合需要的图书、期刊的书名、作者、出版社、出版时间、总页码等外部信息，以及分类主题标引、内容摘要等内部特征，基本做到读者能据此判断文献的实用价值，同时了解该文献收藏、排架地点，方便前去借阅。

读者使用书目数据库，首先可以根据具体的检索要求选择检索途径（一般设有题名、责任者、出版社以及分类号、主题词等途径），然后在检索框中输入检索词，再按界面提示选择检索范围、检索方式、文献出版时间等要求，最后点击检索按钮向数据库递交检索提问。这时读者查看屏幕上显示的满足检索要求的文献列表，点击感兴趣的文献题名，就会显示该书刊的书目信息、馆藏信息和流通信息。读者可根据馆藏地址和索书号在书库或阅览室借阅该书。如果在本校图书馆的书目数据库中没有找到需要的书刊，读者还可检索其他图书馆的馆藏，如果其他图书馆收藏有的话，再通过馆际互借系统提出借阅申请，获得远程文献传递服务。

按照书目信息范围不同，书目数据库有全国、地方和馆藏书目数据库之分。书目数据库大多为免费使用的网络数据库。下面是高校图书馆读者常用的书目数据库及地址：国家图书馆（http://www.nlc.gov.cn/）、国家科学图书馆（http://www.las.ac.cn/）、清华大学图书馆（http://www.lib.tsinghua.edu.cn/）、北京大学图书馆（http://www.lib.pku.edu.cn/）、四川大学图书馆（http://202.115.54.13:8080/F）、西昌学院图书馆（http://lib.xcc.sc.cn/）

西昌学院图书馆馆藏书目数据库是由学院图书馆专业馆员历经 10 余年编制完成，基本覆盖 2000 年以前所有图书、期刊、报纸书目信息，全部覆盖 2000 年以后购置的纸质文献书目。从 2005 年开始，在全馆 3 个分馆彻底淘汰纸质书目卡片，采用联机查询目录系统进行纸质文献统一查询（地址：http://lib.xcc.sc.cn/）。

2. 网络资源学科导航库

当今时代是网络的时代，与其他网络信息资源一样，网络学术信息资源正在迅猛增长，并日益成为教学科研工作中不可或缺的重要信息来源。随着网络信息数量日益膨胀，网络信息资源变得无序和分散。由于缺乏起码的质量控制机制，使得网络信息质量参差不齐，网上的学术信息资源被淹没在信息的海洋中，用户发现与利用它们已经变得十分困难。同时，利用具有即时性、便捷性特点的网络进行学术交流受到专业工作者的喜爱，网络正在改变传统学术研究模式。

在 CALIS 重点学科网络资源导航库项目建设影响和指导下，高校图书馆需要根据自己学校学科特点，结合特色馆藏建设需求，自建网络资源学科导航库。学科导航库运用数据库管理系统软件，在专业人员的参与下，及时合理地收集、组织、整理各种载体、各种类型的网络信息资源，并提供有效的网上利用，为高校的教学科研提供信息支持和保障。学科导航库建设的出发点是本校教学研究的需要，目的在于让相关学科领域的师生，以较快的速度了解本领域前沿研究动向和国际发展趋势，做到对网络信息资源有组织地组织和整合，达到最大限度地节省用户获取网络信息资源的时间，为其提供高质量的网络学术资源导航。有别于普通网上搜索引擎的是，导航库中的这些网站都是经过仔细挑选，有相当部分是由教学人员、研究人员推荐，并经过认真的标注和说明，以便于帮助使用者更为快捷准确地使用。

3. 特色文献数据库

特色馆藏资源建设是图书馆生命力的体现。从大的信息环境考虑，只有每一个图书馆的馆藏各具特点后，整个信息保障系统才能丰富多彩、充满活力。单从图书馆角度来看，特色馆藏是自己与其他图书馆的区别所在，要在整个社会信息资源体系中拥有自己的位置，在今后的发展中得以立足，其根本保证是必须建设自己的特色馆藏。再从信息资源整体化建设角度观察，各个图书馆要实现资源共建与共享只有充分开发自己的特色文献资源，走信息资源共建、共知、共享的发展之路，才能在未来的资源建设大局中取得主动。

特色文献数据库是根据本馆信息用户和所在地区社会发展的文献信息需求，依托本馆馆藏信息资源，对特定地域范围、学科领域或专题特色的文献信息进行系统采集、整理、存储后，按照预制的标准和规范将这些特色资源数字化，以满足用户个性化需求的信息资源库。特色文献数据库是图书馆在充分利用本馆馆藏特色文献的基础上建立起来的信息数据库，是构成图书馆数字化学术信息资源体系的重要基石。图书馆要在统一协调组织下，根据本馆现实条件，系统地从馆藏实体文献和虚拟馆藏信息资源中采集相关信息，运用信息重组技术，深度标引和有序化，揭示其价值，制作成各具特色的数据库，发布在网络上提供服务。

国外发达国家从 20 世纪 90 年代前期就开始了特色文献数据库的建设及其增值服务，我国在 90 年代末期也开始这方面的实践和研究。按照特色文献数据库的结构，可分为特色文献的书目数据库、题录数据库、文摘数据库和全文数据库等类型。全文数据库能直接反映文献的内容，是信息用户最好的选择，但在相当一段时期内，图书馆在向数字图书馆发展的过程中还不可能实现所有特色文献的全文数字化，书目数据库和题录数据库仍然是揭示馆藏的重要途径。据 CALIS 规定，特色文献数据库应涵盖与选题有关的各种类型的文献，包括题录、文摘、全文、图像、音频、视频等，实际建库中文献类型应不少于三种，其中一次文献（如全文、图像、音频、视频）不少于 20%[52]。

4. 本地镜像数据库

本地镜像数据库是国内外二次文献商业联机数据库、电子期刊全文数据库、电子图书全文数据库以及其他数字化资源，在图书馆购买其使用权的前提下，利用大型磁盘阵列作为储存载体，由数字化提供商本地安装，供图书馆所在城域网用户使用的信息资源。与下文将要谈到的远程联机数据库一样，本地镜像数据库提供体系完备的网络信息资源数据保障服务。由于是本地镜像，在现有网络条件下，其检索与利用的可靠性要高于远程联机版的数据库，但其时效性相比能够实时更新的联机版数据库要差一些。

2.2.2.2　广域网信息资源

与局域网信息资源相比，广域网信息资源的覆盖范围要宽广许多，其蕴含的信息资源特点是高质量、大容量、体系完备，是虚拟馆藏信息资源中最重要的部分。广域网信息资源中包括远程联机数据库，以及以联合目录数据库、图书馆联盟资源和数字图书馆系统、馆际互借与文献传递资源系统为主的馆际网络信息资源。

1. 远程联机数据库

远程联机数据库是由文献信息出版商或数字化资源提供商生产发行，图书馆购买或授权通过图书馆的界面供图书馆内部用户或远程用户使用的数字化信息资源。远程联机数据库主要包括国内外二次文献商业联机数据库、电子期刊全文数据库、电子图书全文数据库以及其他数字化资源。

联机数据库兴起于 20 世纪 70 年代，成为计算机信息检索的主要方式之一。联机数据库数据内容经过专业化的组织，由训练有素的检索人员担任检索中介，能够向用户提供高质量的情报信息。光盘数据库从 20 世纪 80 年代光盘作为数据库的载体后迅速得到推广，大量光盘数据库的出版发行使国际联机检索业受到严重威胁，DIALOG 等联机检索服务公司纷纷推出其联机数据库的 CD-ROM 版本[53]。其后随着计算机网络应用的迅速普及，20 世纪 90 年代中后期的网络上出现了大量的数据库资源，其中有大型光盘数据库的网络版本，也有通过网络可获取的传统的联机数据库，更有众多以网络为平台开发的网络型数据库资源后来居上。各种类型的网络远程联机数据库发展起来，并一举成为图书馆信息资源布局中最重要的一粒棋子。

远程联机数据库的数据一般存储在大容量的网络服务器上，通过公共电信设施（公用电话交换网、公用数字交换网、通讯卫星）和少数专用线路提供网络服务，在当前网络条件下也有建立本地镜像服务器提供服务的。数据库内容多为全文数据库，还能够容纳图像、声音、视频等多媒体数据。检索界面设计友好，用户上手容易，可以实现交互式、超媒体导航，对检索结果进行结果排序、输出格式选择、下载并 E-mail 发送等多种处理，还可进行检索策略保存。较之镜像版联机数据库和光盘数据库较慢的数据更新速度，远程联机数据库可以实现每周或每日更新，是更新速度最快的一种网络信息资源。

随着信息技术的不断发展，大量学术信息特别是数字化学术信息，都被数字化信息资源集成商买断，加工集成在技术先进、服务优良的网络商业数据库体系中。由于具有良好的数据库维护机制，远程联机数据库的资源稳定性较令人满意，这种虚拟馆藏资源具有较为完备的信息资源管理体系，在馆藏资源中占有相当的比重。高校数字化学术信息资源用户，对这些商业数据库的依赖程度也日益加深，甚至已经达到与学术研究时刻不可分离的程度。这类资源在图书馆馆藏信息资源中的重要地位，也使得图书馆每年购置数字化资源的经费比重逐渐加大，重点大学的数字化资源购置比例已经超过 60%，一般本科院校也在 20%～30%。

在网络技术日新月异的今天，能够实现快速及时、同步更新的联机在线数据库，凭借时效性强的优势，已经逐步替代本地镜像版数据库，成为使用商业数据库的主流。但从馆藏信息资源长期、安全保存的角度来看，镜像保存在图书馆盘阵中的资源要优于远程存放在服务提供商存储器上的数据库资源。

2. 联合目录数据库

联合目录就是联合若干个图书馆的藏书目录而编成的统一目录。联合目录是近代图书馆蓬勃兴起的产物，新中国成立以后出版的联合目录有 400 种左右[54]。揭示单个图书馆所藏文献的检索工具，称馆藏目录，能够揭示多个图书馆所藏文献的检索工具，称联合目录。详细反映文献收藏处所，是联合目录的重要特征，它让读者迅速知道某书被那些图书馆收藏，为资源共享提供方便。过去的联合目录，是手工编制的书本式目录，随着信息技术的发展，纸质印刷的联合目录也逐渐被非纸质出版的联合目录取代，现在又正在向网络在线版的联合目录数据库形态发展。

比较常见的联合目录数据库有：

（1）CALIS 联合目录公共检索系统（地址：http://opac.calis.edu.cn/）。该系统是 CALIS 在“九五”期间重点建设的数据库之一，拥有成员馆 150 多个，已累积数据 130 多万条，馆藏纪录 360 万条。联合目录系统中的数据，按照语种划分，可分为中文、西文、日文、俄文四个数据库；按照文献类型划分，可分为图书、连续出版物、古籍。联合目录数据库采用 Web 方式向读者提供查询检索与浏览服务，除了作为馆际互借与文献传递的基础数据库外，每天有大量的编目员在线工作，已成为各成员馆不可或缺的一个重要数据库。联合目录系统建设的主要任务是建立多语种书刊联合目录数据库和联机合作编目以及资源共享系统，为全国高校的教学研究提供书刊文献资源网络公共查询，支持高校图书馆系统的联机合作编目，为成员馆之间实现馆藏资源共享、馆际互借和文献传递奠定基础。

（2）CSDL全国期刊联合目录（地址：http://union.csdl.ac.cn/Reader/query.jsp）。此联合目录属于文献传递读者系统的联合目录检索，是中国科学院国家科学图书馆联合服务系统中的一个子系统。联合服务系统的重点是建设馆际互借与文献传递服务体系，作为中国科学院国家科学数字图书馆重要项目之一，其目标是要在全科学院范围内形成完善的馆际互借与文献传递的服务与保障体制，调动院内各级单位的馆藏资源，为读者的信息需求提供充分的保障。CSDL的文献传递方式主要是通过网络将用户需要的文献从CSDL的数据库或者链接的其他网络中传输到用户的计算机终端，提供给用户使用。

（3）近代文献联合目录（地址：http://res3.nlc.gov.cn/jdwx/）。由国家图书馆和上海图书馆共同建设，其建设旨在“沟通信息、互通情况、交流经验、共同发展”。国家图书馆和上海图书馆为国内保存近代文献资料最为完整的公共图书馆，近代文献联合目录在两馆资源优势的基础上所建。联合目录反映了政治、军事、外交、经济、教育、思想文化、宗教等各方面的文献内容，客观地反映了这一历史时期的真实面目，具有很高的研究利用价值。联合目录首批推出2万余种文献，目录所收文献均为国家图书馆和上海图书馆已经全文数字化内容，需要获取全文影像，可以与建设馆联系或到图书馆网站查阅。

（4）其他。除此之外，还有湖北省图书馆公共查询系统中的联合目录检索（地址：http://ilasweb.library.hb.cn/Ilasunibib.html），通过该目录，可以查询湖北全省公共图书馆联合目录数据库中的图书和期刊信息；全国高等院校医药图书馆期刊联合目录（http://www.library.imicams.ac.cn/lm/）；天津地区公共图书馆中文报刊联合目录（http://ilasweb.tjl.tj.cn/cgi-bin/EnterIlasweb?v_ src=Ilasunibib.html）；福州大学图书馆外刊联合目录检索系统（http://www.lib.fzu.edu.cn/reader/jijian5.htm），用于查找福建省高校所收藏的外文期刊情况；辽宁省西文期刊联合目录（http://202.118.8.4/mulu.asp）；广州地方志联合目录（http://www.gzlib.gov.cn/source_search/booksearch/gzdfwx/gzdfwxList.do;jsessionid=F6B3A59A68E1222D0EF8E2500F1E8EC5）等。

3. 图书馆联盟资源

作为一种图书馆合作的形式，图书馆联盟一般指两个或两个以上图书馆按照自愿原则签订一定的合同或协议，为实现资源共享而结成的合作组织。图书馆联盟的宗旨为促进图书馆之间的馆际合作、实现资源共享、提高服务质量，推动馆际互借与文献传递工作以及出版物的交换工作。图书馆联盟的活动受到协议或合同的制约，其成员要承担一定的义务，并有一定的经费预算。它是图书馆发展到一定阶段的产物，在实现资源共享及馆际合作中，图书馆联盟发挥着越来越重要的作用。

图书馆联盟提供的资源及服务包括建立数字化图书馆数据中心、采编中心，建设具有馆藏特色的学科文献数据库、图书馆馆员及读者培训基地，实行馆际互借互阅、进行网上参考咨询服务和文献传递，协调各馆自动化集成管理系统实现馆际间互联互通，研究开发相关项目等。按照常见的划分标准，大致有以下几种图书馆联盟类型：

（1）国家级的图书馆联盟。

① 中国数字图书馆联盟（CDLP）：2000年4月5日，“中国数字图书馆工程建设联席会议”发出成立中国数字图书馆联盟的倡议，本着“资源共享、联合建设、优势互补、互惠互利、自

愿参加”的原则，建立了中国数字图书馆联盟。该联盟以国家图书馆为核心、联盟成员111 家，其中包括公共图书馆、高校图书馆、科研机构图书馆等图书文献机构 87 家，以及数字图书馆技术相关企业 14 家。

② 国家科技图书文献中心（NSTL）：2000 年 6 月 12 日由中国科学院图书馆、工程技术图书馆、中国农业科学院图书馆、中国医学科学院图书馆组成。建设宗旨是根据国家科技发展的需要，按照“统一采购、规范加工、联合上网、资源共享”的原则，采集、收藏和开发理、工、农、医各学科领域的科技文献资源，面向全国开展服务，为促进政府科学决策、科学技术研究、技术创新、人才培养、参与国际竞争等提供支撑保障。目前该中心已成为西文文献资源最丰富的虚拟式的科技信息资源机构。

③ 中国高校文献保障系统（CALIS）：2002 年 5 月 21 日 CALIS 管理中心正式发表《中国高等学校数字图书馆联盟成立宣言》，并联合 22 家高等学校图书馆共同发起成立中国高等学校数字图书馆联盟。该联盟主要由 CALIS 及其二期项目数字图书馆组成，并在各地区、各省及几个专业方向设各级中心，在各二级、三级中心又通过地方高等教育系统并利用 CALIS 相关资源在其区域内成立了相应的一些联盟。

国家级的图书馆联盟通常由国家级的部门牵头，是由具有较强实力的文献信息机构联合组织的联盟，具有较强的资金、设备和技术力量。

（2）区域性联盟。

区域性联盟是由某一区域的图书馆和文献信息中心自发组织的联盟，其雏形来自于区域内文献信息的集团采购协议及其组织，它们本着互惠互利的原则联合在一起，逐步形成了资源和服务的共享，如上海图书馆联盟（SLC）。

（3）多院校系统联盟。

联盟中财政来源不同的多所大学在一个复杂的行政架构下合作，各个大学图书馆仍独立运作，但有一个协调机构保证合作的开展，如北京高校网络图书馆（BALIS）。

4. 数字图书馆资源

数字图书馆就是在网络上建立的图书馆，即利用数字技术收集、组织、加工各种类型的文献信息，进行高质量保存和管理并实施知识增值后，为广域网用户提供高速横向跨库连接电子存取服务的虚拟图书馆。其特点是：收藏数字化、操作电脑化、传递网络化、信息存储自由化、资源共享化和结构连接化。数字图书馆还包括对知识产权、存取权限、数据安全管理等一系列问题的解决方案。随着知识经济时代的到来，信息和文化产业正在成为占主导地位的产业，而数字图书馆则是信息和文化产业的重要内容之一。它的出现给传统图书馆业带来一场革命，如同交通和能源对于工业经济的重要性一样，数字图书馆是国家知识经济的重要基础设施和必要条件。

重要的数字图书馆有：中国国家数字图书馆（http://www.nlc.gov.cn/）、中国高等教育数字图书馆（http://www.cadlis.edu.cn/）、上海图书馆数字图书馆（http://dl.eastday.com/）、广东数字图书馆（http://eweb.zslib.com.cn/com/gdlsyj/main.php），以及超星数字图书馆（http://www.ssreader.com/）、数字方舟数字图书馆（http://www.digiark.com/tushu/）等。

5. 馆际互借与文献传递系统

随着文献信息数量的急剧膨胀，世界上不可能有一家图书馆的文献收藏能称得是上完美无缺的，就算是排在世界头号的美国国会图书馆，其收藏达到 1 亿件，也难于包罗万象。因此，一个信息用户想在一个图书馆得到全部文献的满足是不现实的。由此，馆际合作、文献信息资源共享的要求日益迫切，馆际互借与文献传递服务就是很早就开展的一种资源共享方式。

馆际互借和文献传递是图书馆之间或图书馆与其他文献信息部门之间，在书刊资料所有权不变的情况下，按照共同认可的规则，互相利用文献资源，满足用户需求的服务方式[35]。当信息用户在本地图书馆、文献信息机构无法解决信息需求时，馆际互借和文献传递服务将会满足这些需求。

（1）馆际互借（ILL）。

馆际互借（Interlibrary Loan，ILL）是图书馆间的图书文献借阅合作，需要签订并遵守馆际互借协议和规则。具体服务方式，一般有两种：处于同一城市的图书馆互发通用借书证，由读者自己到有互借关系的任何一个图书馆获取文献；读者向图书馆馆际互借处提出当面或电话、E-mail 申请，馆际互借馆员确认文献收藏地，前往将文献借出、复印带回或向该馆发送馆际互借申请，由对方将所需文献传递过来，通知读者借阅。读者通过图书馆员中介获取文献的方式往往实施于相距过远的图书馆之间。另外，由于涉及版权问题，馆际互借允许图书外借或部分复印，而期刊论文或会议论文、专利说明书、标准文献仅提供复印件。视听文献、数字文献通常不外借。

（2）文献传递（DD）。

文献传递（Document Delivery，DD）是利用各种通信手段从各类文献信息服务机构获取文献信息的有效手段。其服务模式多样，传统的有邮递、传真及邮政快递，现代的有电子邮件、网络联机下载服务等。信息数字化以及网络传递的普及，使得文献传递所传送的信息量更大，内容、媒体更丰富，而传送的速度更快捷，手续更简洁，使用户获得文献信息的渠道更畅通。使用文献传递系统前，需要用户自己或委托文献传递馆员检索系统联合目录，确认需要的文献目录信息。现代文献传递系统的人机界面设计友好，往往在显示各馆馆藏目录的同时，用户便可在检索终端发出文献传递请求。申请发出后，在规定的时间内（视系统性能长的约 1 周，短的 24 小时，甚至几分钟），就可在事先指定的网络地址中得到需要的信息资料。随着联机目录系统拥有面向全文检索的强大功能，越来越多的全文数据被直接用于检索，能够实现由二次文献检索直接指向一次文献，并通过网络提供联机期刊全文，会议录、标准、专利等全文，文献原文从网络由数字方式传递过来，用户可下载或从电子信箱中取得附件。现在信息用户从检索提问开始，到获取有关文献全文的过程能一次完成，其中的环节交由计算机网络系统执行。这种文献传递服务已经变成一种无需中介、用户自我服务的服务方式，即文献传递的中介服务方式逐渐让位于信息检索与原文传递一步到位的方式。

馆际互借和文献传递的开展，使全社会图书馆的总体资源可以为读者利用。这意味着资源共享使得这部分原先在单个馆不能满足的文献信息需求得到了满足（有的馆对读者需求的满足率从过去不到 50%提高到了 80%）。通常在馆际互借与文献传递所提供的信息资源中，真正实行文献实物外借的比例并不高，相比之下，文献原文复制并网络化传递比馆际互借更为便捷，更能满足数字化学术信息的需求。

2.2.2.3 互联网信息资源

2010 年 7 月 15 日，CNNIC（中国互联网络信息中心）发布《第 26 次中国互联网络发展状况统计报告》[56]。据该报告称，继 2008 年 6 月中国网民规模超过美国成为全球第一后，截至 2010 年 6 月，中国网民规模达到 4.2 亿，突破 4 亿关口，互联网普及率攀升至 31.8%；截至 2010

年6月，中国的网站数为279万个，域名总量为1 121万个，IPv4地址达到2.5亿，预计IPv4地址资源最快将于2011年8月耗尽，互联网向IPv6网络的过渡势在必行；宽带接入互联网的比例已经占到98.1%，宽带上网已经成为绝对主流。在互联网的各种应用方面，除商务化程度迅速提高、娱乐化倾向继续保持外，网络应用上沟通和信息工具价值加深的特点让人印象深刻。2010年网络新闻的使用率为78.5%，网络新闻用户达到3.3亿，互联网已成为主流新闻媒体；互联网信息检索应用中，搜索引擎是网民在互联网中获取所需信息的基础应用，其使用率为76.3%，位列各互联网应用的第三。搜索引擎的使用存在明显的城乡、年龄、学历、收入差异：城镇网民搜索引擎使用率明显高于农村，20～40岁网民搜索引擎使用率明显高于其他人群，收入越高，搜索引擎使用率越高。网络通讯方面，2010年电子邮件使用率为56.5%，与搜索引擎应用一样，网民学历越高，电子邮件使用率越高，职业分类中的办公室人员、管理者、大学生等电子邮件的使用率明显高于其他人群。即时通信应用的使用率72.4%，其承载的功能日益丰富，一方面正在成为社会化网络的连接点；另一方面，其平台性也使其逐渐成为电子邮件、博客、网络游戏和搜索等多种网络应用重要入口。网络社区中博客用户规模持续快速发展，截至2010年6月，在中国4.2亿网民中，拥有博客的网民比例达到55.1%，为2.31亿人，在用户规模增长的同时，中国博客的活跃度有所提高，博客的影响力进一步加强。网络音乐仍然是中国网民的第一大应用服务，虽然使用网民比例从2009年12月的83.5%下降至2010年6月的82.5%，但用户数量仍然增长了2 586万人。网络视频的使用率为63.2%，用户规模达到2.65亿。商业化推进促使网络文学用户快速增长，截至2010年6月网络文学使用率为44.8%，用户规模达1.88亿，是互联网娱乐类应用中，用户规模增幅最大的一项。大学生使用的前三种网络应用是：网络音乐、即时通信、网络新闻，和总体相比，网络新闻在大学生的使用序列中下降了一个位次，而网络视频则较总体提升了一个位次，排在各个应用的第四位[57]。

从CNNIC进行的调查统计，我们可以了解我国网络信息资源的数量及其分布状况，也能对网络资源的规模作出自己的判断。与网络上信息资源类型与数量的不断增长相一致，图书馆采集信息的方式也在发生着变化，利用计算机获取网上信息已成为现代图书馆馆藏信息资源建设的一种重要手段。虚拟馆藏信息资源中最具活力的资源类型是互联网信息资源，由于网际网的规模趋于无限，所以互联网信息资源量从一定意义上来看，也是无限的。开发利用互联网信息资源，是图书馆虚拟馆藏建设的重要组成部分。

互联网信息资源，是图书馆根据读者的需求和馆藏发展的需要，在网络上采集、组织、加工各种专题信息资源，保存到本地后，通过网络或其他方式提供给用户使用；或者将经过整理的网络地址链接到图书馆的专有网页上，以利于读者方便、快捷地检索到自己所需的网络信息资源。尽管互联网信息资源发展的历史还不长，但是其发展规模和速度却是不容忽视的，可以说互联网信息资源作为图书馆虚拟馆藏资源的新形态具有巨大的发展潜力，它也必将成为信息新环境下图书馆馆藏资源的重要组成部分。

1. 互联网信息资源的特点[58]

互联网信息资源在数量、形态、分布、传播范围、传递速度等方面都有着与传统纸质出版物和非纸质文献资源不同的特点，在某些方面，与同是虚拟馆藏信息资源的局域网和广域网信息资源也有区别。其特点大致有：

（1）互联网信息资源是数字化的信息资源，实现了信息存储、加工、传递的数字化，这是它不同于纸质文献及传统缩微文献、视听文献的一个显著特点。

（2）互联网信息资源的数量巨大、增长迅速，网络拥有众多的电子图书、电子期刊、影视作品，各种各样的数据库都可以在网络上发布和传递，每一个网站都可以把自己的信息上传到网络上，每一个用户也可以发布信息到 FTP、BBS 和博客上，这种全新的信息发布模式使得互联网信息资源趋于无限。

（3）互联网信息资源的类型除了传统信息资源的各种形式外，网络上还有许多传统信息媒体不能表现的形式。

（4）互联网信息资源的信息组织方式是超级链接，即超文本格式，用户不仅可以像使用传统印刷媒体一样进行线性阅读，还可以利用非线性文本随意点击链接处，进入到另一特定主题的网页；而且网络信息资源可以集文字、照片、声音、影像、数据于一体，具有多媒体的特征。

（5）互联网信息资源的获取方式是远程存取，不管身处何地，用户只要登录图书馆的网站就可以检索利用图书馆上网的信息资源，从而使现代图书馆成为了一个个分布式的信息资源中心。

（6）互联网信息资源拥有的网络共享特点使得不同的用户能够同时使用同一个资源，不同地点的用户可同时登录到某一网址，进入同一个网络信息资源页面中，也可以同时进入到某一个远程联机数据库中进行信息检索，同时下载所需的网上资料（虽然某些网络数据库有并发用户数量的限制，但是这并不影响网络信息资源可共享的性质）。

（7）互联网信息资源更新的速度是实体馆藏资源无法比拟的，它的发布不像图书、报刊、光盘的出版受出版周期的限制，可以随时发布，信息发布结束即可进入传播与利用的过程。

（8）互联网信息资源的传播渠道是互联网，互联网使信息资源实现了全球化传播，登录网络就可以利用信息资源，获取信息资源的方式不再只是买到一本书或到图书馆借阅一本杂志，只要与网络连通就可以获取信息资源。

（9）互联网信息资源由于更新速度快而使部分信息资源处于不断被淘汰的状态，新的信息很容易覆盖或替换掉原有信息，承载各种信息的网站、网页总是在变化之中，有价值的信息缺乏稳定的保存机制，这给信息资源的检索与利用都带来不利的影响。

（10）由于网络与生俱来就是一个松散的、无中心、无主管的虚拟世界，网络信息的自由发布造成网络上的信息资源处于无序状态，虽然有功能日益强大的搜索引擎，但信息资源无序的现状也难以改变。

2. 互联网信息资源的类型

互联网信息资源从广义上是指所有能够通过网络获取的信息资源。由于网络信息的庞杂无序，需要图书馆对它进行选择。我们可以采取与采集传统纸质文献相同的机理，根据某一特定学科或领域的要求来选择有价值的互联网信息资源，进行信息的鉴别、筛选和组织。因此，图书馆所采集的是有意义的网络信息，即我们更多的是在关注网络上的学术信息。

出于网络信息产生、传播与利用形态万千，种类繁多，不同的标准、不同的研究视角可以有不同的分类结果，对互联网信息资源的类型进行明确划分是一件很困难的事。2004 年，刘兹恒按照信息资源在网络上的空间分布指出，网络信息资源可分为网站、网页、BBS、邮件列表、FTP 等类型；如果按信息的出版形式划分，网络信息资源又可分为联机数据库、联机馆藏目录、网络图书、网络报纸、网络杂志等类型[59]。

重点在于网络学术信息资源收集整理的 CALIS“重点学科网络资源导航库”项目，依托强大的专业队伍，从重点高校重点学科网络资源角度出发，制订了较为完备的互联网信息资源划分标准。该标准以二级指标体系划分网络学术信息资源，即首先以“参考资源、全文资源、教学资源、多媒体资源、黄页资源、交互资源、事件、其他”共 8 种资源类型进行第一级划分。为了增强资源类型的针对性，在每一个一级资源类型下面再划分出第二级资源类型。例如，一级资源类型“参考资源”下面细分出“资源导航、辞典与百科全书、文摘与索引、统计资料、其他参考资料”共 5 个二级资源类型；“全文资源”再分为“数据库、电子期刊、研究报告、政府出版物”；“交互资源”分为“邮件列表、论坛/讨论组、新闻组、搜索引擎”。二级资源类型达到 29 种，基本涵盖 2003—2005 年时的互联网信息资源类型[60]。

鉴于互联网信息资源新形式、新类型层出不穷，再完备的网络信息分类标准都有落伍的时候。我们只能立足于当下的互联网发展现状，对其类型作出相应的划分即可。参照《第 23 次中国互联网络发展状况统计报告》中“网民网络应用”部分，“我们把互联网的各种应用大致分为如下几类：网络媒体、互联网信息检索、网络通讯、网络社区、网络娱乐、电子商务、网络金融等应用。”[61]其中相当部分网络应用项目可以提示我们最新的网络资源分布情况，包括网络通讯中的即时通信、网络社区中的博客/个人空间与交友社区，以及网络使用率排名靠前的网络音乐、网络视频，都需要及时补充进入到互联网信息资源主要类型中去。

2.3 数字化学术信息资源利用平台

前面已经对高校图书馆的馆藏信息资源体系进行了总体概述，从中可以看出，高校图书馆中的数字化学术信息资源覆盖了实体馆藏信息资源中的数字型非纸质文献资源，以及全部的虚拟馆藏信息资源，包括分布在局域网、广域网和互联网上的所有学术信息资源。如何更好地利用这些资源，从目前各类图书馆的处理和实践来看，最佳方式是为图书馆信息用户提供集成度高、跨越各类信息资源利用障碍的数字化学术信息资源利用平台。

以前由于数字化信息资源提供商所能提供的技术支持不足，从技术层面还难以解决各种类型、各种结构数字化信息资源的统一检索、利用，即只从一个检索界面就能实现对所有的数据库进行检索的目的。当时我们能够做到的，是在一个集成化网络平台上按需分布各种类型的数字化学术信息资源，用户根据自己的信息需要，选择不同的资源利用入口，分别进入不同的数据库进行检索，自己运用分析综合能力选择不同结果中的有用信息。

现在一些信息技术开发能力较强的图书馆已经初步建设了具备统一检索馆藏异构数据库功能的平台。例如，中科院国家科学图书馆的 Quicksearch 快速检索，就能对 28 个全文数据库、9 个文摘数据库、3 个电子图书库和多个图书馆公共目录数据库同时进行检索，用户在统一的界面输入检索关键词，就可同时检索多个数据库。再如，CALIS 统一检索系统采用了新型的基于元数据的检索技术，提供了基于异构系统的跨库检索服务，能够对分布在本地和异地的各种异构资源提供统一的检索界面和检索语言。用户可按学科、数据库名称、文件同时检索多个平台上的多种资源，输入一个检索式，便可以看到多个数据库的查询结果，并可进一步得到详细记录和下载全文，为用户提供一种更好的整合检索服务，从而提高资源的利用率。

这种集成了馆藏数字化学术信息资源的网络平台，我们称之为数字化学术信息资源利用平台，一般就是在网络上建立的各种类型的图书馆网络首页。平台普遍以超文本链接的方式指引用户点击并跳转到书目数据库检索页面、自建网络资源学科导航库及特色文献数据库导引页面、镜像版的或远程联机访问版的各类型数据库首页页面，还可以方便地找到重要的联合目录数据库、数字图书馆及其联盟资源的链接处。当用户使用完一种资源后，退回到网络平台上，又能很便捷地再进入另一种数字化资源，不需要记忆繁多的网络地址，只需要找到一个利用平台就行。

现在国内主要的数字化学术信息资源利用平台大致有：中国科学院国家科学图书馆（网址：http://www.las.ac.cn/）、国家科技图书文献中心（NSTL）（网址 http://www.nstl.gov.cn/）、中国高等教育文献保障系统（CALIS）（网址：http://www.calis.edu.cn/）、中国高校人文社会科学文献中心（CASHL 开世览文）（网址 http://www.cashl.edu.cn/）。

数字化学术信息资源利用平台的发展趋势不变，仍然是向着跨库检索利用方向前进。当这个目标实现后，信息用户的信息利用行为将更为简单，不用再频繁地进出各个不同的数据库，输入相同的检索表达式，记录不同的反馈结果，花时间进行比对选择；只需要使用一次检索表达式到一个检索框中，点击一次检索按钮，计算机系统就会自动完成各种不同类型数据库的检索、对比筛选检索结果，最后按检索指令要求输出唯一的检索结果供用户使用。结果中还能提供学术研究中需要的文献信息摘要链接、全文链接、术语链接、相关文献的作者和参考文献链接，点击这些链接，可以方便地找寻到分布在所有馆藏信息资源体系中的信息知识节点，对应不同类型信息资源提供不同的处理方法：是实体馆藏中纸质和非纸质文献的，就提供书目信息供用户查看，指示借阅地点；是虚拟馆藏信息的，就提供题录、文摘、全文以供使用；本地馆藏暂缺的，指引馆际互借与文献传递方式或者给出互联网中与主题相关的网站、网页，各种选择应有尽有。这样的数字化信息资源就像环绕在人们身边的空气一样，无声无形却又运用自如，不仅提供信息的出处和原文，更能按照知识的网络进行指引，学术研究的脉络和学术信息资源的网络联结点同步跳动。这个利用信息资源的梦想在不远的将来能实现。

利用篇

数字化学术信息资源的利用需要先进的网络环境支持，具体的各类型资源基本分布在图书馆网络主页上，也就是数字化学术信息资源的利用已经完全依托于网络平台，数字化学术信息资源利用平台将成为资源利用的关键。我们将在简单梳理数字化学术信息资源利用基础之后，逐一讨论常见数字化学术信息资源的利用，包括图书资源利用、期刊资源利用、学位论文利用，以及报纸文献、专利信息、标准信息和特色文献的利用。

3 数字化学术信息资源利用基础

3.1 数字化学术信息资源检索概述[62]

数字化学术信息资源检索是指在计算机或网络终端上，使用特定的检索指令、检索词和检索策略，在数据库或其他形式的网络学术信息资源中自动找出用户所需相关信息。

数字化学术信息资源检索工作原理：① 为保障用户快速、准确、全面地获取所需的相关信息，对大量的原始信息资源进行收集、分析、加工、处理，按照一定的规律，对其进行有序化的组织、管理，使之从分散到集中、从广泛性到针对性（如针对某一学科、某一特定人群等）、从不易识别到具有特征性，从而便于识别和查找，这些经过加工整理的信息经储存成为数据后，就以数据库或其他形式的资源存在；② 对用户所表达的信息需求进行分析，并与数字资源中的信息进行匹配，自动分拣出二者相互一致或接近的部分，输出给用户，即信息检索。

3.1.1 数字化学术信息资源检索系统

从物理构成来讲，检索系统由计算机硬件、计算机软件、数据库三部分组成。其中数据库指包含书目以及与文献有关的数据的机读记录的有组织的集合。机读记录是文献的代替物，一条记录对应一篇文献，数据库由若干条记录组成。

按照不同的标准，数字化学术信息资源检索系统可以进行不同的类型划分，具体包括：

（1）按照功能划分。

① 信息采集模块：信息采集模块的任务是连续、快速地采集各类信息，为数据库提供充足的数据。

② 信息存储模块：信息存储模块的功能是对数字资源进行存储和管理，数字资源按照不同类型，如文字、声音、图像、数字等，以不同的格式存储在不同的数据库中。

③ 标引著录模块：标引著录模块主要对信息内容和特征进行分析，然后给予一定数量的标识，作为信息组织、存储与检索的基础，如信息的名称、创作者、主题、分类、出版/生产时间、出版/生产者、关键词等。

④ 规范模块：对信息特征和用户提问的语言形式作出规定，如主题词表、人名、地名、时代名称规范等。

⑤ 内容发布模块：将数据库内容传递互联网络上，让用户以常规手段（如通过浏览器）查询浏览。

⑥ 检索模块：检索模块即狭义上的检索系统。将用户需求进行分析，并和数据库中的信息匹配，将结果反馈给用户。检索模块包括：检索界面（即人机接口）、检索功能（如简单检索、

高级检索、浏览、图像检索等)、检索途径(如题名、作者、主题、文摘等)、检索技术(如布尔逻辑、截词符、词根检索、位置算符等)、提问处理(或称匹配运算，即处理和运算用户的检索式)和检索结果(打印、存盘、结果格式、二次检索等)。

⑦ 服务模块：服务模块不仅向用户提供检索，也在信息资源基础上，根据用户需求，为用户提供一些可定制的服务，以及系统主动向用户提供新的服务内容，如检索系统中的培训教程，由系统定期、自动发送最新期刊目次，RSS，根据用户的反馈请求为用户提供文献传递服务，虚拟咨询服务等。

⑧ 管理模块：管理模块主要指管理客户端，即对用户和用户行为进行管理和调查分析。它主要包括三个部分：用户管理，如用户类型、用户认证、用户权限、IP 地址控制、用户名和密码、并发用户限制等；运用数学和统计学方法，对用户行为的各种相关信息进行累积、加工、分析，生成各种状态报告，如用户使用统计报告；监控系统使用情况，如观察用户有无违反版权规定、恶意下载现象，并对其进行处罚等。

(2)按存储设备和用户检索方式分。

① 联机数据库检索[63]。

用户用电话或专线接通检索中心，在终端键入指令，将信息需求按系统规定的检索命令和查询方式通过网络发送到系统的主机及数据库中，系统将用户的请求与数据库中的数据进行匹配运算，再把检索结果返回到检索终端。

联机检索系统的特点如下：

a. 规模大。数据库信息内容丰富而全面，检索时可以一次检索多个数据库。例如，Dialog 系统是目前世界上最大的国际联机情报检索系统，覆盖各行业的 600 多个数据库，文档的专业范围涉及综合性学科、自然科学、应用科学和工艺学、社会科学和人文科学、商业经济和时事报导等诸多领域。

b. 更新快。每日更新。

c. 可靠性高。数据库和系统集中式管理，安全性好，可以在存储设备上直接处理大量数据。

d. 主仆式检索模式。对主机的性能要求极高，所有工作均在主机上进行。

e. 信息组织模式。以普通线性文本模式，包括按照文档(一般每一个文档就是一个数据库)号组成的顺排文档、按照记录的特征标识(如题名、作者等)组成的倒排文档等。文档的基础组成单位是记录，文档之间没有任何关联，可高效、准确地检索，但难以建立知识的体系。

f. 检索机制。其检索功能强，索引多，途径多，所有数据库使用统一的命令检索，可以同时保证查全、查准，检索效率和检索质量高。

g. 检索费用高。每下载一条记录都要支付相关费用，包括记录的显示或打印费、字符费、机时费、通信费。

h. 检索界面单一。随着互联网的迅速发展，联机检索用户大幅度减少。

② 光盘数据库检索。

光盘数据库检索目前有单机光盘检索系统和联机光盘检索系统。单机光盘检索系统供单个用户进行本地检索，检索的数据量较小。联机光盘检索在局域网(如校园网)通过网络连接多个终端，用服务器管理多组光盘数据库及其检索系统，在图书馆及信息服务机构使用较普遍。

联机光盘检索系统的特点如下：

a. 数据库信息量没有联机检索多；

b. 数据库系统建立在用户方，出版商必须寄送光盘给用户，更新速度一般为月更新或季度更新；

c. 与网络数据库检索比较，数据库和系统集中式管理，负担重，数据库用户越多响应时间越长；

d. 检索模式以客户端/服务器方式为主，客户在微机上运作，检索效率比联机数据库高；

e. 信息组织模式通常为普通线性文本；

f. 检索功能强，索引多，具备命令检索和菜单检索两种方式；

g. 系统访问在局域网内即可，不需支付网络通信费用；

h. 不存在联机检索的通讯费、机时费、数据费等，检索费用低；

i. 用户界面较友好、直观。

③ 网络数据库检索。

网络数据库检索是指用户在自己的客户端上，通过互联网和浏览器界面对数据库进行检索，这类检索系统都是基于互联网的分布式特点开发和应用的，数据库以分布式存储数据，不同的数据库分散在不同的生产商的服务器上。用户分布式检索，任何地方的终端用户都可以访问、下载数据；数据分布式处理，在网上的任何地点都可以处理数据。

网络数据库有如下特点：

a. 数据库分布式存储，且多存放在硬盘上，因此数量大，信息量大。同时由于超文本语言和超文本传输协议的作用，提供大量相关资源链接，使资源内容更加丰富。

b. 数据库内容形式向多媒体化发展，不仅有文本，还有大量图像、动画、声音等，给用户提供了更为直观的服务。

c. 数据库更新速度快，一般为日更新；数据库和系统分布式管理，响应速度快。

d. 检索模式以客户端/网关服务器/服务器方式为主。客户方在微机上运作，分析从服务器上返回的数据；服务方则给用户提供客户端应用程序，通过网关分析处理各类请求，并提供数据服务，提高检索效率。

e. 应用程序与数据隔离，数据相对独立、完整、安全性好；但对客户来讲，由于访问是通过互联网进行的，安全性较差。

f. 信息组织模式为非线性化，超文本形式，可以从某一资源点上快速、直接地指向相关资源链接点。

g. 检索机制为多数通过 www 浏览器提供检索，易学易用；缺点是不同的数据库使用的检索系统不同，检索命令也不尽相同，使用前仍需了解系统的检索要求。

h. 系统访问通过互联网进行，在网络条件不发达地区，用户需支付通信费用。

i. 检索环境宽松，检索费用较之联机检索低很多。但由于数据库开发费用较高，价格较贵，因此总体费用高于光盘检索。

④ 事实和数值型数据库检索[64]。

事实型数据库是直接向用户提供可用的事实为目的的数据库。有数字及文字的统计资料、知识或信息资料、叙述性文献，如人物传记、百科知识、自然及社会资源统计、社会调查、公共信息等。

数值型数据库常被称为“源数据库”、“数据文件”和“数据银行”，是以数值为主要内容的数据库，除存储各类数值如社会资源数据、科学技术数据、商业经济、地理环境数据外，还存储运算公式、图谱、表格等，如金融、证券系统数据库中的货币兑换，化学物质结构数据库，生物蛋白质序列数据库等。在商业和经济领域中，它能提供特定产品的价格趋势、国家工业增长率等数值信息；在科技领域，它能提供物质的物理化学性质、结构、频谱等。

事实和数值型数据库提供对特定的事实或数值的检索与利用，直接回答问题以供用户的查询。传统意义上的事实和数据信息检索主要采用参考工具书。例如，查过去某年度国民生产总值或国家的外汇储备概况，可用有关年鉴或统计类资料；查器件的技术特性数据，可用有关的元器件类手册、产品目录、样本书查找；查国外某些大学的背景材料、联系方式，可查相关的机构名录；查火星上有无生命，可用百科全书、学科术语类解释辞典和相关手册；查杨振宁的主要论著和贡献，可用名人录；等等。而事实和数值型数据库能使信息查询者及时查找许多正在发展的最新事实和数据，如各类产品的最新产销数据、价格和股票的每日涨跌，世界上正在发生的动态变动的重大事件等。

从学科领域角度，事实和数值型数据库的主要类型与内容特征有：

a. 事实数值型科学数据库。主要对科学研究、实验、观测和工程开发中多种事实和数值型数据进行汇集与精选，并以多种表述形式加以组织和保存。此类数据库具有单一的主题，专业性极强。例如，中国科学院“科学数据库”系统中有几十种科学数据库：“中药信息数据库”、“中国珍稀濒危植物数据库”、“细菌名称数据库”、“天文星表数据库”等。这些数据库保存了医药、生物、能源、天文、地理、化学化工、材料等领域的实验数据、曲线、图谱、结构、物质命名与性能等各类事实数值型数据。

b. 商情数据库。数据源于全球、国家、地区范围内经济贸易活动中产生的各种类型信息，既包括宏观的经济政策、市场动态、金融信息、政府法规、投资信息、可转化为生产力的重大科技成果，也来源于各大中型企业、公司及各行业的微观经济数据如市场与产品信息、专利与标准信息、企业的规模、生产、经营、管理、销售、资本、产值、利润等多方面信息。如万方数据资源系统中的“百万商务数据库”、“品牌名称”数据库（Brand Names）、DIALOG 系统中的“产品市场商情”数据库（Prompt）等。

c. 社会科学或综合参考类数据库。数据来源于对综合学科或专门学科知识的总汇以及对各类社会资源的调查统计和历史记载，与之相对应的是传统的参考工具书，如字典、词典、年鉴、人物传记、百科全书、机构指南等。

从具体内容和编排体例角度，事实和数值型数据库的主要类型与内容特征有：

a. 数值、公式、数表与表册数据库。收录各种公式、数表、表册，并附以少量文字说明或解释，数据源特殊，涉及的学科领域较广泛，主要以自然科学及工程技术信息为主，专业性强。

b. 电子化字（词）典。电子化字（词）典信息量大、查检方便迅速。目前如掌上型电子字典、铅笔型电子辞典等便携式、造型小巧的电子型字（词）典非常普遍，可查考文字、词语，还兼具计算或换算、计时、储存名片、地址、个人资料、游戏等多种功能。目前网上许多免费的电子字（词）典有不同语种对译的翻译器。

c. 电子手册及专业手册数据库。电子手册属于载体为电子形式的简便的参考资料，通常汇集了最常用的某一专业或某一方面的资料。它具有资料具体、叙述简练、类例分明、小型实用、查阅方便等特点，如现今最完整的可查询化学资料的最权威的参考工具：德国《贝尔斯坦有机化学手册》（*Beilstein Handbuch der organischen Chemie*）和《盖墨林无机化学手册》（*Gmelin Handbuch der anorganischen Chemie*）。1994 年电子版 Beilstein/Gmelin CrossFire 数据库在欧美等国发行。类似的手册数据库还有“世界坦克装甲车辆手册数据库”，它是我国出版的一部门类最全、篇幅最大的大型坦克装甲车辆工具书，系统地反映了世界坦克装甲车辆和主要部件的发展情况、结构特点和基本性能；《美国政府手册》（*United States Government Manual*）包含关于立法、司法和执行机构的大量信息，还包括准政府机构、美国参加的国际机构及委员会的信息。

d. 电子百科全书。20 世纪 90 年代提供联机服务的百科全书不仅提供了印刷版百科全书所拥有的条目内容，还提供了丰富多彩的多媒体内容和方便快捷的查询服务，并链接了许多相关知识的网址，使人们能随时方便地使用和查询百科全书知识。

1982 年，美国格罗利尔出版公司（Grolier）通过联机服务向读者提供美国学院百科全书内容，1985 年制作了第一个以 CD-ROM 形式出版的电子百科全书。1993 年，美国微软公司和芬克与瓦格纳公司共同开发出《英卡塔多媒体百科全书》。1994 年，《不列颠百科全书》成为世界上第一套有偿在互联网上查询的百科全书。

目前比较流行的电子版百科全书（包括多媒体光盘及互联网综合性百科全书站点）主要有《不列颠百科全书》（*Encyclopedia Britannica*）、《格罗利尔多媒体百科全书》（*Grolier Multimedia Encyclopedia*）、《英卡塔多媒体百科全书》（*Microsoft Encarta Encyclopedia*）、《康普顿百科全书》（*Compton's Interactive Encyclopedia*）、《哈钦森多媒体百科全书》（*Hutchinson Encyclopedia*）、《世界百科全书》（*World Book Encyclopedia*）、《哥伦比亚百科全书》（*Columbia Encyclopedia*）等。

e. 图像、图录数据库。图录是主要用图像或附以简要的文字，反映各种事物、文物、人物、艺术、自然博物及科技工艺等形象的图谱性资料，包括地图、历史图谱、文物图录、艺术图录、科技图谱等。其中地图是按一定法则，概括反映地表事物和社会现象的地理分布情况、辅助地理科学的资料；历史图谱、文物图录、人物图录、艺术图录等，是一种以图形形象揭示各种人、事、物形象的；科技工程类图谱包括有关科学技术或工艺流程的设计图、线路图、结构图和其他以图形表谱为主的信息。

f. 年鉴、统计资料数据库。年鉴是收录某年内发生的事情和其他动向性问题的年度性资料库。其内容包含年内的各类事实、统计资料、数据、图表、图片及近期发展动向等。年鉴有综合性和专科性之分，按其收录的地域范围不同，则有地区性年鉴、国际性年鉴和世界性年鉴等。作为年度性的各类统计资料，尤以统计年鉴最权威和详尽。例如，要查找某类工业企业的人员、各种产品的产销数据、重要研究成果或产品的进出口等各类事实和数据，可以在专业性年鉴或统计年鉴中检索，如“OECD 国际发展统计数据库”（OECD International Development Statistics）、“OECD 就业统计数据库”（OECD Employment Statistics）等。

g. 组织机构指南。机构名录收选的内容是机构名称及其概况介绍，如机构的宗旨、组织结构、权限、业务或研究工作范围、地址、职能、人员、资信等。机构名录有学校名录、研究机构名录、工商企业名录、行政和组织机构名录、学协会名录等。如万方出版的《万方科研机构数据库》、盖尔公司出版的《社团大全》（*Associations Unlimited*）。

h. 传记资料。收选的内容是各学科、领域知名人士的个人资料介绍，主要内容包括姓名、出生年月、所在国别、民族、工作单位、学历、职称、所从事的专业、论文和著作、主要科研活动及成就等生平传略。

3.1.2　信息检索语言

检索语言，就是组织信息和检索信息时所共同使用的一种约定性语言，以实现信息存储和检索的一致性。组织和存储信息时，信息的内容特征（如分类、主题）和外表特征（如书名、刊名、篇名、号码、著者等）按照一定的语言来加以描述，提供多种检索途径；检索信息时的提问，也按照一定的语言来表达。检索语言的分类如表 3.1 所示。

表 3.1 检索语言类型

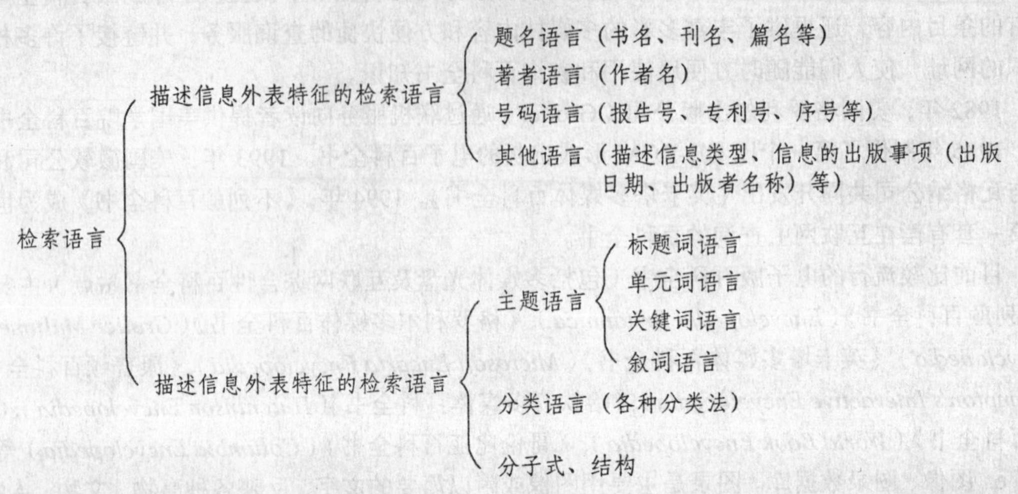

1. 体系分类语言[65]

体系分类语言是能够直接体现知识分类的等级制概念标识系统，是按学科、专业来集中各种信息，用等级来表示类目的从属关系，用列举法来表示类目的完整性。其具体表现是体系分类法，著名的分类法有杜威十进分类法、美国国会图书馆图书分类法、中国图书馆图书分类法等。

体系分类语言的主要优点是：

（1）体系分类语言体现了学科的系统性，反映了事物的隶属、平行和派生的关系，便于从学科和专业的角度检索文献，全面检索该学科中各种事物的信息资源。

（2）以分类号所代表的体系分类语言，特别适合单学科课题的族性检索。分类法一般都用一定的分类标识（分类号）来表达，对于外文检索工具，即使不懂其文字，只要掌握其所采用的分类法，也可以借助分类号进行检索。

（3）体系分类语言将概念逐级划分，具有较严密的逻辑结构，容易为用户理解和接受，便于用户在使用中扩大或缩小检索范围，提高检索效率。

体系分类语言的主要缺点是：

（1）分类表中的类目不能及时反映新的科学技术，不可能详尽无遗地细分下去，可造成专指度不高、查准率也不高。

（2）体系分类语言采用列举式分类方法和类目的单线排列方式，对边缘学科，只能标引在一门学科的类目下。对于跨学科的课题检索，用一个分类号就难于描述这样的主题概念，可能产生漏检。

（3）体系分类语言使用的分类号，一般是由字母和阿拉伯数字组成的。标引和检索信息时，必须把文字、语言概念，转换成分类号。这样的转换不仅慢，而且容易出错，从而使检索效率受到影响。

能否有效地从分类途径查到所需文献，关键在于能否从有关的分类表中查到相应的类目。因此，我们必须熟知《中国图书馆图书分类法》（简称《中图法》）的体系结构。

《中图法》共五大部类，其序列为：马克思主义、列宁主义、毛泽东思想；哲学；社会科学；自然科学；综合性图书。在五个基本部类的基础上，组成 22 个基本大类，每一个大类下又分若干小类，形成脉络分明的学科体系，基本情况如表 3.2 所示：

表 3.2 《中图法》体系分类语言结构

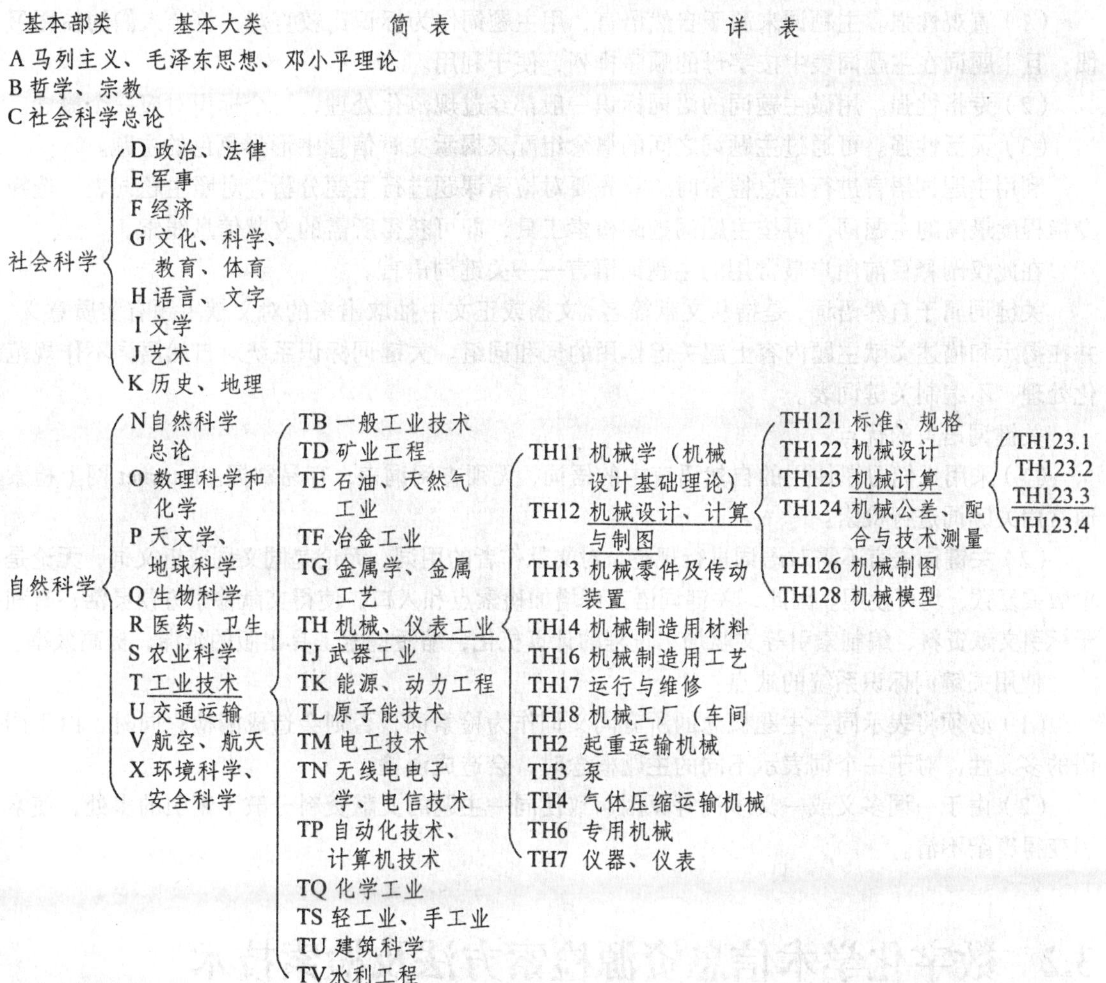

Z 综合性图书

从表 3.2 中可以看出，工业技术类“机械强度计算”方面的文献分类号是 TH123.3。该分类号的确定过程为：分析“机械强度计算”知其学科内容属“T 工业技术”基本大类；由此入简表，查得“TH 机械、仪表工业”；然后查其详表，查得下位类目“TH12 机械设计、计算与制图”类中的“TH123 机械计算”类；再从分类号 TH123 向下继续查得“TH123.3 机械强度计算”。

● 简表（二级以上类目表）

简表，或称基本类目表。是由基本大类进一步展开而形成的基本类目一览表。担负着承上启下的作用。有 1500 多个基本类目。

● 详表

详表也称主表，是分类法的正文。详表由类目、类号和注释组成。从基本大类起，再划分为二级、三级、四级类目。类目的隶属和并列关系以及定位是用缩行、并行和不同字体来表示的。类号在排版时除使用不同字体外，还采用分段省略的方法。

2. 主题词检索语言

指以自然语言形式表述的学术名词为标识，并按其字母的排列顺序来组织文献信息的检索语言。

主题词语言具有以下主要特点：

（1）直观性强。主题词来源于自然语言，用主题词作为标识比较直观，符合人们的使用习惯；且主题词在主题词表中按字母的顺序排列，便于利用。

（2）专指性强。用做主题词的语词标识一般都经过规范化处理，一个标识对应一个概念。

（3）灵活性强。可通过主题词之间的概念组配来揭示文献信息中形形色色的主题。

利用主题词语言进行信息检索时，首先要对检索课题进行主题分析，对照主题词表，选择专指程度最高的主题词，再按主题词查阅检索工具，即可获得所需的文献信息线索。

在此仅阐释目前用户最常用的主题词语言——关键词语言。

关键词属于自然语词，是指从文献篇名、文摘或正文中抽取出来的对文献主题有实质意义、并在揭示和描述文献主题内容上起关键作用的词和词组。关键词标识系统对自然语词不作规范化处理，不编制关键词表。

关键词语言的优点：

（1）采用人们习惯使用的自然语言中的语词，无须查阅词表，容易掌握。Internet 网上检索通常用关键词进行检索。

（2）关键词语言不需对语词进行规范，对文献作者的用词，无论是同义词或近义词，无论是单数或复数，均可使用。因此，关键词语言可增加检索点和入口，使得文献检索方便灵活；有利于标引文献资料、编制索引等文献加工过程的计算机化，缩短检索工具出版的延滞，提高效率。

使用关键词标识系统的缺点：

（1）必须将表示同一主题概念的所有同义词作为检索词，否则会造成漏检；同时，由于词语的多义性，对于一个词表示不同的主题概念时，会造成误检。

（2）由于一词多义或一义多词等原因，致使同一主题的文献资料分散于索引的多处，使索引变得庞杂不清。

3.2 数字化学术信息资源检索方法及检索技术

3.2.1 检索方法

检索方法即制定正确、恰当的检索策略，为检索过程进行指导，目的是为了优化检索过程，提高检索效率，全面、准确、快速、低成本地帮助用户找到所需信息（图 3.1）。

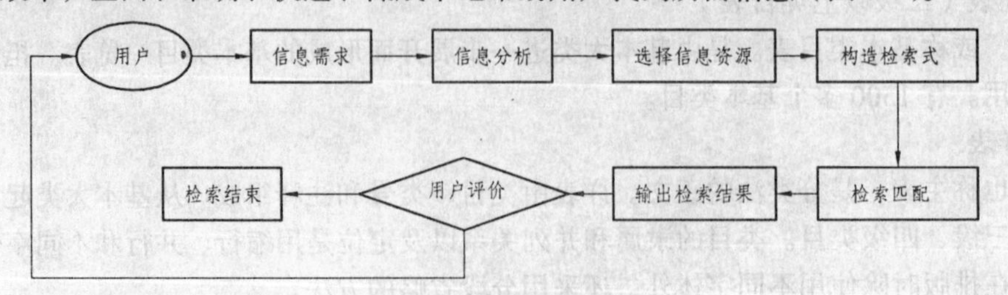

图 3.1 检索方法示意图

检索策略主要包括以下几方面：分析课题（需求分析）；选择相关信息资源；选择检索入口，构造检索式；调整检索策略；获取原文；评价信息检索效果。

1. 分析课题

（1）检索目的。检索目的是指明确所需信息的用途。这是制订检索策略的根本出发点，也是检索效率高低或成败的关键。用户的信息需求和用途如下：

首先，需要掌握某一课题的详尽信息，包括其历史、现状和发展。这类需求要求检索全面、彻底，检索覆盖的时间年限长。为满足这类需求，要尽可能使用光盘数据库和网络数据库，以避免使用联机检索系统，降低检索成本。

第二，需要掌握某一课题的最新信息，这类需求的用户通常一直对某个课题进行跟踪研究，或从事管理决策、工程工艺的最新设计等。这需要检索的资源必须是更新速度较快的，如联机数据库、网络数据库、搜索引擎等，覆盖的年限比较短。

第三，了解一些片断信息，解决一些具体问题。这类需求不需要查找大量资源，但必须针对性强，结果必须准确，速度要快。解决这类需求，除数据库外，网上搜索引擎、专题 BBS 都是可供使用的资源。

（2）明确课题的主题和研究要点以及主要内容特征。要形成若干个既能代表信息需求又具有检索意义的主题概念，包括需要的主题概念有几个、概念的专指度是否合适，哪些是主要的、哪些是次要的，概念之间的关系如何等。

（3）课题涉及的学科范围。搞清楚课题所涉及的学科领域，是否是跨学科研究，以便按学科选择信息资源。

（4）所需信息的数量、语种、年代范围、类型等具体指标。

2. 选择相关信息资源

明确检索需求和目的后，就可以开始有针对性地选择相关信息资源，此时需注意以下几个问题。

（1）是否所有资源都要进行检索。如果是，则除检索一次、二次文献数据库外，还要对网上其他资源，如搜索引擎/分类指南、学科导航等进行必要的检索。

（2）选择学科信息资源。例如，查找化工材料、化学制药等方面的课题，就会涉及化学化工、医药方面的信息资源，要注意跨学科的问题。

（3）选择不同语种的信息资源。根据课题要求，如只查国内文献就选择中文信息源，如同时需要国内外信息，则中外文资源均要兼顾。

（4）注意信息资源覆盖的年限。一般数据库信息资源覆盖的年限在 10～20 年，如果所检课题所需信息超出数据库提供的年限范围，一方面要查找其他相关数据库，另一方面也可考虑进行手检，以满足要求；对于要求检索最新信息资源的课题，尽量选择更新速度快的信息源，如同一数据库的网络版（CA　光盘版和网络版更新的时间相差很大，前者是月更新，后者是日更新），或其他网络资源来予以补充。

（5）信息资源的特点及针对性。了解所选信息资源的检索特点，是否符合自己的信息需求。

3. 选择检索入口，构造检索式

检索式是检索策略的逻辑表达式，用来表达用户检索提问。它是将各检索词之间的逻辑关系、位置关系等用检索系统规定的各种算符组配成计算机可以识别和执行的命令形式。检索式的好坏直接影响检索结果。

检索词可以是一个词，也可以是多个词，根据检索的需要而定。检索词可以是用户自己提出的，也可以在数据库中的受控词表（主题词表、分类表等）中选择，在人工检索语言和自然检索语言并用的数据库中，最好先浏览一下主题词表、叙词表和分类表等，二者并用，以保证查全、查准。

在检索式中一般会用到组配符，组配符通常是布尔逻辑算符、截词符、位置算符等。

检索式构造步骤：

（1）提取检索词。

提取检索词是计算机检索成败的关键。信息用户的课题名称及描述语句往往与检索系统中的检索词有一定差距，在信息检索时，需要从课题的名称及描述语句出发，经过切分、删除、替换、增加等步骤，提取出检索词。

① 切分。以词为单位划分句子或词组。例如，我们可将“基于隐马柯夫模式的离线汉字识别系统”切分为“基于|隐|马柯夫|模式|的|离线|汉字|识别|系统”。

词是语义切分的最小单元，也是检索的最小单元。切分必须彻底，“到词为止”，比如，“羊毛”可切分为“羊|毛”。同时，切分也要适度，不能因切分而改变语义。比如，不能将“计算机”切分为“计算|机”，不能将“操作系统”切分为“操作|系统”。

经过切分后，检索课题转换成为词的集合，而这在一组检索词中，往往只有一个或少数几个词是核心词，是必须使用的关键词，而其他的词是限定这个核心词的。

② 删除。在用户给的课题描述语句中，往往有不具有检索意义的虚词及其他关键词，必须删除不需要的词，将语句转换成关键词的集合。

a. 删除不具有检索意义的虚词及其关键词：不具有检索意义的词有介词、连词、助词、副词等虚词及与课题相关度不大的其他关键词。经过删除，词句转换成关键词集合。例如“基于Web的数据库”，经删除后，可转换为：Web 数据库。

b. 删除过分宽泛和过分具体的限定词：过分宽泛的词没有触及问题的实质，太苛刻、太狭义、过分具体的限制条件则会造成挂一漏万。过分宽泛和过分具体的词均属于不必要的限定词，应去掉。例如，（过分宽泛或过分具体的词用下划线标出）：

稀土材料的<u>研究现状</u>及<u>发展趋势</u>→稀土材料

<u>自动熔化极气体保护电弧焊</u>的可控硅电源→可控硅电源

c. 删除存在蕴涵关系的可合并词：如果两个词之间存在相互蕴涵的关系（一个词内在地包含有另外一个词的含义），可酌情去掉其中的一个而保留另一个。例如（同一语句中存在相互蕴涵关系的词用下划线标出）：

<u>稀土材料钕铁硼</u>的研究→钕铁硼

<u>电磁波</u>教学用的多媒体课件→电磁波、多媒体、课件

③ 替换。用户可能用表达欠佳的词叙述检索要求，这些词也许模糊、宽泛、狭窄或不可行。这时，可用概念替换法，引入更明确、更具体、更本质、更可行的概念作为替换词代替原有词，或者作为同义词和相关词增加到原来的概念组中同时保留原有词，或用相应的分类号替代关键词。例如：

稀土材料的研制→钐钴（用户实际上是研究钐钴材料）

空气中细菌的计算方法→空气污染的计算方法

④ 补充。

a. 补充还原词组：许多名词是经由词组缩略而成，因此，可以采用与缩略相反的操作——补充还原，导出一个词的来源词组，并将来源词组作为原词的同义词，补充进检索式。例如：

模拟计算机 TM→模拟计算机+模拟系统*计算机

lirad→1irad+laser radar

b. 补充同义词或相关词：一个概念，往往包含上位词、下位词；在中文中，又有许多同义词，在英语中，一些词有英美的不同拼写，而一些术语又有首字母缩写，在提取检索词，一定要考虑到各种同义词、相关词及同族词。

例如，“毫米波”其英文有：“millimeter wave”与“millimetre wave”的不同拼写，又有MMW的缩写，其下位词有：Ka波段、W波段等。

c. 增加限义词：一词多义是一个普遍现象，例如，“线路”，既可是电子线路，又可是交通线路，为避免一词多义而导致的误检，应增加限义词，其方法有两种：用逻辑乘增加限定词；用逻辑非排除异义词。例如：

线路→线路*（电子+无线电+……）

线路→线路—（道路+车辆+……）

（2）输入检索词。

检索词的输入方式有多种：直接输入、索引中取词、拷贝输入、利用保存的检索式。

① 直接输入。在检索输入框中逐个字符地输入由单词、词组或检索词与算符组成的检索式。如果检索式较复杂，需要输入的检索词较多，如在联机检索系统中由于费用因素，往往采用预先处理好检索式，在联机检索时直接调用检索式的方法。

② 索引中取词。该方法在光盘检索、网络数据库检索、著者检索、刊名检索、机构名称检索、文献类型检索时经常使用。当不能准确判断检索用词或对其拼写不清楚时，从索引中取词非常有用。

③ 拷贝输入。拷贝已有的检索式中的某些检索词或从检索记录中拷贝所需检索词，再粘贴到检索输入框中，光盘检索与网络检索记录中发现一些没有考虑到但又很需要的检索词时很适用。

④ 利用保存的检索式。许多计算机检索系统提供保存检索式的功能，在需要时，调用已保存检索式，并可进行修改。该方法已普遍用于联机检索与光盘检索中，从而节省了输入检索式的时间。如果对某一课题进行跟踪检索时，该方法尤其有用。

（3）选择检索字段。

检索字段又称检索途径或检索入口。常用检索入口包括：题名、著者、主题词、关键词、引文、文摘、全文、出版年、ISSN与ISBN号、分类号以及其他专用检索点。

在外文机检中，不限定检索字段，往往是在所有字段或基本字段中检索，如果需要限定字段，则选择需要限定的字段，其方法有两种：在检索菜单中选择需要检索的字段检索；也可直接在检索输入框中，输入带有字段符的检索式。

在中文机检中，必须先选择检索字段，大多数提供在“全文”中进行检索。

同一个检索词，在不同的字段进行检索，得到的检索结果不同。例如，在2002年的INSPEC光盘数据库中，直接使用radar一词，其检索结果为3 771条，限定在叙词字段为3 119条，限定在文摘字段为2 333条，限定在自由词字段为2 580条，限定在题名字段为1 520条。因此，在制定检索式时，应充分考虑是否需要限定检索字段。

（4）组配检索词，构造检索式。

在选择好检索字段，确定了检索词后，利用系统规定的检索算符将检索词组配起来，才能准确地表达检索意图。

系统规定的检索算符通常包括：布尔逻辑算符、位置算符、截词符、字段符等，各个不同的计算机检索系统，其检索算符不同，因此，在检索前，需要熟悉各系统的检索算符。

在同一系统中，采用同样的检索词，使用不同的检索算符而制订的检索式得到的检索结果不同。

4. 调整检索策略

计算机检索交互性较强，在检索过程中，应及时调整检索策略，以提高检索效率。

① 扩检：如果检索结果较少时，需要进行扩检，提高查全率。

增加一些相关的检索词，或者将检索词的上位类词、近义词等补充进去；调整组配算符，如改变逻辑算符，将“and”改为“or”；选全同义词、相关词，或采用分类号检索，增加网罗度；使用截词检索，如“coat?”，可以检索出“coated”、“coating”等词相关信息；取消或放宽一些检索限定，如检索年限扩大一些，检索期刊不限定在核心期刊等；增加或修改检索入口，如从标题检索扩大到关键词、文摘检索等。

② 缩检：若检索数量过多，则考虑进行缩检，以提高查准率。如减少一些相关性不强的检索词，提高检索词的专指度；增加检索限定，利用逻辑“非”剔除不需要出现的词语；多用逻辑“与”，减少逻辑“或”运算符；检索期刊范围限定在核心期刊；调整检索入口，如将文摘、全文检索改为题名或关键词检索等。

5. 获取原文

（1）利用全文数据库直接获取。

现在有许多全文数据库，通过检索均可直接获得原文，如“维普中文科技期刊全文数据库”、“CNKI 中国知网中国期刊全文数据库”、“万方数据知识服务平台”、“超星数字图书馆”、“书生数字图书馆”、“方正 Apabi”、“IEEE/IEE Electric Library”、“Kluwer Journal on line”等等。

（2）利用文献传递系统获取。

为获取异地资源，文献传递系统应运而生。如中国“国家科技图书文献中心（简称 NSTL）”、“CALIS 文献传递系统”、“CASHL 文献传递系统”、“UnCover”、“OCLC”等均建立了文献传递服务。

（3）利用文摘数据库的原文服务。

许多著名的文摘型数据库如“EI COMPEDEX ON WEB（工程索引网络版）”、“PQDD（国际博硕士论文数据库）”等都提供其收录文献的全文链接，可向数据库商提出索取原文申请。

（4）利用联机公共检索目录系统（OPAC），进行馆际互借。

利用 OPAC 检索系统查到所需文献的收藏单位，向其提交文献借阅、复印请求，可获取原始文献。许多图书馆开发了基于 Web 的馆际互借及文献传递系统，缩短了馆际互借周期。

利用文献传递系统、文摘数据库的原文服务、馆际互借获取异地文献，大多数系统是采用预付款的方式，需要成为其注册用户，才能享受其服务。图书馆一般是大型文献传递系统的注册用户，并与许多图书馆、数据库商建立了馆际互借及文献传递关系，有专人负责馆际互借及文献传递工作，因此，读者委托图书馆查找原始文献切实可行。

6. 评价信息检索效果

（1）衡量检索效果的指标。

信息检索效果，就是利用检索系统进行检索服务时所获得的有效结果。它对用户利用信息以后的效果会产生直接的影响，同样对信息检索系统本身的性能和质量是否具有市场竞争力也是一个衡量尺度。评价信息检索效果，目的是为了准确掌握检索系统的各种性能水平，分析影响检索效果的因素，调整检索策略，改进检索系统的性能，提高检索效率，满足用户信息检索的需求。信息检索系统主要以检出查全率（Recall Factor）和查准率（Precision Factor）指标评价检索效率。

由表 3.3 可知：当进行检索时，检索系统把文献集合分成两部分，与系统的检索策略相匹配的文献（$a+b$）被检索出来，而未能与检索策略相匹配的所有文献（$c+d$）没有被检索出来。

文献集合的这种二分法，可以看出是系统相关性判断的一种形式。

表 3.3 信息检索结果共轭表

用户相关性 系统匹配性	相关的	不相关的	合 计
检出的	a	b	$a+b$
未检出的	c	d	$c+d$
合 计	$a+c$	$b+d$	$a+b+c+d$

此表的另一维是同用户的相关性判断有关的。理想的检索是在文献库中检出用户认为相关的全部文献（$a+c$）。在这种情况下，用户相关性估计和系统相关性判断之间是理想的重合，即 $b=0$，$c=0$，检索达到了 100%的查全率和查准率。

$$\text{查全率}\ (R)=\frac{\text{检索结果中的相关信息数量}}{\text{数据库内相关信息总量}}=\frac{a}{a+c}\times 100\%$$

$$\text{查全率}\ (P)=\frac{\text{检索结果中的相关信息数量}}{\text{检索结果中的信息总量}}=\frac{a}{a+b}\times 100\%$$

而英国学者克勒维当（Cranfield）在 1957—1968 年间进行的检索试验证明，在检出的查全率和查准率之间存在着相反的相互依赖关系，即查全率高，则查准率低，反之亦然。

（2）影响检索效率的因素。

① 标引的网罗性。指标引时揭示文献主题的基本概念的广度而言。文献主题内容分析越深入，则抽出的检索词越多。如果一篇文献只有一个主题，那么用一个检索词代表该篇文献的中心主题；如果一篇文献涉及几个主题，就可以把文献中的相关主题也包括进去。这样文献标引的网罗性就高。例如，查找题为“计算机检索软件设计”的有关文献，经过主题分析后选出“计算机检索”、“文献检索”、“程序设计”三个检索词。从标引的广度所包含检索词的角度看，还应补上“检索程序”、“应用程序”两个检索词，否则就会漏掉相关文献，影响查全率。文献标引的网罗性越高，检索时相关主题的文献均能检索出来，因而查全率较高；但检出的文献并非全部适用，查准率可能较低。因此，标引的网罗性是影响查全率的重要因素。

② 检索标识的专指性。指检索标识表达主题的基本概念的专指度。检索词的专指性对查准率影响较大。例如，查找课题“计算机在机械设计中的应用”的有关文献。主题分析后，选出“计算机”、“机械设计”、“计算机应用”三个检索词。从主题的专指性来看，计算机的下位概念是“电子计算机”，机械设计也叫“CAD”，这些词都应考虑在内，否则可能影响查准率。

（3）提高检索效果的主要措施。

选择合适的检索系统 检索系统好比钥匙，是获取所需文献信息的必要手段。因此，选择一个合适的检索系统是关键。

① 准确使用检索语言：准确使用检索语言，才能在检索过程中准确表达信息。用户的提问必须与检索系统中的标识符一致，才能在检索过程中命中所需文献。如果检索工具使用的是标题词语言，那么，用户就得从标题词表中选准标题词；如果是体系分类语言，则检索用户也应从分类表中选准分类号。

② 调整检索式进行扩检以提高查全率：采用上位类号、上位主题词以及相关主题词能获取较多的信息（例如，查找关于孙中山的信息，先用孙中山查，再用孙文、国父查找）；调节检

索式的网罗度，删除不甚重要的概念组面，减少 and（并且）运算；进行族性检索（分类检索或用 or 连接相关检索词）；截词检索（如 com*代替 computer 等词）；增加检索途径；选全同义词并用“or”组配构造检索式；调整位置算符。

③ 调整检索式进行缩检以提高查准率：提高专指度（采用下位类号、下位主题词以及经组配后的专指检索词）；用逻辑乘“*”（and）或 not 相关检索项增加概念组面（例如，查找克林顿，但不要关于莱温斯基的信息，检索式：克林顿 not 莱温斯基）；用文献外部特征限制输出结果（如在中文图书中查找）；用“二次检索”、“条件检索”排除误检；限制检索字段，指定邻接和优先关系；调整位置算符。

④ 善于利用各种辅助索引工具：一个检索工具通常有多种辅助索引，提供多条检索途径。用户应根据自己课题的外表特征和内容特征，选用检索工具中的相应索引、辅助工具来进行多途径、多角度的检索，最大限度地满足自己的检索要求，取得满意的检索效率。

3.2.2 检索功能

检索功能是指检索系统在检索界面上提供给用户的基本功能。与系统的检索技术紧密结合。比较通用的检索功能包括：浏览、索引、简单检索、复杂检索、二次检索等。

（1）浏览。一般系统提供一个树状结构的概念等级体系，让用户能够俯瞰知识体系的全貌，了解某一方面信息的总体情况。常见的浏览体系是电子期刊系统，一般可以先按分类目录浏览刊名，再按刊名浏览年代、卷期。

（2）索引。索引是一个线性表单，可将任何一个标引字段中的概念按字母顺序线性排列起来，不分等级。用户通过检索，可定位在索引中的任意某个位置，并浏览在这个位置和附近的所有词语，进而查询所需词语对应的结果列表。索引种类很多，如人名索引、出版物索引、地名索引、主题词索引、机构索引、化学物质索引、分子式索引等。用户界面上索引和浏览无严格区分，只在使用时加以区别。

（3）简单检索。简单检索又称基本检索、快速检索，它为用户提供一个简单检索的界面，帮助非专业或初入门用户方便地提交检索式。通常检索界面只有一个检索框，不提供或提供较少的检索入口，不使用或很少使用逻辑组配算符。目前，一些数据库的简单检索界面也提供二次检索功能。

（4）复杂检索。复杂检索也称高级检索、指南检索、专家检索，为专业用户、资深用户提供比较复杂的检索界面，可以构建比较复杂、精细的检索式，帮助用户进行精确检索。复杂检索可以使用各类组配符，使用检索限定，选择检索入口，其检索功能与简单检索基本一致，在不使用二次检索的情况下能够使检索结果更为准确、全面。

（5）二次检索。二次检索就是在检索结果中检索，这样做的目的会使检索结果更精炼、准确。

3.2.3 检索技术

1. 布尔逻辑检索

布尔逻辑检索就是利用布尔逻辑算符将用户的每一步简单概念组配成一个有复杂概念的

检索提问式(用户向计算机提出检索请求的内容),计算机将根据提问式与系统中的记录进行检索词或代码的逻辑组配,当两者相符时则命中,并自动输出检索结果。

布尔逻辑算符是用来表达检索词之间的逻辑关系,常用的有三种:逻辑“与”(and)、逻辑“或”(or)、逻辑“非”(not),如图 3.2 所示。

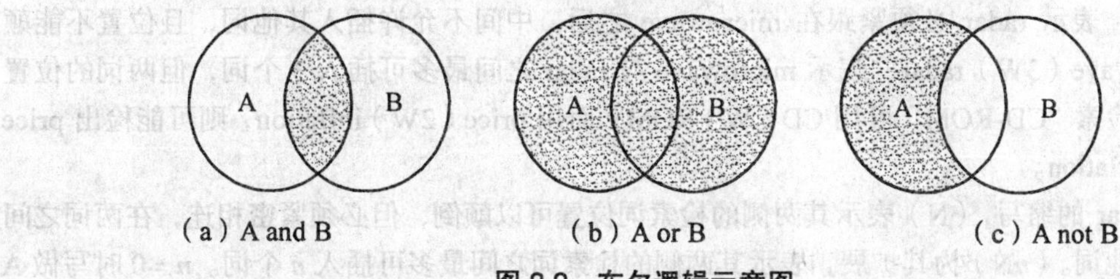

图 3.2 布尔逻辑示意图

(1)逻辑与。用于交叉概念或限定关系的组配,被检索的信息记录中,必须同时含有检索项 A 和 B 两个概念。

其运算符:“and”、“*”、“&”、“并且”。

逻辑表达式:“A and B”、“A*B”、“A&B”、“A 并且 B”。例如,“中国*对外贸易”。

运算作用:限定检索结果,缩小检索范围,增强检索的专指度,提高信息的查准率

运用要求:把出现频率低的检索词置于“与”的左边,可使否定答案尽早出现,节省机时。

(2)逻辑或。用于并列概念的一组组配,用逻辑或连接的检索词单个、部分或全部出现在检索限定的字段中,该信息都为检索命中信息。

其运算符:“or”、“+”、“或者”。

逻辑表达式:“A or B”、“A+B”、“A 或者 B”。例如,“高清晰电视+HDTV”。

运算作用:可以扩大检索范围,提高信息的查全率。

运用要求:构造检索式时,将估计出现频率高的词置于“或”的左面,可尽早出现选中的答案。

(3)逻辑非。被检索命中信息中含有检索词 A 而不含检索词 B 概念。

其运算符:“not”、“-”、“不包含”。

逻辑表达式:“A not B”、“A-B”、“A 不包含 B”。例如,“能源-太阳能”。

运算作用:用于排除含有不需要概念的信息,可缩小所检索信息的范围。

注:在不同的检索系统中,布尔逻辑算符的运算次序是不同的,因此会导致检索结果的不同。一个检索式中如果包含多个逻辑算符,它们的执行顺序通常为:逻辑非、逻辑与、逻辑或,也有的系统按逻辑算符的先后次序执行,但可以用小括号( )改变执行的先后顺序,如(A+B)*(C+D)即先执行“A 与 B”、“C 与 D”的逻辑或运算,再执行逻辑与运算。一般在检索系统的“帮助”文件里都会有类似的说明。

2. 位置算符检索

位置算符又称邻接算符,用于限定检索词与检索词之间的位置关系,适用于两个检索词以指定间隔距离或者指定的顺序出现的场合,如以词组形式表达的概念、彼此相邻的两个或两个以上的词、被禁用词或特殊符号分隔的词等。按照两个检索词出现的顺序和距离,可以有多种位置算符,而且对同一种位置算符,检索系统不同,规定的位置算符也不同。一般数据库检索

中所提供的位置算符主要有（W）和（*n*W）、（n）和（*n*N）、（F）、（P）、（S）等。

W 是 with 的缩写，表示其两侧的检索词必须按前后顺序出现在记录中，且两词之间不允许插入其他词，只可能有一个空格、或一个标点符号、或一个连接号。其扩展为（*n*W），*n* 为自然数，表示其两侧的检索词之间最多可插入 *n* 个词。*n* = 0 时写做 A（W）B。例如，“microwave（W）radar”，表示 radar 必须紧跟在 microwave 之后，中间不允许插入其他词，且位置不能颠倒。“microwave（3W）radar”表示 microwave 与 radar 之间最多可插入 3 个词，但两词的位置不能颠倒。检索“CD-ROM”可用 CD（W）ROM；而用 price（2W）inflation，则可能检出 price levels and inflation。

N 是 near 的缩写，（N）表示其两侧的检索词位置可以颠倒，但必须紧密相连，在两词之间不能插入其他词。（*n*N）为其扩展，表示其两侧的检索词之间最多可插入 *n* 个词。*n* = 0 时写做 A（N）B。例如，“optical（N）fiber”，其检中记录可包含“optical fiber”或“fiber optical”。“optical（2N）fiber”，表示 optical 与 fiber 之间可插入 2 个词，其先后顺序可以颠倒。economic（2N）recovery 可检出：economic recovery，recovery of the economy，recovery from economic troubles。

F 是 field 的缩写，表示同字段邻接。要求两词在同一字段中，词序不限（如题名或文摘字段）。如 Computer（F）Management。

P 是 paragraph 的缩写，表示同自然段邻接。要求两词在同一自然段中，词序不限（如文摘的自然段）。如 Computer（P）Management。

S 是 sentence 的缩写，表示同句邻接。词序可以颠倒，两词必须出现在同一句子（子字段）中。

3. 截词检索

截词是指检索者将检索词在他认为合适的地方截断，截词分为有限截词与无限截词。有限截词是指具体说明截去字符的数量，无限截词是指截去的字符数不限。在许多检索系统中，同时包括有限截词符与无限截词符。在一些数据库中用“*”作为无限截词符，用“?”作为有限截词符。

截词检索就是用截断的词的一个局部进行检索，使检索词与数据库所存储信息字符的部分一致性匹配检索，又称部分一致检索。

截词符又称通配符，不同的检索系统中使用的符号不同，通常用“*”、“?”、“$”或“#”来表示。加在检索词的词干或不完整的词型后（或中间），用以表示一组概念相关的词。

在西文语言文字中，一个词可能有多种形态，而这些不同的形态，大多只具有语法上的意义，而从用户的角度来看，它们是相同的；同一个词又有英美的不同拼写。在中文文献中，如果两个词的某一部分相同，其内在概念上应有必然的联系，检索时不可忽视。因此，大多数检索系统都采用截词符，以减少检索词的输入量，提高查全率，并在一定程度上避免漏检。

注：① 使用截词检索时词干不要太短，以免检出许多与原来检索词不相关的文献记录；② 英美不同拼法的词，如变化字母数不同则不能用中间截词检索，必须详细写出并用 or 组配后输入。

按照截断的位置来分，截词有以下 4 种：

（1）后截词（前方一致、右截断）：利用一组相关词词首相同的特点，英语系统中多用于含变词词素的英语单词的检索。例如，“acid*”可检索出“acid”、“acids”、“acidic”或“acidity”等词的记录。

后截断又分有限截断（如 smok???，可检索出 smoke、smoky、smoker、smokers、smokes、

smoking 等）和无限截断（如 econom*可检索出 economy、economic、economist、economize、economistic、economical、economism、econometrics 等词）。如果是 smok??则表示限定检索词后只能出现一个其他字母，即可检索 smoke、smoky 等。

（2）中间截词（前后一致）：将截词符放于一个字符串的中间，表示这个位置上的任意字符不影响该字符串的检索。它对于解决英美不同拼写、不规则的单复数变化等很有用。例如，analy?er 可表示 analyzer 和 analyser 等不同拼写；f*t 可检索出 foot，feet 等。

（3）前截词（后方一致、左截断）：将截词符放于一个字符串的前面，表示其前面的有限或无限个字符不影响该字符串的检索。例如，“*computer”可表示“macrocomputer”、“minicomputer”、“microcomputer”或“computer”等词。

（4）前后截词（中间一致）：字符串前后都有截词符，检索词与被检索词之间只需任意部分匹配即可。例如，“*computer*”可表示“minicomputer”、“minicomputers”、“microcomputer”、“microcomputers”或“computer”等词。

目前的检索系统多使用窗口下拉菜单选项方式来实现截词检索。通常下拉菜单中的模糊检索选项（是三种检索效果的总和）前方一致、后方一致、前后一致、中间一致的选项限制就是该技术的实际应用。

有些检索系统不支持使用截词符的截词检索技术，系统默认的是词根检索，即输入一个词，系统会自动检索出同一词根的一组词。这是一种智能检索方式，但要求系统内必须预先配置词根表。

4. 字段检索

字段检索又称限定字段检索，指限定检索词在数据库记录中的一个或几个字段范围内查找所需信息的检索方法，被指定的检索字段也称为检索入口。常用检索符号：in、=、<、>、>=、<=等。

限制检索字段通常有两种方式：下拉菜单选择检索字段；输入检索字段符。各个检索系统中，输入检索字段符的方式不同，通常有：字段符=检索词，例如，au=林为干；检索词 in 字段符，例如，radar in ti。又如，computer/TI，AB：表示在 TI 和 AB 字段中检索 computer；AU=Wang fang and PY>=2000：表示查找王芳于 2000 年以来发表的文章。

数据库记录中几乎所有字段都可用作检索字段，最常用的检索字段见表 3.4：

表 3.4 常用检索字段表

字段符	字段名称	字段符	字段名称
TI	Title（标题）	AU	Author（著者）
JN	Journal Name（期刊名称）	KW	Keyword（关键词）
DE	Descriptors（叙词/主题词）	AB	Abstract（文摘）
CS	Corporate Source（机构）	CT	Conference Title（会议名称）
DT	Document Type（文献类型）	FT	Full-text（全文）
LA	Language（语言）	PY	Publication Year（出版年）
ISBN	ISBN（国际标准书号）	ISSN	ISSN（国际标准连续出版物号）

5. 全文检索

全文检索指利用文献记录中任何有实义的关键词、词组或字符串作为检索词进行检索。该检索使用户直接面对文献的内容，检索更直接、更彻底，扩展了检索面，可提高查全率。

全文检索技术通常用于全文数据库以及搜索引擎中，但检索是直接从原文查找检索词，会同时检索出很多与查找愿望不相关的结果。因此即使是在标引工作做得较好的数据库中，这种方法也是在检索其他字段未得到满意结果的情况下才会使用。

6. 其他检索技术

（1）嵌套检索。

指用括号将优先检索的检索式括起来，系统会首先检索括号中的检索内容，例如，(hollow and fiber) and renewal 检索式中，系统会首先检索（ hollow and fiber ），再将结果与 renewal 匹配。

（2）限制检索。

在输入检索式后，使用一些限制条件来缩小或约束检索结果，这种方法也称限定检索。在大多数检索系统中，这种限制条件通常以菜单的形式为用户提供限定内容。常见的检索限定包括出版时间、文献类型、语种、是否是核心期刊等。

（3）整体检索。

在词组的两端加上“”，如“wheat powdery mildew”。

（4）大小写敏感。

大小写敏感主要指西文数据库中对用户检索式内大小写的处理方法。不同的检索系统处理方式不同，在使用检索系统时要注意查看系统帮助文档的说明。

（5）禁用词表。

在西文检索系统中，一些词由于使用频率很高，又不能反映信息的实际内容，如介词、冠词、连接词、代词以及某些形容词或副词等，因此，系统在标引信息时，不把这些词作标引词或检索词的语词。即使用户输入这类词，系统也不会对其进行检索，这些词称为禁用词又称停用词，如 a（an）、and、for、of、the、he、will、also、are、as、be、been、between、both、but、by、did、from、has、have、into、not、or、should、some、such、than、that、their、them、themselves、these、they、this、those、through、to、using、were、when、which、with、would 等。系统将这些词开列出来构成禁用词表，不同的检索系统禁用词表略有不同，使用系统时应注意查看。

3.3 网上免费学术信息资源利用

3.3.1 网上免费学术信息资源类型[66]

按传输方式分，主要有 WWW、FTP、Usenet/Newsgroup、LISTSERV/Mailing List、Telnet、Gopher、WAIS 等资源。

按交流方式分，主要包括：① 正式出版物 ——电子图书、电子期刊、数据库、计算机软件、图书馆公共查询目录等；② 非正式出版物 ——电子邮件、电子公告板（BBS）、论坛、博客（Blog）等；③ 开放获取 ——开放获取（open access）期刊、收藏库等。

从内容加工角度可分为：① 一次出版信息 ——网上图书、期刊、报纸、专利、政府出版物、会议资料等；② 二次出版信息 ——文摘索引数据库、搜索引擎、网站导航等；③ 三次出版信息 ——百科全书、手册指南等参考型网站。

3.3.2 网上免费学术信息资源检索方法及检索工具

网上免费学术信息资源检索的一般方法有浏览和检索两种。浏览即偶然发现（网上冲浪，随意性阅读），顺“链”而行（Bookmark、Hotlink、Hotlist），基于目录型网络检索工具（分类目录树）的资源导航，如Yahoo!或其他专业性网络资源指南。检索是利用搜索引擎等网络检索工具，输入关键词、短语、词组等进行检索。

网上免费学术信息资源检索工具类型：

（1）按检索对象分：Web资源检索工具；非Web资源检索工具——FTP、Archie；Usenet——Deja News；Lists——Liszt；Gopher——Veronica。

FTP资源检索工具：北大天网搜索引擎（http://e.pku.edu.cn 或 http://bingle.pku.edu.cn）。FTP星空搜索（http://sheenk.com/ftpsearch/search.html），可搜索850余万个文件，支持文件名的前缀、后缀限制检索以及对一定站点范围内进行检索。

（2）按检索机制分：目录型、索引型（如搜索引擎）、混合型。

① 目录型检索工具：人工设计和编制的、供检索的等级结构式目录（指南、导航系统）；所收录资源经过鉴选和组织；减少了检索中的噪音，提高了检索的准确性；数据库的规模相对较小；新颖性不强（会有“死链接”）；用户要熟悉其分类体系。该工具比较适合于查找综合性、概括性的主题概念，或对检索准确度要求较高的课题。

有代表性的目录型检索工具：Yahoo!：http://www.yahoo.com；eiNet：http://www.einet.net/；搜狐：http://dir.sogou.com/；新浪：http://dir.sina.com.cn/。

② 搜索引擎：收录、加工信息范围广、速度快；检索功能强，可称为网络资源的关键词索引；检索时直接输入关键词或词组、短评，无需判断类目归属，比较方便；标引过程缺乏人工干预，准确性较差；检索误差（噪音）较大。适合于检索特定的信息及较为专、深、具体或类属不明确的课题。

有代表性的中英文搜索引擎：Google、Lycos、Infoseek（go.com）、Excite、Ask Jeeves（www.ask.com）、Inktomi（www.inktomi.com）、Northern Light（www.nlsearch.com）、Wisenut、AOL、Alltheweb、百度（http://www.baidu.com）、天网（http://e.pku.edu.cn/）、中国搜（http://www.zhongsou.com）、搜狗（http://sogou.com）、一搜（http://www.yisou.com）、新浪查博士（http://cha.iask.com/）。

③ 元搜索引擎又称集合式搜索引擎，即将多个搜索引擎集成在一起提供统一的检索界面。可克服用户面对众多的检索工具的无从选择和为求查全而在多个搜索引擎上重复检索的繁琐。主要包括：搜索引擎元目录，将主要的搜索引擎集中起来，按类型或按功能组织成目录，引导用户使用；集中罗列，单独检索。元搜索引擎（并发式搜索引擎），将多个搜索引擎集成在一起提供统一的检索界面。

较有代表性的搜索引擎元目录：iTools（http://www.itools.com/）、百度常用搜索导航（http://life.baidu.com/）。

较有代表性的元搜索引擎：Dogpile（http://www.dogpile.com）、Metacrawler（http://www.metacrawler.com/）、Search.com（http://www.search.com）、万纬搜索（http://www.widewaysearch.com/）。

（3）按检索内容分：综合型、专题型、特殊型。

专业学科网络检索工具大致有：

① 人文、社会科学综合。

a. Social Science Information Gateway-SOSIG（社会科学信息网关）（http://www.intute.ac.uk/socialsciences/），人工选择，高质量学术站点。既可浏览目录，也可进行关键词检索，提供简单检索和高级检索两种检索方式。

b. CALIS 重点学科导航库（http://202.117.24.168/cm/main.jsp），收集各学科重要学术网站与免费学术资源，涉及哲学、文学艺术、历史、经济管理、法律、图书馆学、情报学、社会学等学科领域。

c. 中国高校人文社会科学信息网（http://www.sinoss.com），是我国教育部社政司指导的为人文社科科研服务的专业性门户网站。

② 其他专业学科检索工具。综合类：Infomine(http://infomine.ucr.edu)；教育：GEM-The Gateway to Education Materials，Peterson's，Education World 等；法律：Findlaw（http://www.findlaw.com），ILRG（因特网法律资源指南，http://www.ilrg.com），LawRunner，Infolaw 等。

（4）按包含检索工具数量分：单一型、集合型（元搜索引擎）。

3.3.3 网上开放获取的学术信息资源检索[67]

开放获取信息指信息可以免费获取，允许任何用户阅读、下载、复制、传递、打印、搜索和超链接，用户在使用时不受财力、法律或技术限制，只需在存取信息时保持完整性，版权归作者所有。

1. 开放获取资源系统

（1）Google Scholar 学术搜索（http://scholar.google.com）。

提供可广泛搜索学术文献的简便方法。可以从一个位置搜索众多学科和资料来源：来自学术著作出版商、专业性社团、预印本、各大学及其他学术组织的经同行评论的文章、论文、图书、摘要和文章。可帮助确定整个学术领域中相关性最强的研究。

Google 学术搜索的功能：从一个位置方便地搜索各种资源；查找报告、摘要及引用内容；通过图书馆或在 Web 上查找完整的论文；了解任何科研领域的重要论文；按相关性对搜索结果进行排序，最有价值的参考信息会显示在页面顶部；其排名技术会考虑到每篇文章的完整文本、作者、刊登文章的出版物以及文章被其他学术文献引用的频率。

Google 学术搜索使用方法：

① 按作者搜索。输入加引号的作者姓名："d knuth"。要增加结果的数量，请不要使用完整的名字，使用首字母。如果检索结果太多，则使用"作者："操作符搜索特定作者。例如，[作者："knuth"]、[作者："d knuth"]或[作者："donald e knuth"]。

② 按标题搜索。输入加引号的论文标题：如"A History of the China Sea"。

③ 查找某一特定论题的最新研究进展。在任一搜索结果页，单击右手边的"近期文章"链接，即可显示与搜索话题相关的最新研究进展。这部分结果根据其他相关因素排名，可快速找到较新的研究发现。

④ 搜索特定出版物内的论文。在高级搜索页内，指定文章和出版物名称内均包含的关键字。

Google 高级学术搜索技巧：

① 尽量排除常用词[68]。在输入检索词时请尽量排除常用词如 what、when、where、why、how 以及 of、at、on 等无助于检索结果的词语。

② 作者搜索是找到某篇特定文章最有效的方式之一。如果知道要查找的文章作者，只需将其姓氏添加到搜索字词中。例如，搜索[friedman regression]（弗里德曼 回归）会返回以“regression”为主题的，由名为“Friedman”的人撰写的文章。如果想搜索某位作者的全名或姓氏及首字母，则输入加引号的姓名：[“jh friedman”]。如果某个词既是人名也是普通名词，最好使用“作者：”操作符。该操作符只影响到紧挨其后的搜索字词，因此“作者：”和搜索字词之间不能有空格。例如，[作者：flowers]（人名弗劳尔，也是花的意思）会返回由名为“Flowers”的人撰写的文章，而 [flowers-作者：flowers]会返回关于花的文章，而忽略由名为“Flowers”的人撰写的文章（搜索字词之前的减号（-）会排除包含这一搜索字词的搜索结果）。也可以使用将作者全名加引号的操作符，来进一步缩小搜索范围。尽量使用首字母而不要使用全名，因为 Google 学术搜索编入索引的某些来源仅提供首字母。例如：要查找 Donald E. Knuth（唐纳德 E. 克努特），可以尝试[作者：“d knuth”]、[作者：“de knuth”]或[作者：“donald e knuth”]。

③ 出版物限制（该选项只适用于高级学术搜索页）。出版物限制搜索只返回来自特定出版物、针对特定字词的搜索结果。如果确定自己在找什么，出版物限制的搜索是有效的，但搜索范围比期望值要窄。例如，在《金融研究》上搜索有关共同基金的文章，则可选定检索词用“基金”，限定出版物为“金融研究”。

注：出版物限制搜索可能并不完整。Google 学术搜索从许多来源收集书目数据，包括从文字和引言中自动提取，信息可能不完整甚至不准确。例如，许多预印本没有介绍文章是在哪里（甚至是否）最终出版。一本杂志名称可能会用多种方式进行拼写（例如，*Journal of Biological Chemistry*《生化杂志》经常被简写为 J Biol Chem），因此为了得到完整的搜索结果，需要对同一出版物多尝试几种拼写方法。

④ 日期限制（该选项只出现在“高级学术搜索”页）。日期限制搜索在寻找某一特定领域的最新刊物时可能会比较实用。例如，想要搜索从 2004 年陆续出版的超导薄膜方面的文章，则可选取检索词“超导薄膜”，限定时间为 2004 年～，即可查找到 2004 年以来出版的所有关于“超导薄膜”方面的文章。

注：Google 学术搜索不能识别没有标注出版日期的文章，所以，如果确定一篇关于超导薄膜的论文是在今年出版的，但通过日期限制搜索没能找到，请重新尝试不加日期限制的搜索。

⑤ 高级检索中常用的其他操作符。Google 学术搜索也支持多数 Google Web 搜索中的高级操作符：

a.“+”操作符确保搜索结果中包括 Google 学术搜索技术通常忽略的普通字词、字母或数字，如 [+de knuth]；

b.“-”操作符排除所有包括搜索字词的结果，如[Flowers-作者:Flowers]；

c.“”短语搜索，只返回包括这一确切短语的结果，如[“随你便”]；

d.“OR”操作符，返回包括搜索字词之一的结果，如[股票看涨期权 OR 看跌期权]；

e.“标题：”操作符，如[标题：mars]得到的结果只包括文件名中的搜索字词。

（2）Scirus（http://www.scirus.com）。

2001 年，Elsevier Science 和挪威搜索引擎公司合作开发、专门面向科学家和科研人员的学术信息检索工具。目前可搜索 2.5 亿个与科学相关的网页以及大量的同行评审期刊论文、预印本、报告、科学数据、发明专利等文献信息，大多数是网上开放获取资源，其信息源主要是经过严格选择的科学资源网页和期刊。学科领域以自然科学为主，如农业与生物学，天文学，生物科学，化学与化工，计算机科学，地球与行星科学，工程、能源与技术，环境科学，生命科学，材料科学，数学，医学，神经系统科学；也有部分社科资源，如经济学、商业、金融与管理科学、语言文字学、法学、社会学与行为科学、心理学等。

2. 开放获取期刊

（1）Directory of Open Access Journals（DOAJ），http://www.doal.org。由瑞典隆德大学图书馆 2003 年 5 月推出。目前涵盖哲学和宗教、商业和经济学、农业和食物科学、生物和生命科学、数学、化学、历史和考古学、法律和政治学、语言和文献等 17 类学科主题领域。社会科学及相关领域期刊有 1 000 余种，占全部期刊的 46.3%。

（2）Open J-Gate（开放获取期刊门户）http://www.openj-gate.com。号称世界最大的开放期刊门户网站，2002 年 6 月 27 日创立于印度新德里，2006 年开始为全球人提供免费服务，保障读者免费和不受限制地获取学术及研究领域的期刊和相关文献。

（3）High Wire（电子期刊服务平台）http://www.highwire.org。于 1995 年由美国斯坦福大学图书馆创立，收录来自几十家出版商的期刊；另外，还整合了 PubMed 的期刊论文。覆盖的学科领域有生命科学、医学、物理学以及社会科学。

（4）FreeFullText，http://www.freefulltext.com。收集了 7 000 多种提供免费阅读全文的网络学术期刊列表（主要是英文），包括全部内容或分卷期免费的期刊，涉及政治、经济、教育、医学、生物学、农业、计算机、物理、数学等学科领域。该网站将这些期刊按照刊名字母顺序排列，每种期刊前详细标明了提供免费全文的年、卷、期部分和资源链接。

（5）BioMed Central，http://www.biomedcentral.com。致力于提供生物医学信息的开放获取，所有期刊都经同行评审。除期刊外，还提供生物医学类开放获取机构库（Open Repository）、著名学者个人开放存档（Peoples Archive）、生物学图库（Biology Image Library）的查询。

（6）PloS Journal（科学公共图书馆期刊），http://www.plos.org。成立于 2000 年，致力于推动全球科技和医学领域信息的免费获取。

（7）FindArticles，http://findarticles.com。覆盖学科广，大部分为免费全文资料，检索操作简单。

3. 预印本系统和存储库[69]

预印本指成果正式出版前的论文版本，作者自愿将其发布在网上，以促进科学信息的交流。存储库是基于作者自我存档的原则，将自己的研究成果提交保存的资源库，供开放访问。

（1）中国预印本服务系统（http://prep.istic.ac.cn 或 http://preprint.nstl.gov.cn），由中国科技信息研究所与国家科技图书文献中心联合建设，由国内预印本服务子系统和国外预印本门户子系统构成。

国内预印本系统收录国内学者提交的预印本文章，分为自然科学、农业科学、医药科学、工程与技术科学以及人文与社会科学五大类。

（2）中国科技论文在线（http://www.paper.edu.cn/home.jsp），经教育部批准，教育部下属的科技发展中心主办的科技论文网站。主要是自然科学，社会科学领域仅涉及教育学、管理学、经济学。提供国内优秀学者论文、在线发表论文、各种科技期刊论文（各种大学学报与科技期刊）全文，此外还提供对国外免费数据库的链接。

（3）奇迹文库（http://www.qiji.cn），由国内一群年轻的自然科学、教育与技术工作者创办的预印本文库，包括科研文章、综述、学位论文、讲义及专著的预印本，涵盖自然科学、工程科学与技术、人文与社会科学三大类，主要收录中文科研文章、综述、学位论文、讲义及专著的预印本。

（4）Oalster，http://www.oaister.org 或 http://umdl.edu，密歇根大学开发维护的一个优秀的开放资源检索系统。

（5）CogPrints（认知科学电子预印本），http://cogprints.org，由英国南安普敦大学电子与计算机系开发的认知科学开放存储库，覆盖心理学、行为生物学、计算机科学、语言学等领域。

（6）RePEc（经济学论文库），http://repec.org，由全球 47 个国家的 100 多位志愿者共同建立的可以公开访问的网站，致力于促进经济学及相关学科研究成果的广泛传播与交流，核心是一个经济学的工作论文、期刊文章及应用软件的数据库。

（7）社会科学研究网的预印本文库。http://papers.ssrn.com，涉及财经、会计、法律、经济、管理等学科领域。

（8）arXiv.org-Print archive，http://arXiv.org/、http://cn.arXiv.org/，1991 年在美国洛斯阿拉莫斯国家实验室建立的一个电子预印本文献库，我国在中科院理论物理研究所设有镜像站点。数据库主要分为物理、数学、非线性科学、计算机科学和数量生物学 5 个大类，文责自负，无审核。

（9）国外预印本门户（SINDAP），http://sindap.cvt.dk。中国和丹麦的一个预印本合作项目，数据库来源于 17 个预印本网站：arXiv.org Eprint Archive、BioMed Central（BMC）、Caltech Collection of Open Digital Archives、CERN Document Server、Chemistry Preprint Server（CPS）、Computer Science Preprint Server、Digital Library for Earth System Education（DLESE）、Digital Library of Information Science and Technology、Electronice and Computer Science EPrints Database、Project Euclid,Cornell University、MathWorld、Dspace at MIT、Langley Technical Reports Server（LTRS）,NASA、National Advisory Committee for Aeronautics Reports、NASA Technical Report Server（NTRS）、Organic Eprints。

（10）E-print Network（电子印本网络），http://www.osti.gov/eprints/。原名 PrePrint NetWork，由美国能源部、科技信息局建立的电子印本档案搜索引擎，可供检索存放在学术机构、政府研究实验室、私人研究组织以及科学家和科研人员个人网站的 e-Prinet 资源。主要收录物理学文献，也包括化学、生物与生命科学、材料学、核科学与核工程学、能源研究、计算机与信息技术以及其他 DOE 感兴趣的学科。

4. 开放获取机构收藏库

（1）MIT 机构收藏库（MIT Dspace），http://dspace.mit.edu。由美国麻省理工学院和美国惠普公司联合开发，收录了该校教学科研人员和研究生提交的论文、会议论文、预印本、学位论文、研究与技术报告、工作论文和演示稿全文等。可按院系机构、题名、作者和提交时间浏览，也可以对任意字段、作者、题名、关键词、文摘、标识符等进行检索，可在线看全文。

（2）其他。香港科技大学图书馆 Dspace，http://repository.ust.hk/dspace；剑桥大学机构收藏库（Cambridge Dspace），http://www.dspace.cam.ac.uk；佛罗里达州立大学机构收藏库（D-Scholarship），http://dscholarship.lib.fsu.edu；加利福尼亚大学机构收藏库（eScholarship Repository of California University），http://repositories.cdlib.org/escholarship。

5. 开放获取课件

（1）中国精品课程，http://www.core.org.cn/，由中国教育部评审出的部分示范性课程，由中国开放式教育资源共享协会推出，课件形式有网页、PDF 文件、动画或视频等多种形式。

（2）其他。MIT 开放获取课件（MIT OpenCourseWare），http://ocw.mit.edu；世界课堂（World Lecture Hall），http://www.utexas.edu/world/lecture；日本开放式课程，http://www.jocw.jp。

6. 开放获取学位论文

（1）NDLTD 学位论文库（美国国家自然科学基金的一个网上学位论文共建共享项目，利用 Open Archives Initiative-OAI 的学位论文联合目录）。

（2）MIT Theses（MIT 学位论文，多数有全文，下载时间稍长）；Virginia Polytechnic Institue and State University 学位论文库多数有全文，但论文列表前有“vt”标记的，不能访问全文。

（3）Texas Digital Library（The University of Texas、Texas A&M University、The University of Houston、Texas Tech University 四所大学的部分学位论文，有全文）；DIVA Portal（北欧部分大学的学位论文，部分有全文）；Digital Scientific Publications from Swedish Universities（可查瑞典学位论文以及其他科技出版物，有全文）；ETH 学位论文库（1999 年以来的一些瑞士学位论文，有全文）。

7. 开放获取会议论文

（1）AllConferences，包含大量国际学术会议、商业会议信息，相关会议网站，会议预告等。

（2）Science Conference Proceedings，由美国能源部（DOE）科技信息办公室（OSTI）维护，主要收集一些专业学会和国家实验室的会议文献，涉及学科：粒子物理、核物理、化学、石油、航空航天、气象、工程、计算机、电力等。

（3）ASEE Proceedings，美国工程教育学会（American Society for Engineering Education）网站。

（4）中国学术会议在线，教育部科技发展中心主办的国内学术会议信息交流平台，涵盖学科领域广，更新及时。还有电子期刊《国际学术动态》，刊登国际学术会议评论、出国考察报告、国际合作项目进展等内容。

8. 开放获取科技报告

（1）美国政府科技报告（NTIS），http://www.ntis.gov。由美国国家技术情报社出版，可免费看文摘。主要收藏美国政府立项研究及开发的项目报告，少量收录西欧、日本及世界各国（包括中国）的科学研究报告。专业内容覆盖科学技术各个领域。

（2）Documents & Reports of the WorldBank Group，世界银行组织的文件与报告库，可免费看全文。

（3）Economics WPA，由华盛顿大学经济系提供的经济学科的报告，其中包括许多大学的研究成果，多数可免费得全文。

（4）WoPEc Electronic working papers in Economics，由华盛顿大学搜集整理的因特网上经济类报告，可下载全文。

9. 开放获取图书

谷歌图书（http://books.google.com）；NAP 免费电子图书（http://www.nap.edu/browse.html）；古腾堡电子图书（http://www.gutenberg.org），主要是西方文化传统中的文学作品，如小说、诗歌、小故事、戏剧，另外还包括一些非文本内容，如音频文件、乐谱文件等。

4 图书资源利用

4.1 图书资源界定

按照前述 1.2.2 节中有关信息资源类型的阐述，“图书”信息资源隶属于“现实信息资源”中印刷型“文献信息资源”众多信息类型中的一种；同样在叙述馆藏信息资源体系的 2.2 节中，“图书”归入实体、纸质文献资源之中，其界定为“图书，也称不定期出版物，主要指用文字图画或其他符号，手写或印刷于纸或其他载体上，并具有相当篇幅的文献，是现代印刷型文献的主要形态之一”。

再从物理形态进行划分，国家标准《情报与文献工作词汇·传统文献》限定图书是一种“一般不少于 49 页并构成一个书目单元的文献”，按照联合国教科文组织和国际标准化组织规定，49 页不包括封面与扉页。

至于电子图书（又称为 E-book），是利用计算机高容量的存储介质来存储图书信息的一种新型图书记载形式。电子图书的阅读与获取是将图书中的各种信息以数字化形式为存储格式，以互联网为流通渠道，以网上支付为主要交换方式的一种崭新的信息传播形式。它事先将录入到某一工作站中的所有文字、声音、图像等图书内容通过数字压缩打包方式传播，然后解压恢复被阅读，整个过程都在网上依托网络系统而进行[70]。电子图书从出版形态观察隶属于电子出版物。

电子出版物兴起于 20 世纪 60 年代，根据与印刷型文献的关系，美国学者兰卡斯特（F. W. Lancaster）将其发展分为四个阶段[71]：

（1）以计算机印制印刷型出版物。典型例子是 20 世纪 60 年代美国国家医学图书馆（National Library of Medicine）出版的 Index Medicos（印刷品）。这种类型的出版物能按照个人要求打印，虽然不能算做严格的电子出版物，而只是计算机印刷的辅助性产品，但也反映了电子出版物期刊的两个特性：出版物内容经过了数字化并在计算机内进行了组织；能够提供个性化服务。

（2）以电子形式发行。出版物的内容、版式均与印刷型相同，而且仍有对应的印刷版存在。典型如 20 世纪 60 年代即以电子形式传递的索引、文摘等二次文献。譬如，《中国人民大学复印资料索引》在定期出版印刷版的同时，还以电子版的方式发行其索引数据库。以学术期刊为代表的一次文献电子版发行则较晚，它们通常仍有对应的印刷版形式，且占主导地位的还是其印刷版。此阶段电子出版物的电子版一般通过 Internet 版或光盘版发行，如《人民日报》的主要发行方式是印刷版，同时又有内容与之完全相同的 Internet 版，所不同的只是后者增加了全文检索的功能。

（3）仅以电子版形式出版。该阶段出版物电子版的内容格式与印刷型不完全相同，通常会附加检索、资料维护等功能，但就整体而言，仍与印刷型出版物类似。在形式上，电子出版物已经逐步脱离了印刷型出版物的影响，成为一种纯粹的电子出版物。很多期刊、报刊的回溯性全文数据库就属于这种类型，如《人民日报50年全文数据库光盘》。

（4）全新的电子出版物。此时的电子出版物充分运用计算机的功能，如超文本、超媒体，可包括文本、图像、动画、声频、视频等内容。网站型电子期刊及定期出版的多媒体光盘就归入此类。

作为电子出版物的一员，电子图书的发展历程也基本遵循4个阶段，只是由于这一类电子出版物出版发行的周期、内容特点、服务方式与传统纸质图书有相通之处，我们才称之为电子图书。

查阅维基百科，也能得到有关图书和电子图书的一些基本概念：联合国教科文组织对图书的定义是：凡由出版社（商）出版的不包括封面和封底在内49页以上的印刷品，具有特定的书名和著者名，编有国际标准书号，有定价并取得版权保护的出版物称为图书。

迄今为止发现最早的书是在5 000年前古埃及人用纸莎草纸所制的书。到公元1世纪时希腊和罗马用动物的皮来记录国家的法律、历史等重要内容，和中国商朝时期的甲骨文一样都是古代书籍的重要形式。在印刷术发明之前书的拷贝都是由手工完成，其成本与人工都相当高。在中世纪时期只有少数的教会、大学、贵族和政府有着书籍的应用。直到15世纪谷登堡印刷术的发明，书籍才作为普通老百姓能负担的物品，从而得以广泛的传播。进入20世纪90年代随着网络的普及，书已经摆脱了纸张的局限，电子书又以空间小、便于传播、便于保存等优势，成为未来书的发展趋向[72]。

电子图书在维基百科中称为电子书，“是一种传统纸质图书的替代品，需要使用额外的数字设备来阅读，如个人电脑、电子辞典等”，其特征是：

（1）无纸化。电子书不再依赖于纸张，以磁性储存介质取而代之。得益于磁性介质储存的高性能，一张700 MB的光盘可以代替传统的三亿字的纸质图书。这大大减少了木材的消耗和空间的占用。

（2）多媒体。电子书一般都不仅仅是纯文字，而添加有许多多媒体元素，诸如图像、声音、影像。在一定程度上丰富了知识的载体。

（3）丰富性。由于互联网快速发展，致使传统知识电子化加快。现在基本上除了比较专业的古代典籍，大部分传统书籍都搬上了互联网，这使电子书读者有着近乎无限的知识来源。

与纸质书的比较，电子书的优点在于：制作方便，不需要大型印刷设备，因此制作经费也低；不占空间；方便在光线较弱的环境下阅读；文字大小颜色可以调节；可以使用外置的语音软件进行朗诵；没有损坏的危险。但缺点在于容易被非法复制，损害原作者利益；长期注视电子屏幕有害视力；有些受技术保护的电子书无法转移给第二个人阅读。

而纸质书的优点在于：阅读不消耗电能；可以适用于任何明亮环境；一些珍藏版图书更具有收藏价值。而缺点在于占用太大空间；不容易复制（需要专用设备）；一些校勘错误会永久存在；价格较昂贵。

电子书形式多样，常见的有TXT格式，DOC格式，HTML格式，CHM格式，PDF格式等。这些格式大部分可以利用微软Windows操作系统自带的软件打开阅读。至于PDF等格式则需要使用其他公司出品的一些专用软件打开，其中有著名的免费软件Adobe Reader。支持电子书阅读的软件一般都支持“查找”、“书签”、“笔记”等扩展功能，其中“查找”功能更是可以在极短时间内完成传统读图书者需要数十秒甚至更久来完成的资料查找。可供阅读电子书的平台将越来越多样化，除了现有的电脑、PDA、手机、电子书阅读机外，电视、手表、冰箱也都有可能成为其平台[73]。

不同的学术信息资源利用平台，其图书信息资源状况各不相同。下面就以西昌学院图书馆建立的西昌学院数字化学术信息资源利用平台（http://lib.xcc.sc.cn/）为例，讨论其中纸质图书与电子图书信息资源的利用问题。

4.2 图书资源概况

截止到2010年年中，西昌学院图书馆收藏纸质图书377 193种、141.8万册；电子图书馆藏中，纳入局域网信息资源的超星数字图书360 132册、书生数字图书3万余册、中图外文电子图书6 039种；属于广域网信息资源的超星数字图书约有60～80万册以及书生数字图书40～60万册（这些数字仍在随时增添中），读秀学术搜索提供的电子图书数量更是高达170万种。

4.2.1 馆藏纸质图书

按照《中国图书馆分类法》对知识门类的划分标准，“哲学”、“社会科学”、“自然科学”以及“马克思主义、列宁主义、毛泽东思想”、“综合性图书”五个基本部类中的“社会科学”部类可以细化为9个基本大类，“自然科学”部类划分成10个基本大类，因此共有22个基本的知识大类。表4.1是西昌学院图书馆馆藏的377 193种纸质图书在各个知识类别的具体收藏情况①：

表4.1 馆藏纸质图书种数按类统计

基本部类	基本大类		馆藏数量/种
	类号	类名	
马克思主义、列宁主义、毛泽东思想	A	马克思主义、列宁主义、毛泽东思想、邓小平理论	2 823
哲学	B	哲学、宗教	14 872
社会科学	C	社会科学总论	8 674
	D	政治、法律	21 134
	E	军事	1 432
	F	经济	35 249
	G	文化、科学、教育、体育	30 016
	H	语言、文字	29 671
	I	文学	69 703
	J	艺术	13 607
	K	历史、地理	26 065

① 根据2010年7月份在汇文统计模块中对西昌学院图书馆馆藏数据所做的统计。

续表 4.1

基本部类	基本大类		馆藏数量/种
	类号	类　名	
自然科学	N	自然科学总论	3 403
	O	数理科学和化学	22 010
	P	天文学、地球科学	3 405
	Q	生物科学	5 781
	R	医药、卫生	7 670
	S	农业科学	17 373
	T	工业技术	50 288
	U	交通运输	2 391
	V	航空、航天	242
	X	环境科学、安全科学	2 365
综合性图书	Z	综合性图书	9 020

全部纸质馆藏图书收藏于西昌学院南北东各校区的图书馆中，各校区图书馆收藏图书的数量比例大致为：南校区图书馆 41%、北校区图书馆 44%、东校区图书馆 15%。伴随着学校教学机构的重组与教学校区调整，馆藏纸质图书也会呈动态分布。

4.2.2 馆藏电子图书

西昌学院图书馆隶属于局域网信息资源的 360 132 册超星中文电子图书依照《中图法》的知识类别可以得到表 4.2 统计数据：

表 4.2　馆藏超星电子图书按类统计

基本部类	基本大类		馆藏数量/本
	类号	类　名	
马克思主义、列宁主义、毛泽东思想	A	马克思主义、列宁主义、毛泽东思想、邓小平理论	1 374
哲学	B	哲学、宗教	15 683
社会科学	C	社会科学总论	8 765
	D	政治、法律	23 363
	E	军事	998
	F	经济	58 513
	G	文化、科学、教育、体育	31 306
	H	语言、文字	26 660
	I	文学	42 700
	J	艺术	21 316
	K	历史、地理	28 511

续表 4.2

基本部类	基本大类		馆藏数量/本
	类号	类　名	
自然科学	N	自然科学总论	872
	O	数理科学和化学	8 010
	P	天文学、地球科学	1 104
	Q	生物科学	1 644
	R	医药、卫生	16 509
	S	农业科学	6 456
	T	工业技术	63 585
	U	交通运输	17
	V	航空、航天	3
	X	环境科学、安全科学	1 269
综合性图书	Z	综合性图书	1 470

与表 4.2 中详细统计的 360 132 册超星数字图书的局域网信息资源相比，隶属于广域网信息资源的电子图书馆藏量更为巨大，其数量超过 170 万种，且馆藏量处于动态变化之中。

4.3 图书资源利用

馆藏图书中纸质图书的利用方式提倡使用联机公共检索目录系统（OPAC），电子图书的利用方式可以根据所使用的信息资源类型来选择相应的检索工具。

4.3.1 馆藏纸质图书的利用

西昌学院图书馆馆藏的 377 193 种纸质图书的利用方式，推荐使用西昌学院图书馆 OPAC 系统。网址：http://lib.xcc.sc.cn/。

4.3.1.1 OPAC 简介

联机公共检索目录（Online Public Access Catalog，简称 OPAC）出现于 20 世纪 70 年代中期，它的出现使读者查找图书目录变得快捷、准确，馆藏目录检索从塞满卡片的目录抽屉中翻找目录，一变而成为在计算机屏幕前的输入输出操作。

早期的 OPAC 仅仅是传统卡片目录的计算机化，即用机读目录代替卡片目录后在电脑终端联机检索。这些机读目录的内容和检索途径与卡片目录基本相同，这是第一代的 OPAC 系统。

第二代 OPAC 系统起源于 20 世纪 80 年代初，多数采用命令语句检索，有的系统也提供菜单引导检索功能，而且增加了关键词检索，即后组式检索。此时的 OPAC 系统主要基于局域网，若要进行远程检索，要通过 Telnet 方式来实现。

20 世纪 90 年代初，随着 Internet 的迅速发展，特别是 WWW 服务器的普及，出现了用户界面更加友好的 WebPAC，这就是第三代 OPAC 系统。第三代 OPAC 系统的服务对象从单一的馆内读者扩大到全球的网络用户，并能进行跨平台检索。目前国内外大多数 OPAC 系统都采用这种方式。

第三代 OPAC 系统的基本功能有：为读者提供多种检索途径，包括题名、作者、分类号、主题词、ISBN/ISSN 等，并在此基础上支持多种检索策略，如布尔逻辑检索、截词检索和全文检索等；能够显示特定书刊和资料的准确状态信息（借、还情况，收藏处所）；具有良好的用户界面，一般采用由简到繁逐步展开的形式显示结果；能够与本地局域网或广域网相连接；能够以各种形式输出检索结果，如打印、存盘、用 E-mail 发送[74]。

用户检索某馆的 OPAC，只需要直接登录到这些图书馆的网站，点击进入“联机公共检索目录”或“馆藏书目数据库检索”栏目即可。

4.3.1.2 西昌学院图书馆OPAC 系统

西昌学院图书馆书目检索系统来自于汇文文献信息服务系统 Libsys 4.0 中重要的业务模块。作为汇文推出的国内新一代的图书馆 OPAC 系统，西昌学院图书馆书目检索系统结合 Web2.0 的最新技术，体现 Library 2.0 信息服务模式的特点，能够展现优秀的用户体验。检索查询系统摈弃了传统图书馆软件将局域网检索与互联网检索分立的模式，设计统一的 Web 查询系统，将信息服务与公共查询统一起来，功能更丰富，操作更简便。主要功能包括：书目检索、分类浏览、期刊导航、新书通报、公共书架、信息发布、读者荐购、我的图书馆等。

西昌学院图书馆 OPAC 系统的特色有[75]：

（1）提供高效、快速、精确的信息检索服务。

系统提供检索词提示，允许同时存在多个检索点，支持布尔检索、任意词检索、二次检索。基于搜索引擎的检索技术，让系统实现高效、快速信息检索及中图法、科图法书目信息浏览功能。

特色功能包括：热门检索词（系统提供排名前 10 位的用户热门检索词）、检索词输入提示（当读者在搜索框中输入检索词的同时，下拉框中就出现以含有这个检索词的相关书目信息）、检索结果相关度排序（检索结果按照用户输入的检索词在结果中的相关度升序或降序排序显示）、信息自动聚类/分面浏览（根据查询结果，自动分析所属图书类型、所属分类、相关主题等各聚类结果，并提示用户各聚类信息条数）、跟踪检索过程、增删限定项（用户可在检索过程中增加、删除检索限定项）以及全文检索、简繁体英文检索词参考翻译、google 全文链接、豆瓣封面、内容简介、读者简介、推荐阅读等。

（2）关系化、立体化、网络化的信息显示。

系统提供多种方式的信息自动聚类，外部相关资源整合，丰富的信息检索内容，可扩展的系统检索能力，网络化的信息检索节点，提供一个全方位、立体化、网络化的信息展示平台。

特色功能包括：相关资源信息整合（可自行添加相关外部链接，如 Google 链接，豆瓣网书评链接）、相关主题图书推荐（系统提供与检索结果相关的检索词的主题检索链接）、相关收藏图书推荐（系统提供与该检索结果相近的被其他用户收藏的图书链接）、相关借阅图书推荐（系统提供与该检索结果相近的被其他用户借阅过的图书链接）。

（3）以读者为中心的个性化服务。

在读者参与基础上，用个性化的信息搜集、组织、推送服务，先进的技术手段，为读者提供个性化信息服务平台。

特色功能包括：用户评价体系（读者登录后，可以对图书进行推荐，并查看图书的读者评价情况）、我的虚拟书架（读者可以将自己感兴趣或者关注的图书保存到收藏中，并可以对收藏进行分类管理）、RSS 订阅服务（提供一些公共信息以及个人关注信息的 RSS 订阅服务，便于读者及时掌握信息）、信息推送服务（利用推送技术，将读者感兴趣的信息并主动送到读者订制的页面上，对最新个人化定制信息的自动传送，提供 RSS、电子邮件的推送形式）、检索历史（系统自动保存读者的检索历史），同时系统还建有读者书评体系，能够主动推荐书刊、自定义我的图书馆首页等。

（4）出色的用户友好界面。

AJAX 技术在资源整合、信息显示、用户操作上的应用，使得系统表现出了优异的用户友好性，可定制的用户界面也使得系统更灵活、友好。

（5）完善的图书推荐。

系统提供多种途径的图书推荐方式，辅之以完善的图书查重手段，方便用户参与资源建设。

特色功能包括：系统拥有完善的图书推荐查重体系，可以提供多种途径的图书推荐方式（包括通过网络资源快速荐购）；完善的查重手段，方便用户参与信息资源建设；读者荐购跟踪、反馈功能让读者可以及时跟踪了解个人以及他人推荐图书的处理状态。

（6）公共信息发布。

信息 RSS 订阅服务、图书与新书分类浏览、期刊学科导航、热门借阅、热门检索词、热门收藏等等，系统尽可能地提供读者所需的各种公共信息。

特色功能包括：图书与新书分类浏览（系统提供所有馆藏图书以及订购新书按照中图法及科图法分类方法进行图书浏览）、期刊分类导航（系统提供馆藏期刊按照学科分类及西文期刊按照首字母分类的浏览方式）、系统虚拟书架（系统提供的虚拟书架让人可以随意组织馆藏的个性化图书）、热门收藏（系统提供被读者收藏最多图书的排行）、热门借阅排行（系统提供依照中图法区分各类图书的用户当前借阅情况，并依据借阅次数进行排行统计）、热门图书等。

4.3.1.3 馆藏纸质图书的利用

注册用户能够使用西昌学院图书馆 OPAC 系统来利用馆藏纸质图书资源。

（1）系统登录方式。

① 登录西昌学院图书馆数字化学术信息资源利用平台（即学院图书馆主页）http://lib.xcc.sc.cn/，点击左侧服务直达区域的“馆藏书目查询”，进入汇文文献信息服务系统 Libsys 4.0 的 OPAC 系统。

② 也可通过点击“读者账户登录”，正常登录后进入公共联机检索系统。

（2）使用系统各项功能。

① 书目检索：在西昌学院图书馆书目检索系统中，用户可以通过“简单检索”、“多字段检索”或“全文检索”进行馆藏纸质文献的目录查询利用。每次有效检索后，检索系统除了显示查询目标的简略书目（点击相应题名，可以获得更详尽的书目信息和丰富的附加信息）及馆藏复本和可借复本信息外，左侧功能区域可以选择二次检索功能，利用图书分类、文献类型、馆藏地和文献所属主题等指标缩小检索范围。

“简单检索”的具体操作程序：根据自己的查询要求，点选“文献类型”（常用的有所有书刊、中文图书、中文期刊等）、“检索类型”（包括题名、责任者、主题词、ISBN/ISSN、订购号、分类号、索书号、出版社、丛书名、题名拼音、责任者拼音），还可以选择“每页显示记录数”、

“结果排序方式”、“结果显示方式”以及“文献所在的校区”，输入自拟的关键词到检索框中，点击“检索”即可。

当需要进行精确查询时，点击“多字段检索”可以调出表单化的高级检索页面，逐项填写可以构造一个格式完善的检索提问式，系统会按要求提供准确度极高的答案。最新增加的“全文检索”功能，能够满足读者对复杂检索条件的组合运用，支持手工输入逻辑条件，支持通配符，已经具备专业检索要求。

② 分类浏览：这是一种按照《中图法》进行的精确族类查询，特别适合于查询目标学科明确的图书。方法简单：在页面左侧的功能选择区中，按照欲查询文献所属的类别，逐级点开各级类目，展开直到出现小类，点击题名，就能看到目录内容、馆藏状况。

③ 我的图书馆：这是一个读者自助服务功能汇聚的区域。图书馆注册用户登录后，通过“证件信息”读者可查看并维护自己的基本信息，了解借阅规则；在“书刊借阅”栏目中，读者可以查看“当前借阅”表中的信息；点击借阅书目右侧的“续借”按钮，读者能够自助进行网络续借操作，提升图书馆利用的效率；在“借阅历史”栏中可以浏览到自己所有借阅过的图书书目，方便管理自己的阅读历史；如果不慎遗失了借书证卡，可以点选“读者挂失”进行网络挂失处理，及时避免证卡被冒名使用的危险，提高图书馆利用的安全保障；读者查看“检索历史”能够获知自己曾经做过的检索操作，这对检索条件的选择与检索技巧的提高皆有帮助。

④ 读者荐购：图书馆注册用户利用该功能能够实现快速推荐自己中意图书的目的。读者点击 OPAC 页面功能菜单中的“读者荐购”按钮进入（当读者检索某种图书未果时，系统也会自动跳转到读者荐购页面）。读者使用“读者荐购”，可以在荐购表单中填写图书的书名、作者到“题名”、“责任者”栏中，提交信息即可。最佳推荐图书方式应该是利用采访系统提供的新书征订书目进行挑选及推荐。由于采访书目数据动辄数万条，因此我们推荐点选“查询征订书目，进行荐购”，在出现的征订目录浏览页面中按照“题名、责任者、主题词、出版社、ISBN/ISSN、订购号、分类号、丛书名”等检索类型，输入相关的关键词进行检索，然后在命中返回的新书列表中点选自己中意图书的“荐购”框，然后按照提示操作即可。推荐信息将直接提交服务器，并实时传送到采访系统的“读者荐购”库中，供采访馆员参考。

4.3.2 馆藏电子图书的利用

西昌学院图书馆馆藏电子图书中隶属于局域网信息资源的 360 132 册中文电子图书，以及隶属于广域网信息资源超过 170 万种的电子图书都需要在指定的 IP 地址段内使用，即本地镜像版的超星与书生之家数字图书馆馆藏和远程版的超星数字图书馆、书生之家数字图书馆和读秀学术搜索中的电子图书馆藏，需要在图书馆局域网内使用。

4.3.2.1 超星数字图书馆（本地镜像版）

1. 数据库介绍

超星数字图书馆是由北京世纪超星信息技术发展公司开发。该公司在 20 世纪 90 年代初开始从事档案资料及图书资料数字化加工利用的研究，并建设世纪超星数字图书馆系统。2000 年 1 月，超星数字图书馆在互联网上正式开通。超星电子图书数据按照《中图法》分为文学、历史、法律、军事、经济、科学、医药、工程、建筑、交通、计算机、环保等 22 大类，收录 1977 年以后出版的图书。超星数字图书馆通过与中国版权保护中心合作，试行网上版税制，以公平合理的付费标准得到了著作权人的支持，使超星图书馆拥有了越来越多的好书。超星在其独创的“以赠送读书卡换取作者授权”的网络传播权授权模式下，已经与25万个作者一对一签订了授权合同。

2. 数据库使用

（1）登录方式。输入网址：http://lib.xcc.sc.cn/，进入西昌学院图书馆数字化学术信息资源利用平台，在平台主页中的“数字资源”栏下点击“超星数字图书馆（本地镜像）”即可进入该数据库。或者直接使用IP地址 http://172.16.11.8:8080/，也可登入数据库系统。

（2）下载阅读器。阅读超星数字图书馆电子图书（PDG 格式），需要下载并安装专用阅读工具 ——超星阅览器。点击超星系统主页的阅览器下载链接即可（安装路径中不能包含汉字，否则会导致阅览器无法正常使用）。

（3）检索图书。

① 关键词检索。属于系统默认的“快速检索”，即用所需信息的主题词（关键词）进行查询的方法。在系统提供的关键词检索框内键入某一特定范围内图书资料的关键词，系统就会把有关该关键词的图书资料记录检索出来。关键词检索能够实现图书的书名、作者及主题词的单项模糊查询。对于一些目的范围较大的查询，建议使用该检索方案。使用“在结果中检索”能够实现二次检索功能，达到缩小检索范围的目的。

② 高级检索。如果需要精确的搜索某一本书时，可以进行高级搜索。点击主页上的“高级搜索”按钮，则会进入下面页面。在此可以输入多个关键字进行精确搜索。利用高级检索可以实现图书的多条件组合检索查询，对于目的性较强的读者建议使用该检索方式。在高级检索界面中，可以根据图书的书名、作者、主题词，以及出版年代范围，用并且、或者进行组配检索，这些检索还能在指定的图书大类中进行。

③ 分类导航。图书分类按《中国图书馆分类法》分类，点击一级分类即进入二级分类，依次类推。末级分类的下一层是图书信息页面，点击书名超链接，阅读图书。

3. 数据库检索规则

通配符：%——表示一个或多个任意的字符串，统配一个或多个字。通配符可以出现在检索词的首部、尾部和中部的任意位置。例如，表达式“%国庆”会检索出所有作者为“张国庆”、“陈国庆”、“国庆”、“皇甫国庆”等的纪录；表达式“张%”会检索出所有作者为“张国庆”、“张三”、“张”等的纪录；表达式“张%庆”会检索出所有作者为“张国庆”、“张大庆”、“张庆”等的纪录。

检索特殊符号的方法：对图书内容中含有？，℃，/，@，=，>，<,!，&，*，^，-，+和标点符号的检索，需要在前面加上“\”。例如：“\？”，“\℃”，“\;”，“\+”等。

4. 超星阅览器使用

超星图书阅览器（SSReader）是专门针对PDG格式电子图书的阅览、下载、打印而研究开发的工具类阅览器软件，其主要功能包括窗口功能和基本功能。

（1）窗口功能。

① Internet 浏览器。超星阅览器同时支持网页浏览和本地阅读，在进行网络应用时，其功能相当于IE浏览器，只要输入网址就可浏览网页。在浏览网页时，双击收集图标将当前网页保存到收集窗口中，可同时收集多个网页，最后点击“保存”按钮，即可将收集的网页保存成PDG电子图书，方便以后浏览。

② 书籍阅读。在此窗口下进行具体书籍的阅读，同时可以设置图书阅览器的放大倍数、屏幕滚动，以及阅览窗外观、背景色和前景色。

③ 书籍下载窗口。该窗口分为上下两截，上半部分为下载的图书列表，下半部分为下载进程，通过选项标签可以进行代理服务器和下载路径的设置。

（2）基本功能。

① 书籍阅览。选择相应选项可实现书籍阅读页面的自动滚屏，通过窗口工具栏中的上下翻页按钮就能达到书籍的逐页连续阅读（也可以使用 PageDown/PageUp 键和向下箭头键来翻页浏览），可以根据需要指定页号使用"到指定页"按钮到任意指定的页码，选择"放大镜 1"实现固定区域的放大，"放大镜 2"则对可变区域进行放大。

② 查找书目。沿菜单"查找"下的"查找书"可以做到利用自选的书名或分类号来进行图书的查找，查找结果显示在"查找结果"标签栏下，并分别列出书名、作者、页数、能否下载、所在图书馆和所属分类等信息。

③ 更新图书。沿菜单"文件"下的"书目更新"命令或点击工具栏上的"增书"按钮，系统会弹出一个图书更新对话框，即可按提示操作。

④ 网络设置。沿菜单"设置"下的"选项"命令，在弹出对话框中，选择"网络"标签，选中"使用代理服务器上网"项，可进行代理服务器设置。

此外，超星阅览器内嵌汉王 OCR 识别系统，用户可以将 PDG 图像格式的图书资料转换成文本文件加以保存利用，或者剪切为图像进行保存。

文字识别（OCR）的操作方法：在阅读书籍时，在书籍阅读页面点击鼠标右键，在右键菜单中选择"文字识别"，在所要识别的文字上拖动鼠标画矩形框，框中的文字即会被识别成文本显示在弹出的面板中，编辑修改文字识别结果后，选择导入采集窗口或将识别结果保存为 TXT 文本文件。

剪切图像操作方法：在阅读书籍时，在书籍阅读页面点击鼠标右键，在右键菜单中选择"剪切图像"，在所要剪切的图像上拖动鼠标画矩形框，回答弹出提示框保存为 BMP 格式图片，剪切结果会保存在剪切板中，通过"粘贴"功能即可粘贴到"画图"等工具中进行修改或保存。

4.3.2.2　超星数字图书馆（远程包库版）

与本地镜像版的超星数字图书馆所属的镜像模式，即数据安装在用户本地局域网的服务器中，管理平台建立在本地，需要用户提供足够的硬件存储空间不同的是，远程包库版超星数字图书馆采用包库模式，也就是数据不安装在本地，只需要根据用户提供的 IP 地址为用户开通局域网内的远程访问，用户通过网络线路远程访问数据。包库模式下数据容量不受用户硬件资源的限制，可以轻易做到电子图书的容量提升。同时，由于数据可以实现实时更新增添，因此该模式下的图书时效性远高于镜像模式。据了解，西昌学院远程包库版超星数字图书馆收藏的电子图书达到 40～60 万册规模，每天都有新的图书被添加进来。

西昌学院图书馆局域网内的用户可以使用地址 http://hn.sslibrary.com/ 访问远程包库版超星数字图书馆，也可以登录西昌学院图书馆数字化学术信息资源利用平台 http://lib.xcc.sc.cn/，点击"超星数字图书馆（远程包库版）"进入。

远程包库版超星数字图书馆首页除了电子图书检索窗口外，还在其上集成了读秀学术搜索和超星名师讲坛的检索框。与本地镜像版超星检索图书的方式相似，远程包库版超星也使用快速搜索（默认项）、高级搜索及分类导航三种查询图书方法。"快速搜索"方式默认的搜索途径是“书名”，也可选“作者”，当使用这两项得到的查询结果数量不足时，选择使用第三项“全部字段”进行搜索，可以有效地扩大搜索范围。当快速搜索方式得到的结果难以满足需要时，点击“高级搜索”进入高级搜索页面，依次选择逻辑选项中的“并且”和“或者”，检索字段中的“书名”、“作者”及“主题词”，选择“图书出版年”起止年份后，添加自己的检索词，就可以构造出至多三组检索式组配成的检索提问式，达到精确检索的目的。有明确学科搜索目标的用户也可以选择利用“分类导航”功能查找中意图书。首先应确定搜索内容所属类别，然后点击分类表中所列的对应大类，会在大类下显示下层类目，点击逐步打开各个分类，到最末一级类目时，即可检索出该类目下的所有图书记录。此时可通过超星阅览器阅读图书全文内容。

注意：在进行图书快速搜索时，可以使用逻辑关系符空格来表示同时满足其前后的两个条件。例如，“计算机 电脑 微机”，可以查出同时包含“计算机”、“电脑”和“微机”的图书。当然，通过搜索结果返回页面中的“在结果中搜索”也能实现同时满足多项条件的意图。

4.3.2.3 书生之家数字图书馆

1. 书生之家介绍

书生之家数字图书馆由北京书生数字技术有限公司 2000 年开发制作，主要提供 1999 年以来中国大陆地区所出版新书的全文电子版，其收藏图书内容涉及各学科领域，侧重于文学艺术类、经济金融与工商管理类、计算机和教材教参与考试类等，书生之家现有 70 余万种电子图书，以每年六七万种的数据量递增。

书生电子图书根据《中国图书分类法》，提供了多级分类导航功能，用户除可以进行基本检索外，还可以进行图书全文检索、组合检索和高级全文检索。

2. 书生之家使用

（1）登录方式。输入网址：http://lib.xcc.sc.cn/，进入西昌学院图书馆数字化学术信息资源利用平台，在平台主页中的“数字资源”栏下点击“书生数字图书馆”即可进入。或者直接使用 IP 地址 http://219.232.237.228/，也可登入数据库系统。

（2）下载阅读器。阅读书生数字图书馆电子图书（SEP 格式），需要下载并安装专用阅读工具——书生阅读器。点击书生首页上方的软件下载链接即可下载安装书生阅读器，以及阅读器升级程序、OCR 插件、书生字库集等。

（3）检索图书。在书生首页左侧列有书生分类列表，可以根据需要点击打开子类，在图书列表中点选“全文”即可调用书生阅读器查看图书。分类列表上面是一个简单的检索引擎，可以根据图书名称、作者、丛书名称、主题、提要来分别检索所需要的图书。在书生的基本检索之外，书生数字图书馆系统还提供更为强大的检索方法：

① 图书全文检索。点击书生首页上方的“图书全文检索”，可以针对图书内容、图书目录进行查找，查找检索的同时还可以对图书类别进行限定。

② 组合检索。该项检索支持对不同的检索项进行“与”和“或”的逻辑组配来扩大或缩小检索范围，读者可以使用组合检索进行精确的图书检索。

③ 高级全文检索。该功能包括单词检索（支持主题词及其上位词、下位词、等同词、同义词、反义词、替代词、外文等同词的检索），多词检索（支持多个检索条件的逻辑运算），位置检索（支持两个检索词之间的位置限定检索），范围检索（支持数字和数字范围检索）。同时支持对主题词中的字母、数字进行全半角转换，支持对检索结果进行类别和范围限定。

（4）阅读图书。阅读书生电子图书全文时，需使用书生阅读器。书生阅读器的主要功能有：自动滚屏、翻页功能，阅读模式选择，页面缩略图显示、缩放功能，书签设置，拷贝图像、原版打印，树形目录、栏目导航等。读者使用中可随时点击阅读器上方的“帮助”按钮获得关于阅读器使用方面的帮助信息。

4.3.2.4 读秀学术（图书）搜索

1. 读秀学术搜索介绍

读秀学术搜索后台是一个由海量全文数据及元数据组成的超大型数据库，能够为读者提供315万种中文图书书目信息、170万种图书原文、10亿页全文资料、5 000万条期刊元数据、2 000万条报纸元数据、100万个人物简介、1 000万个词条解释等一系列海量学术资源的检索及使用。读秀学术搜索为读者提供深入图书内容的目录章节和全文检索，部分文献的原文试读，以及通过E-mail获取文献资源的参考咨询等多种功能，是一个真正意义上的知识搜索及获取服务平台。

读秀的一站式检索模式实现了馆藏纸质图书、电子图书、数字化期刊论文、学位论文等各种类型资源在同一平台的统一检索与获取，能够帮助用户搜索到文献信息服务机构内所有学术文献资源。

读秀学术搜索的特点是：

（1）全面。作为一个由海量图书、期刊、报纸、会议论文、学位论文、标准、专利及学术视频等学术资源组成的庞大的知识系统，其涵盖的学术信息资源远高于以往任何传统的数据库，仅读秀收录的170万种中文图书全文，就占已出版的中文图书的95%以上。读秀是一个面向全球的学术搜索引擎，可以对文献资源及其全文内容进行深度检索，并且提供原文传送服务。用户可以通过读秀对图书的题录信息、目录、全文内容进行搜索，它提供图书封面页、目录页、正文部分页的试读，还可以对所需内容进行文献传递，方便快捷地获取读者想阅读的文献内容。通过读秀图书馆，读者能够获得关于检索点的最全面的学术信息，避免了反复收集查找的困扰。

（2）整合。读秀学术搜索有效地整合各种馆藏文献资源于同一平台，实现统一检索管理。整合的学院图书馆数字化学术信息资源包括局域网信息资源系统中的本馆馆藏纸质图书书目数据库、超星电子图书数据库，广域网信息资源系统中的远程联机数据库（如万方、CNKI、维普等）、隶属于全国文化信息资源共享工程的“全国联合参考咨询与文献传递网”、“DRSS图书馆联合参考咨询服务中心”，以及互联网信息资源中的相关资源等各种异构资源。读秀学术搜索将检索结果与馆藏各种资源库一一对接，为图书馆搭建了一个开放的借阅平台。用户检索任何一个知识点，都可以在读秀平台上直接获取图书馆内与其相关的纸质图书、电子图书全文、期刊论文等信息资源，无需再对各种资源逐一登录、逐一检索，有效避免了反复收集和查找的弊端。

（3）服务。读秀在显示图书详细信息的同时，还提供图书部分原文试读功能（包括封面页、版权页、前言页、目录页、正文前10～30页等），更加全面地揭示文献内容。通过试读全文，读者能够清楚地判断所需图书，提高了信息的检准率和读者查书、借书的效率。最贴心的服务设计是读秀提供的参考咨询服务，以315万种中文图书的海量资源为基础，通过全国联合参考咨询与文献传递网，直接发送相关数字化学术信息资源到读者邮箱，保证学术信息资源的零距离获取。

2. 读秀学术搜索使用

（1）登录方式。输入网址：http://lib.xcc.sc.cn/，进入西昌学院图书馆数字化学术信息资源利用平台，在平台主页中的“数字资源”栏下点击“读秀学术搜索”即可进入。或者直接使用网络地址 http://edu.duxiu.com/，也可登入读秀学术搜索系统。

（2）选择频道。登录后，根据自己需求，我们可以在知识检索、图书、期刊、报纸、学位论文、会议论文、专利、标准、视频等频道中进行选择，输入关键词，直接检索相关信息。读秀学术搜索具有强大的搜索引擎功能，它突破了传统数据库简单的元数据检索模式，实现了基于内容的检索，使检索深入到章节，定位到页。通过读秀的深度检索，不仅可以对读者输入的词条进行检索，甚至还可以对句子进行检索，使得读者能在短时间内获得深入、准确、全面的文献信息，并把所有相关资料呈现在读者眼前。

（3）搜索结果。使用读秀搜索得到的搜索结果主要由三部分组成：首先是系统找到与检索词相关的所有条目列表，包含搜索结果的标题、内容提要及文献试读入口，其中与检索词相关的字句皆以红色高亮凸显，点击标题或“本页阅读”入口可以进入系统提供的文献试读窗口；其次，搜索结果页面左侧提供“检索结果聚类”功能，根据年代、学科等对检索结果进行聚类排列，方便用户在检索结果中迅速查找到目标文献；最后，搜索结果页面右侧提供的相关文献延伸搜索列表，主要由与检索词相关的图书、期刊、报纸、论文、人物、工具书解释、网页及更多相关（新闻、图片、视频、地图等）多维信息的搜索结果列表组成，利用这些列表可以按照不同资源类型延伸搜索结果的范围，实现多面多角度的搜索，避免反复登录、查找的繁琐过程，通过一次检索获得图书馆内所有资料，得到全面的学术信息资源保障。

（4）获取资源。读秀的海量资源与用户所在图书馆的资源整合，为用户搭建了一个丰富的学术文献资源库的同时，也为用户提供了多种获取学术信息资源的捷径，满足读者快速获取知识的需求。获取图书的途径包括：阅读本馆电子书全文、借阅馆藏纸质图书、文献传递，以及网上全文链接、其他图书馆借阅、网上购买和按需印刷等。

3. 知识（全文）检索

作为读秀学术搜索的默认搜索频道，知识（全文）检索打破了文献的传统阅读使用方法，将数百万种的图书等学术文献“打散”为10亿页资料，运用全文检索手段，深入到章节和内容直接查找、阅读到相关知识点。这是一个功能强大的信息工具，也是一种全新的文献利用方式，更是研究型信息用户手中便利的资料收集平台。用户输入检索时，读秀将在10亿页资料中寻找包含检索词的章节、内容和知识点，为用户列表提供。知识检索的使用方法是：

（1）检索。选择知识检索频道，在搜索栏中输入关键词（推荐同时使用多个关键词或较长的关键词进行检索，使得检索命中更加精确），点击“搜索”按钮，进入检索结果页面。

（2）试读。浏览检索结果页面，选择需要的章节、知识点和文章，点击章节名、知识点，就可以对任何一个章节进行部分页的试读。

（3）收集。利用读秀提供的“文字摘录”、“截取图片”、“本页来源”等工具，读者可以方便地保存和收集需要的章节、知识点和文章。

4. 图书检索

图书检索频道提供高达170万种图书原文的查找，检索范围广阔。除了提供图书的目次检索，方便用户通过检索目次知识点来准确查找图书外；还能揭示丰富的图书信息，包括呈现图书的封面页、版权页、前言页、目录页，提供部分正文页的试读。而最重要的是，一次检索可以获得馆藏纸质图书、电子图书、文献传递等所有可以使用的资源。图书检索的使用方法是：

（1）检索。选择图书检索频道，在搜索栏中输入关键词，点击“搜索”按钮，进入检索结果页面。

（2）选择。浏览检索结果（此时可以在检索结果中深入进行目录级的检索，使得搜索结果更为全面），点击封面或书名链接，进入图书详细页面。

（3）查看。在图书的详细页面中可以查看到图书的详细信息，包括作者、出版社、出版日期、主题词、内容简介等。为使读者能够准确定位所需图书，读秀设置了图书原文试读的功能，通过试读，读者能够如同开架阅览，提前获知图书的前言、目录、部分正文内容。

（4）获取。试读后，可以利用读秀提供的“本馆馆藏纸书”、“本馆电子全文”两个链接进入馆藏查询系统查阅馆藏纸书的馆藏信息或者阅读电子图书全文。对于无法阅读全文的图书，读者先根据目录页试读中显示的所需资源页码范围，锁定所需部分资源范围，通过“图书馆文献传递中心”向图书馆提出文献传递申请。读者填写相关表格，提交需求信息（单次原文传递最多 50 页），文献传递网系统以电子邮件的方式，发送图书原文到读者的信箱中，每次发送的原文可以有 20 天（20 次）的有效期，这一期间内，读者可以随时浏览。图书全文其他获取方式包括参考其他图书馆馆藏信息进行图书馆际互借以及网上书店购买等。

5. 精确检索

（1）二次检索。读秀提供了二次检索功能，在检索结果页面中输入新的检索词并点击“在结果中搜索”就能迅速缩小检索范围，获取更为有效的检索结果。与此类似，读秀支持中文分词，用户可以利用空格同时检索若干个关键词。

（2）高级检索。点击页面中位于搜索框右侧的“高级检索”按钮，进入高级检索页面，可以进行组合式精确检索。高级检索提供检索字段和检索控制条件“书名、作者、主题词、出版社、ISBN、分类、年代”。

（3）多面检索。读秀整合多种数字化学术信息资源于同一平台，用户检索任意频道的信息，平台同时提示其他频道相关结果。对于任何一个检索点，通过一次检索就能够得到相关的各类型学术信息线索，进而获得馆藏所有资料。

4.3.3　馆际图书利用方式

馆际图书隶属于虚拟馆藏信息资源中广域网信息资源的馆际互借与文献传递系统资源，与超星读秀配备的全国联合参考咨询与文献传递网相比，CALIS 馆际互借与文献传递网（地址 http://gateway.cadlis.edu.cn/）是 CALIS 管理中心旨在高校间开展馆际互借与文献传递工作，为读者提供文献传递服务而建立的专业馆际互借与文献传递系统。

1. CALIS 馆际互借与文献传递服务

CALIS 馆际互借与文献传递服务网是 CALIS 公共服务软件系统的重要组成部分。系统实现了与 CALIS 统一检索系统、CALIS 联合目录公共检索系统、CCC 西文期刊篇名目次数据库综合服务系统、CALIS 文科外刊检索系统、CALIS 资源调度系统的集成，读者直接通过网上提交馆际互借申请，并且可以实时查询申请处理情况。

CALIS 文献传递网由众多成员馆组成，包括利用 CALIS 馆际互借与文献传递应用软件提供馆际互借与文献传递的图书馆（简称服务馆）和从服务馆获取馆际互借与文献传递服务的图书馆（简称用户馆）。2006 年西昌学院图书馆与中国高等教育文献保障系统（CALIS）管理中心签署“CALIS 馆际互借/文献传递服务网文献传递用户馆协议书”后，成为 CALIS 文献传递网的正式用户馆。自此，凡本馆读者皆可利用文献传递的方式通过西昌学院图书馆获取 CALIS 丰富的文献收藏。

限于地域，CALIS 文献传递网服务内容主要以非返还式文献传递方式来提供，网络内服务馆收藏的众多类型的文献信息资料，除电子图书全文数据库外，系统还能根据用户需要提供纸质图书的复印复制服务。

2. CALIS 文献传递服务流程

图书馆用户提交文献传递申请：读者通过图书馆总咨询台、电话、E-mail 等途径向图书馆馆际互借处提交申请，委托本馆馆际互借员进行馆际互借。读者在提交馆际互借请求前，应该先在本馆馆藏资源中检索，不能查找到所需馆藏时，再持借阅卡到总咨询台或远程提交馆际互借服务的申请。

接到读者申请后，图书馆馆际互借员登录 CALIS 西南地区中心的馆际互借系统，将读者的申请提交到 CALIS 西南地区中心。收到文献传递申请的西南地区中心馆际互借员，将按程序进行文献查找下载或复制，并在规定时间内将文献传递回图书馆。本馆馆际互借员接收到文献（电子文档或纸质图书复印件），按程序转发文献给读者。

3. CALIS 文献传递服务收费标准[76]

读者申请的文献属于服务馆的本馆馆藏时，其收费为

文献传递收费=复制费+（加急费）

其中：复制费￥1.00 元/页（包括复印 + 扫描 + 普通传递），加急费 10.00 元/篇。

说明：普通传递包含 E-mail 方式、CALIS 文献传递、Ariel 文献传递、平寄、挂号、传真和读者自取方式。若以特快专递或人工专送方式传递文献，还需加收实际发生的传递费用。

如果读者所申请的文献需要服务馆代查外馆文献时，收费标准为

文献传递收费 = 实际付出的费用 + 代查外馆文献手续费

其中：实际付出的费用为文献提供馆收取的全部费用；代查外馆文献手续费中，当文献是 CALIS 文献传递网内服务馆收藏的为 2 元/篇，是国内其他图书馆收藏文献的为 5 元/篇，是国外图书馆收藏的为 10 元/篇。

4. CALIS 文献传递服务经费补贴办法[77]

对于中东部地区高校图书馆，CALIS 管理中心补贴总费用的 50%。例如，某成员馆以 E-mail、CALIS 文献传递、Ariel 文献传递方式或读者自取方式从文理中心馆藏获取了一篇 10 页的文献，文理中心应收费：$1.0 \times 10 = 10$（元），文理中心补贴 50%，$10 \times 50\% = 5$（元），实收：$10 - 5 = 5$（元）；某成员馆以特快专递或人工专送方式（传递费用以 22 元为例）从文理中心馆藏获取了一篇 10 页的文献，文理中心应收费：$1.0 \times 10 + 22 = 32$（元），文理中心补贴 50%，$32 \times 50\% = 16$（元），实收：$32 - 16 = 16$（元）；某成员馆通过文理中心向 CALIS 文献传递服务网内服务馆索取了一篇 10 页的文献，其他图书馆应向文理中心收费 10 元，实收 5 元，文理中心向该成员馆收费：$(10 + 2) \times 50\% = 6$（元）；某成员馆通过文理中心向国外某图书馆获得一篇文献，实际付出费用 120 元，代查国外文献手续费 10 元，文理中心向该成员馆收费：$(120 + 10) \times 50\% = 65$（元）。

对于西部地区高校图书馆，补贴比例提高到总费用的 70%。

5 期刊资源利用

5.1 期刊资源界定

5.1.1 期刊资源

按照前述 1.2.2 节中有关信息资源类型的阐述，“期刊”这种信息资源属于“现实信息资源”中印刷型“文献信息资源”众多信息类型中的一种；同样在叙述馆藏信息资源体系的 2.2 节中，“期刊”归入实体、纸质文献资源的连续出版物类别之中，其界定为“期刊又名杂志，是一种有固定名称，按年月、卷期顺序编号成册的连续出版物。通常每年至少出两期、每周至多出一期（包括一期），其中以月刊、双月刊和季刊最为常见。期刊是连续出版物的主体和信息源的主体”。

期刊形成于人类罢工、罢课或战争中的宣传小册子。这种类似于报纸，注重时效的手册兼顾了更加详尽的评论，也因为此种原因，一种新的媒体产生并在传统印刷型媒介中占有了重要的地位。最早出版的期刊是 1665 年 1 月在阿姆斯特丹由法国人萨罗（Denys de Sallo）出版的《学者杂志》（*Le Journal des Savants*）。期刊作为一种定期发行、介于书籍和报纸之间的连续出版物，每本期刊中能够包含多个主题、不同风格的文章和内容，其名称固定，使用卷（期）或者年、月顺序编号出版，通常会在封面上标示出版的日期，具有自己的 ISSN（国际标准连续出版物号）[78]。

由于期刊上载有大量原始性的第一手资料和原创性的观点和成果，使得期刊的信息含量大，具有内容新颖、报道及时、出版连续、读者众多、信息密集、形式一致的特点。为了适应不断发展变化的社会需求，以期刊为代表的连续出版物的形式和职能日益多样化，这为我们了解当前社会动态，洞察中外学术研究历史提供了直接而丰富的文献和信息。现代期刊品种繁多，其中哲学、自然科学和社会科学各学科领域中的专业刊物，即学科期刊在社会文献传播中占有十分重要的地位。我们以下讨论的期刊资源就以学科期刊为主。

5.1.2 电子期刊资源

5.1.2.1 电子期刊的概念

随着期刊资源的数字化程度提高，大量的期刊资源以电子期刊的形态呈现。通过网络查询电子期刊的网络释义，大致有以下几种：

电子期刊（E-journal）是与电子杂志类似的一种电子出版物。通常是一种学术性质的期刊，该期刊可能只以电子版本方式出版，也可能既具有普通版本又具有电子版本。而电子杂志（E-zine）即在线杂志，是一种杂志的电子出版物，通常以电子邮件的形式进行发送，也可以通过 Gopher 或 Web 获得。在 Internet 上有多种电子杂志，内容从诗歌到科幻小说应有尽有[79]。

电子杂志有别于电子书，可以呈现出丰富的多媒体影音互动效果，是传统平面杂志功能增强与数字化的替代品，通常为数字格式文件，使用者可以透过网页浏览器，进行线上阅读或是下载观看。与纸质期刊相似，电子杂志的出刊周期也是周刊、双周刊、半月刊、季刊、月刊、双月刊、年刊等，大多数的电子杂志会在封面上标示出版的日期。而与传统杂志不同的是，电子杂志通常需要一个网站形式的发行平台，使用者可以经由注册与登入程序在网站上购买、阅读或免费下载。显然电子杂志的阅读方式与纸质杂志全然不同，阅读者需要使用特殊设备进行阅读，除了个人电脑外，更加便携的手持阅读终端不断涌现，常见的有上网本 Netbook、手机、电子书阅读机等设备。读者阅读电子杂志的方式有直接开启含有电子杂志文档的可执行文件包，或是利用电子杂志出版商提供的专用阅读浏览软件进行阅读。如果杂志出版商提供电子杂志线上观看，则使用者可以直接使用网页浏览器进行在线即时播放。电子杂志普遍利用 Flash 撰写模仿传统实体杂志的翻页效果，阅读者启动电子杂志后，可以使用鼠标拖拉页面翻页的方式进行阅读。电子杂志通常也设计了许多实用的功能，这些功能包括上下页翻页的按钮、放大镜、页面搜寻等[80]。

电子期刊是一种以电子媒体为载体，以连续性方式出版并通过电子媒体发行的期刊。广义的电子期刊指任何以电子形式存在的期刊，狭义则专指在电子媒介中产生，仅仅通过电子媒介而得到的期刊。1991 年，严格意义上的电子期刊（即从投稿、编辑、出版发行到订购与阅览完全电子化的期刊）诞生了，它是由美国科学发展协会与联机图书馆共同出版的《最新临床实践联机杂志》（*Online Journal of Current Clinical Trials*）。作者通过电子传递方式投稿，稿件经过专家审阅后，在 24 小时之内即可出现在联机杂志上。此后，《护理综合知识联机杂志》等也不再发行纸载体版本，只通过联机或网络出版发行[81]。

在教科书中也能够查询到电子期刊的相关概念：

与传统的印刷型期刊相对应，广义的电子期刊（Electronic Journal）是指以电子方式出版的定期或不定期的连续出版物。它的载体形式包括光盘及 Internet 上的数据库等。早期的电子期刊多以光盘版形式出现。光盘相对较大的容量提高了期刊的信息含量，并提供了以往印刷型期刊所没有的检索功能；但它的更新速度较慢，甚至慢于印刷型期刊的出版速度，无法体现期刊在时效性上的优点。其后，随着 Internet 技术的发展，能够即时更新的网络电子期刊逐渐成为主流[82]。

另外学术界也有这样的看法：狭义的电子期刊即指纯网络型的电子期刊，这类期刊从投稿、编辑、出版、发行、订购、阅读乃至读者意见的反馈全过程都是在网络环境中进行的，整个过程都不需用纸。广义的电子期刊则包含了光盘型电子期刊、联机型电子期刊以及纯网络型的电子期刊，它是相对于传统印刷型期刊而言的一种期刊[83]。

通过对以上各种电子期刊概念的梳理，我们可以得出一个相对较为均衡的电子期刊概念：

电子期刊是电子出版物中的一种，是以电子方式出版的数字化连续出版物。电子期刊的出版内容、发行周期源于传统纸质期刊，在其发展初期严重依赖纸质期刊，只是印刷型纸质期刊内容、版面数字化的产物。经过约半个世纪的演变，在信息技术支持下，电子期刊开始逐步脱离纸质期刊的束缚，展示数字化资源的巨大优势，独立发展成具备高时效、大传播、多媒体、超链接、可检索、零存储的新型信息传播媒介。

5.1.2.2 电子期刊的发展

从电子期刊的发展历史来看，其已有近50年的发展历史，20世纪60年代，美国《化学文摘》(CA)出版了磁带版，这可看做电子期刊的起点。60年代末70年代初，《生物学文摘》(BA)、《工程索引》(EI)、《科学文摘》(SA)等都出版了主要用于检索的磁带版电子期刊。进入20世纪80年代以来，随着全文数据库的兴起，电子期刊功能由检索型向全文型发展。沿着电子期刊出版媒介发展轨迹来看，全文型电子期刊陆续出现了单机型电子期刊（包括软盘和光盘介质的电子期刊）、网络型电子期刊，当然后者是20世纪90年代以来随着全球互联网络发展而兴起的。世界著名的《科学》、《自然》、《时代》等期刊都有自己的电子版，而中文电子期刊方面，1991年世界上第一份中文电子期刊《华夏文摘》在美国出版，1995年1月，国家教委也通过我国教育与科研网出版发行了我国第一份电子期刊《神州学人》。

在前面4.1节中已经讨论过，电子出版物的兴起与发展可以分为四个阶段，电子期刊是电子出版物的一种，自20世纪90年代初出现以来，其发展与其他电子出版物的发展一脉相承，并不是从传统的期刊直接发展而来的，只是这一类电子出版物出版发行的周期、内容特点、服务方式与传统纸质期刊有相通之处，我们才称之为电子期刊。经过这些年的发展，电子期刊已经从第一代（仅以文本文件方式通过电子邮件传送，通常没有版权）发展到了第二代（以多媒体方式通过互联网传递，并具有检索、浏览、打印功能，且已考虑到解决版权问题）。

电子期刊在其发展的早期，无论是文献内容的数字化，还是电子文档的内容检索技术，甚至是将其作为一种新型的文献资源的概念，都没有做到完全定型，仍然处在探索阶段。只是在光录技术发展成熟并出现了光盘型电子期刊后，电子期刊的现代雏形才正式出现。

相比于以KB字节计算容量的计算机软盘和磁带，CD-ROM光盘的650 MB已经能够把电子期刊的所有细节囊括。光盘型电子期刊大多以图像方式存储文献，并配以书目索引等检索工具。只是由于光盘型电子期刊出版发行渠道与传统期刊一致，信息利用时间效应中的滞后现象仍然十分明显，难以改善。

随着信息量累积增大，MB字节容量已渐渐不够使用，导致承载电子期刊的只读光盘数量越来越多，保存与管理难度加大，因此电子期刊发展呼唤TB字节容量载体的出现。而且由于只读光盘只适合单机使用，当需要在局域网内共享电子期刊资源时，就需要添置昂贵的光盘库塔设备，增加管理成本。这一切导致了本地装载模式电子期刊的出现，即硬盘型电子期刊现身。TB字节容量的硬盘能够存储更多的期刊资料，也能够方便地在局域网内实现共享，但是每次数据更新仍需要光盘等外部媒介介入，信息利用滞后现象虽有改善却无法消除。

通过网络更新数据、实时提供最新文献的远程网络应用模式出现，才最终解决了电子期刊信息利用的时效性问题。这种我们称之为网络电子期刊的电子期刊模式，即为上文所说的第一代电子期刊。这时的电子期刊应该属于联机电子期刊，只能通过类似DIALOG的联机检索方式提供文本格式的电子期刊，存取数据方面只能利用拨号上网来进行，是一种初级的网络电子期刊。

互联网的高速发展，给网络电子期刊带来了极大的发展空间，传递内容向多媒体和超文本化方向发展，进入了全新的第二代电子期刊发展阶段。1990年以后，网络电子期刊进入了全盛发展期，网络电子期刊逐渐替代了原来意义上的电子期刊。事实上，目前大部分电子期刊都是网络电子期刊（Net Electronic Journal）。

5.1.2.3 电子期刊的特性

与纸质期刊相比，电子期刊的独特属性包括[84]：

（1）高时效性。传统印刷型期刊出版发行程序繁多，包括审稿、编辑、印刷、发行、投递，加之图书馆的接收、登录、分类、编目、上架等许多环节，在印刷型期刊上从投稿到论文发表，一般需要4～11个月，有的长达14个月甚至更久[85]；更不论印刷型的期刊是以期为出版单位，期与期之间有一定的时间间隔。而电子期刊在时效性方面具备优势。电子期刊省略了上述这些环节，再加上其出版形式灵活，能以篇为单元发表，从而大大缩短了信息传递的时间差，提高了信息传播的时效性。最为典型的是网络电子期刊在收稿后24～48小时，即可通过网络在广大范围内提供给读者，做到完成信息生产的同时也完成了信息的传播，信息传播速度极快。众所周知，信息传递越快其情报价值也越高。电于期刊在信息传递速度和情报价值上具有印刷型期刊所无法比拟的优势。

（2）数字化优势。电子期刊是一种数字化的信息资源，具有数字化资源共有的特性：易于复制、保存、利用；易于整合多媒体的信息资源，增加文献资源的直观性、可读性和趣味性；信息存储量巨大而占用空间很小，就以光盘载体计，一张 CD-ROM 只读光盘存储量可达650 MB，可存储3亿字符，一个馆藏20万册的图书馆，用100张光盘即可将其全部存入其中。数字化的电子期刊在使用远程访问模式时甚至不占用物理空间，是图书馆的“零体积”馆藏资源，有效避免了印刷型期刊数量多、体积大、容量小，且年年累积的过刊给馆藏空间带来的压力。

（3）数字化劣势。电子期刊也受到数字化资源的一些局限：使用方面的局限——其保存及正常使用要依赖一定的计算机软硬件，不同载体的电子期刊需要不同的软硬件与之相配，而软硬件的不断升级换代会增加电子期刊的使用成本。安全方面的局限——电子期刊出版后，利用交互功能，可以进行修改、增补，有一定的不定型性；另一方面，恶意篡改、非法盗用及病毒侵扰也使这种不定型性成为安全隐患。版权方面的局限——电子期刊的版权主要涉及数字化作品的复制、网上制作、发行、传播的专有权等，这已超越了传统意义上版权保护的范畴，成为法律研究的一个新课题。学术权威性方面的局限——印刷型期刊由其编辑部进行内容审核，因此在学术期刊上发表论文可以作为衡量科研人员学术水平的标准之一；而网络上数字化信息的发布无专门的评审机构，任何人都可随意发布，这就使电子期刊的学术价值无法得到保证。

（4）高延展性。电子期刊是一种网络化的信息资源，可以同时供多人阅读，不会像纸质期刊上的文献一样，由于装订的原因，一本期刊一次只能由一个人阅读，电子期刊没有这个限制，理论上可以有无限多个复本。只要有相应的设备，多人可以同时阅读同一期期刊，甚至是同一篇文献。目前的电子期刊多采用 Web 结构，通过超文本链接，可以对引文、注释、图像、声音等内容进行篇内篇外的多层链接。部分电子期刊在其论文后的参考文献（reference）中设计了超文本链接，可以从参考文献直接指向引文全文，使得读者非常容易就获得参考文献的原文，这是印刷型期刊难以实现的。并且，如果读者对网络电子期刊上刊登的文章有不同的意见，可以立即在线进入专门开辟的专题聊天室及 BBS 讨论区和留言板进行学术交流。另外利用多媒体技术，电子期刊不仅可以显示印刷型期刊所能表现的图形和文字等静态信息，还可以表现出印刷型期刊所无法表现的声音、动画等动态信息，如同电视画面一样，显得更加生动、直观、形象，具有丰富的表现形式。

（5）可检索性。电子期刊不同于传统印刷型纸质期刊的另一个特性是其具有的可检索性。传统印刷型期刊是按期出版、按本装订，本身不具备检索功能，只适合浏览阅读，不利于检索查找。读者如果需要回溯查找期刊中的资料，必须借助专门编制出版的辅助性检索工具如目录、索引等二次文献。电子期刊是以电子文档形式存在的，组成了可检索的数据库，并提供了包括题名、责任者、机构、出处、引文、标题词、全文关键词等丰富的检索途径。电子期刊虽然是按期出版发行，但对于读者来说，电子期刊是一个集合性的数据库，包括了以前所出版的所有内容，可以跨时段地进行检索；电子期刊数据库系统还是多种电子期刊的集群，拥有不同内容和类型的各种学科期刊，支持跨库检索，具有一次检索就得到多种资料的功能，极大地提高了文献检索的效率。电子期刊的出现为定题服务、查新检索等深层次的信息服务提供了便利条件，减轻了工作人员的劳动强度，解决了印刷型期刊检索慢、查找难而难于开展深层次服务的问题。

5.1.2.4 电子期刊的类型

由于电子期刊是近年来才发展起来的新兴传播媒介，其未来发展模式正在不断开拓，所以电子期刊的类型也呈现动态变化趋势。利用不同的划分标准，电子期刊类型会出现不同的面貌。例如沿着电子期刊发展的历史脉络，其类型可分为磁带型（软盘型）、光盘型（CD-ROM）、硬盘型（磁盘阵列）、网络型；从读者使用角度，电子期刊又能分为二次文献检索型、一次文献全文型、数字化文献多媒体型；再按照电子期刊所使用的文件格式，电子期刊还可以划分为文本类型和图像类型。

下面我们根据前人所做的研究成果，从一个较为综合的视界对方兴未艾的网络型电子期刊进行观察，得出自己的结论。

网络型电子期刊属于以多媒体方式通过互联网传递，并具有检索、浏览、编辑等功能的第二代电子期刊类型，其类型正随着信息技术的发展不断演化。就以现在通常的布局，电子期刊大致可以分为以下几类[86]：

1. 数据库型电子期刊

数据库类型电子期刊是由专业数据库集成商有选择地收集相关的学科核心期刊为主的期刊群，在专业数据库技术支撑下，组织而成的一整套具有收集、制作、建库、检索、统计功能的规范化数据库系统。在现代网络技术支持下以全文期刊数据库的形式上网，提供服务。学术性强和检索功能强是数据库型电子期刊的最大优点。

较为典型的数据库型电子期刊有国外的 Science Online、Nature、Springer、Verlag、EIsevier，国内的中国期刊全文数据库（http://dlib.cnki.net/）、万方数据学术期刊（http://g.wanfangdata.com.cn/）、维普资讯中文科技期刊数据库（http://www.cqvip.com）、读秀学术（期刊）搜索（http://edu.duxiu.com/）等。这些集成系统本质上是网络数据库，之所以称为电子期刊，是因为其收集的内容及形式均照搬传统意义上的期刊，是这些期刊过刊的电子模拟版。因此，对于数据库型电子期刊准确的表述应该是相关学科期刊过刊的电子版全文数据库。

此类型电子期刊是印刷型期刊的电子版再现，从内容到版式甚至阅读方式完全模仿印刷型期刊。数据库集成商以完全仿真的方式复制纸质期刊的印刷版式，文档格式不是标准的数字化纯文本格式，而是在模拟印刷型版式的专用图像格式（常见的是 PDF 格式）中压缩保存期刊版面，读者则使用专用软件将其还原显示阅读，再造印刷品的外观和感觉。该类电子期刊的优点在于能够完全真实反映印刷型期刊的原貌，避免数字化转换过程中产生的误差，进行 OCR 文字转换方便保存利用，适用于先有了印刷型期刊，再出版相应电子版期刊的情况。

数据库型电子期刊属于网络数据库，因此适合在局域网或广域网上的资源共享，进行回溯性资料储存和全文检索，这种类型的电子期刊已经成为过刊类电子版期刊获取的通用方式。从数据库型电子期刊系统的制作流程可以看出，印刷型纸质期刊的出版是其数据采集、建库的必要前提，故其时效性不能与印刷型纸质期刊相比，当然更无法与网站型电子期刊比较了。

2. 网站（网络）型电子期刊

网站型电子期刊指的是依托专门的网站发布的电子期刊，从与印刷型纸质期刊关系来观察，网站型电子期刊大致有三种不同的发展模式。

（1）网站型电子期刊有对应的印刷型期刊，网络型与印刷型两者的期刊内容（栏目、版面）完全相同。网站型电子期刊是由该期刊印刷版的编辑部或受其委托的信息服务商建立，与印刷型期刊是两个内容相同、载体不同的并行发行版本。这种电子期刊与数据库电子期刊都是印刷型期刊的电子版，但两者有所不同，前者是现刊，与印刷版同步发行，能够反映最新的信息；后者是过刊，比印刷版迟发行，提供的是回溯性信息。

（2）网站型电子期刊仍然由期刊编辑部建立，与对应的印刷型期刊相比，网络型期刊在期刊内容与形式上有区别，也就是期刊的栏目和版面并不完全相同。在这个发展模式中，网络型期刊已经不是对应纸质期刊的网络版，从刊物外在形式到内在篇目，网络型期刊已经逐渐摆脱了印刷型期刊的影响，成为一种新的网络文献资源。受惠于数字化信息资源的发展优势，网络型期刊从形式结构、内容设计到相关信息服务都有了新的延伸和变化，整个架构已经脱离期刊范畴的限制，充满了各种交互性元素的内容。

（3）完全脱离印刷版期刊、失去纸质期刊依托的网络期刊，其出版发行完全依赖网络，运作环节基本在网络上完成，是一种独立的网络期刊。网络期刊的网站由类似于期刊编辑部的专门机构建立，网站架构不同于一般的门户网站，没有由点及面的设置方式，在内容、形式、栏目等方面，网站向期刊回归，使其更像一本期刊而不是一个普通网站。这类电子期刊专业性、学术性都比较强，不同于普通的资讯网站，内容上具有一定的权威性，是互联网上进行学术研究、交流的重要平台。

3. 邮件列表型电子期刊

邮件列表（Mail List）是互联网上利用 E-mail 工具实现的一种重要的服务，它具有专题发送、定期更新的特点。由于具有期刊的特点，因此被作为一种重要的电子期刊。该类电子期刊的消息性强而且免费，但学术性较差，适合于其他有特殊需要的读者，相当于图书馆参考咨询中的定期服务。Mail List 的订阅方式十分简单，只要打开一个网站，选中某些专题（期刊），再输入接收方的 E-mail 地址，就可订阅成功。很多门户网站都带有这项服务功能，当注册成为其会员并申请免费邮箱后，网站会提供免费的实用信息周刊服务，内容包括汽车、婚嫁、招生、房产、生活、IT 等专题。

4. 电子预印本型电子期刊

在 2.3.2 小节中我们对预印本（Preprint）有一个初步的认识：预印本是科研工作者的研究成果还未在正式刊物发表，而出于和同行交流的目的自愿通过邮寄或网络等方式传播的科研论文、科技报告等文献。与刊物发表的论文相比，预印本具有交流速度快、利于学术争鸣的特点。作为一种新型的网络信息资源出版模式，电子预印本是以电子版代替纸质印刷版贮存和发行的预印本系统。

互联网上已出现了许多电子预印本系统，其中最有影响的是始建于 1991 年 8 月，在美国洛斯阿拉莫斯（Los Alamos）国家实验室建立的 e-print arXiv（http://arxiv.org/）电子预印本资料库。该数据库创建的目的旨在促进科学研究成果交流与共享，由 Ginsparg 博士发起并得到了美国国家科学基金会和美国能源部资助。2001 年底，该数据库主站点迁到美国康奈尔大学图书馆。e-print arXiv 包括物理学、数学、非线性科学、计算机科学四个学科，共计 19 万篇预印本文献（截至 2002 年 5 月）。研究人员按照一定的格式（TEX 或 LATEX）将论文排版后，通过 E-mail、FTP 等方式，根据学科类别上传至相应的数据库中。数据库遵循“文责自负”的原则，送交预印本库中的论文不用审核，也没有任何先决条件。进入该库的论文接受同行评论，论文作者也可以对这种评论进行反驳，并对论文进行修改。论文作者在将论文提交 e-print arXiv 的同时，也可以将论文在学术期刊上正式发表，如论文在某种期刊上发表，该论文在 e-print arXiv 的记录将加入文献正式发表期刊的书目信息。该数据库对加快科学研究成果的交流与共享，帮助研究者追踪本学科的研究进展，避免重复的研究工作等方面都有裨益，对科学研究者有较高的参考价值。e-print arXiv 中的文献可以按学科、时间顺序浏览，也可以用“find”检索工具查找。e-print arXiv 中的每个学科或子学科后，分列“new”、“recent”、“abs”、“find”四个选择按钮，“new”为最近一天送入预印本库中的论文，“recent”为最近一个星期送入预印本库中的论文，“abs”为文献文摘，“find”为检索入口[87]。

在中国，也有相应的电子预印本，例如中国预印本中心（http://preprint.nstl.gov.cn/newprint/index.jsp）可以向国内广大科技工作者提供预印本文献全文的上载、修改、检索、浏览等服务，同时还提供他人对现有文献的评论功能。中国预印本服务系统实现了用户自由提交、检索、浏览预印本文章全文、发表评论等功能。用户通过免费注册提交电子版文献，并可进行补充、修改。系统将记录作者提交和修改文献的时间，并可向作者提供发表文献的时间证明。系统具有发布及时、传播面广、利于学术争鸣的特点。系统主要收录国内科研工作者自由提交的学术性论著，科技新闻和政策性文章等非学术性内容不在收录范围之内。学科涉及自然科学、农业科学、医药卫生、工程技术、图书情报等。

5.2 期刊资源概况

从国家新闻出版总署官方网站查询得到的数字知，2008 年全国共出版期刊 9 549 种，其中适合于图书馆收藏的哲学、社会科学类 2 339 种，自然科学、技术类 4 794 种，文化、教育类 1 175 种，文学、艺术类 613 种，共有 8 921 个品种[88]。同时由于电子期刊数据库建设属于知识密集型、技术密集型产业，要建设一个上规模、有影响的数据库，除了需要动员大量资金启动项目、维护发展外，更为重要的是取得印刷版期刊的版权。

目前国内较有影响的中文电子期刊数据库有万方数据的学术期刊数据库、中国知网的中国期刊全文数据库、重庆维普资讯网的中文科技期刊数据库以及读秀学术（期刊）搜索。这些电子期刊数据库各自具备自己的建设特点，每个数据库也都存在期刊收录的盲点，因此无法做到一家独大，用户在使用电子期刊资源时需要交叉使用各个数据库以便互相弥补。

截止到 2010 年年中，在西昌学院图书馆所收藏纸本期刊中有现刊 2 563 种、过刊 8 672 种；电子期刊馆藏中，纳入广域网信息资源的有万方数据学术期刊数据库（http://g.wanfangdata.com.cn/）、中国知网中国期刊全文数据库（http://dlib.cnki.net/）、维普资讯中文科技期刊数据库（http://www.cqvip.com）、读秀学术（期刊）搜索（http://edu.duxiu.com/），收藏了超过 1.2 万种各类型学科期刊的 5 000 多万条文献的全文数据记录，具体如表 5.1。

表 5.1 西昌学院馆藏期刊资源一览表

期刊类别	馆藏数量	回溯年限	收藏重点
馆藏现刊、过刊	现刊 2 563 种 过刊 8 672 种	20 世纪 80 年代	年均 2 000 余种纸质期刊中，与学院办学方向相关的学科期刊占绝大多数
万方数据学术期刊	近 7 000 种 1 400 余万篇	1998 年	收录的学术期刊品种只有近 7 000 种，但多数是学科重要期刊和核心期刊，在现有的 1 400 余万篇论文基础上，每年约增加 200 万篇，每周更新两次
中国期刊全文数据库	9 072 种 3 175 余万篇	1994 年	CNKI 期刊库是目前世界上最大的连续动态更新的中国期刊全文数据库，在每日更新 5 000～7 000 篇期刊论文基础上，设置了广泛深入的文献利用途径
中文科技期刊数据库	12 000 余种 2 300 余万篇	1989 年	VIP 期刊库是中文期刊全文库中收录期刊种类最多、回溯年限最长、费用最为低廉的一家，拥有万方和 CNKI 期刊库未收集的许多独有期刊品种
读秀学术（期刊）搜索	5 000 余万篇		利用统一检索利用平台，整合馆藏的三大电子期刊数据库资源，附加自成一体的期刊原文传递系统，运作模式独特而有效

全部纸质馆藏期刊收藏于西昌学院南北东各校区的图书馆中，其中以南北校区图书馆为重。与馆藏纸质图书一致，纸质期刊的分布依照各校区办学专业的不同而各有侧重点，同样伴随着学院教学机构的重组与教学校区调整，馆藏纸质期刊呈动态分布。

馆藏电子期刊基本为数据库型电子期刊，其物理馆藏地点为电子期刊内容及服务集成商的服务器存储器，按照合同约定，用户只要处于图书馆所在的校园网 IP 号段内，都可以按照数字化资源的利用规范使用万方数据学术期刊数据库、中国期刊全文数据库、维普资讯中文科技期刊数据库、读秀学术（期刊）搜索中的期刊文献。

5.3 期刊资源利用

馆藏期刊资源中纸质期刊的利用方式提倡使用联机公共检索目录系统（OPAC）查询，结合各专业阅览室的开放式自选阅读；电子期刊的利用方式可以根据所使用的电子期刊数据库选择相应的检索工具，以便提高期刊资源的利用效率。

5.3.1 馆藏纸质期刊的利用

除了到各分馆现刊阅览室自选阅读外，可以使用西昌学院图书馆 OPAC 系统来查询馆藏纸质期刊的书目信息。

（1）系统登录方式。

① 登录西昌学院图书馆数字化学术信息资源利用平台（即学院图书馆主页）http://lib.xcc.sc.cn/，点击左侧服务直达区域的“馆藏书目查询”，进入汇文文献信息服务系统 Libsys 4.0 的 OPAC 系统。

② 也可通过点击“读者账户登录”，登录后进入公共联机检索系统。

（2）使用系统提供的期刊资源查询功能。

期刊资源在 OPAC 系统中被整合在全部文献中进行管理，其信息检索方法与馆藏纸质图书的利用一致，只需要注意具体操作中，点选“文献类型”的中文期刊或西文期刊，其余不变。

期刊信息资源检索中较为特别的是系统提供的“期刊导航”功能。其中除了西文期刊字母导航功能外，在西昌学院图书馆书目检索系统中，用户可以通过选择“期刊学科导航”和“年度订购期刊”进行馆藏纸质期刊的目录查询，检索系统会显示查询目标的详细书目及馆藏信息。其中新增的“年度订购期刊”功能，可按照订购年度、分配地、文献类型、检索内容（如刊名、ISSN、分类号、出版社）等条件进行查看。

5.3.2 馆藏电子期刊的利用

馆藏电子期刊数据库包括：万方数据学术期刊数据库（http://g.wanfangdata.com.cn/）、中国知网中国期刊全文数据库（http://dlib.cnki.net/）、维普资讯中文科技期刊数据库（http://www.cqvip.com）、读秀学术（期刊）搜索（http://edu.duxiu.com/）。

以上电子期刊数据库的内容存在一定的交叉重复，对学科期刊的收藏各具特色，从信息资源利用的角度来看，每个数据库都有自己的优缺点。下面从数据库各自所具备的功能方面，来做一个比较[89]：

表 5.2 西昌学院馆藏电子期刊数据库功能一览表

对比项	万方期刊库	CNKI 期刊库	维普期刊库	读秀期刊搜索
期刊种数	7 000 种	9 104 种	12 000 余种	整合三大期刊库收录的资源，约有 5 000 余万篇
论文篇数	1 400 余万篇	3 200 余万篇	2 300 余万篇	
收录年限	1998 年	1994 年	1989 年	
数据更新	每周两次	每日更新	每日更新	
检索与导航方式	拥有简单检索、高级检索、经典高级检索、专业检索等检索方式，具备学科分类导航、地区分类导航、首字母导航三种检索导航系统	拥有简单(初级)检索、高级检索、专业检索等检索方式，具备专辑导航、数据库刊源导航、刊期导航、出版地导航、主办单位导航、发行系统导航、期刊荣誉榜导航、世纪期刊导航、核心期刊导航、中国高校精品科技期刊、首字母导航等多种检索导航系统	拥有简单（快速）检索、传统检索、分类检索、高级检索等检索方式，具备专辑导航、分类导航、字母检索、刊名导航、期刊学科分类导航、国外数据库收录导航等多种检索导航系统	只拥有简单检索、高级检索两种检索方式，虽然没有安排期刊导航查询系统，却独具围绕相关检索主题进行多种网络信息资源延展搜索的能力

续表 5.2

对比项	万方期刊库	CNKI 期刊库	维普期刊库	读秀期刊搜索
检索界面	高级检索、经典高级检索界面提供多个查询框，便于非专业用户构造复杂的检索式，高效、快速地检索，专业检索支持 CQL 检索表达式，适合于专业用户	初级检索设置了功能最为强大的简单检索界面；在高级检索界面能够最多提供5组检索框供用户使用，而且检索字段与检索控制在高级检索界面中，其功能体现得最为全面，使用户能方便、灵活地实现多种限制条件和多途径的组合检索；专业检索界面只适合于十分了解检索语言和语法的专业用户	传统检索界面提供的5项检索控制条件中同义词、同名作者两项最具特色；分类检索界面用分类选择框方式凸现学科类别检索特点；高级检索界面设置包含5个检索框的向导式检索和直接输入检索式，分别对应于非专业和专业用户群，特设的扩展功能、扩展检索条件更能让检索结果更精确	简单检索界面风格类似于网络搜索引擎搜索界面，用户在搜索框中输入关键词，选择搜索框下方的5种检索字段，点击“中文文献搜索”即可；在高级检索界面，最多可以提供5组条件框，通过选择检索字段、逻辑运算符和检索控制条件构造检索式
检索字段	设置了 9 个检索字段：标题、作者、作者单位、刊名、期、中图分类、关键词、摘要、DOI	设置了16个检索字段，包括主题、篇名、关键词、摘要、作者、第一作者、作者单位、刊名、参考文献、全文、年、期、基金、中图分类号、ISSN、统一刊号	设置了 13 个检索字段：题名或关键词、题名、关键词、文摘、作者、第一作者、机构、刊名、分类号、作者简介、基金资助、栏目信息、任意字段	设置了5个检索字段：全部字段、标题、作者、刊名、关键词
检索控制	设置了 5 项检索控制条件：发表日期、被引用次数、有无全文、排序、每页显示	数据库提供 13 个检索控制项：检索行扩展、逻辑组合、词频、最近词、相关词、词间关系、起止年份、数据更新、期刊范围、匹配、排序、每页、中英文扩展	不同检索方式所支持的检索控制条件不尽相同，传统检索支持5项控制，分类检索支持2项，功能最强大的高级检索则有约 10 项检索扩展功能提供使用	只简单设置了检索词之间的逻辑关系符、年度范围限定和搜索结果显示3项检索控制条件
检索结果	按照 2 项条件（全部论文、可以下载的论文）反馈检索结果，论文排序可选用 3 种方式：相关度优先、新论文优先、经典论文优先	只有1种检索结果显示方式，在常见的序号、篇名、作者、刊名和年/期之前，系统会以“已订购、未订购、未登录”显示该篇论文信息	只提供1种检索结果显示方式，能够概要显示标题、作者、出处、PDF 全文等信息	采用 2 种浏览方式（默认和列表方式），左侧设置按照年代、期刊、学科、核心期刊聚类的结果列表，右侧提供用于延展搜索的多维信息群
二次检索	检索结果页面中采用标题、作者、关键词、摘要等检索字段，以及发表年、有全文等检索控制条件缩小搜索范围，也可以使用年份、按刊分类、按学科分类等聚合方式对检索结果作出再选择	检索结果页面中，用户利用“在结果中检索”进行二次检索，二次检索同样适用与一次检索相同的检索字段和检索控制条件	在传统检索页面中提供了二次检索按钮，另外各种检索方式的检索结果中，用户可以利用“在结果中搜索”、“在结果中添加、在结果中去除”等方式达到进一步优化检索结果的目的	检索结果页面提供了两种方式来缩小搜索范围：通过页面左侧的“年代、期刊、学科和核心期刊”聚类功能，通过搜索框上方的“在结果中搜索”按钮

续表 5.2

对比项	万方期刊库	CNKI 期刊库	维普期刊库	读秀期刊搜索
论文详细信息输出	显示的多项论文信息中，刊名后用图标标明期刊被何种核心期刊目录收录，关键词后用图标标明其知识脉络，页面提供相关参考文献、相似文献、引证文献，以及相关检索词、相关专家、相关机构的超链接列表，都便于用户进一步扩大检索范围	论文详细信息中，数据库提供了最丰富的超链接信息，其中参考文献、共引文献、二级参考文献以及读者推荐文献、相似文献列表从不同角度反映了论文所属领域的研究背景和依据，而相关研究机构、相关文献作者以及文献分类导航，则是从不同方向揭示了研究动态和历史，为全面了解该学科领域文献提供便利	数据库显示的命中记录主要内容无特别之处，页面提供了关于刊名、作者、作者单位、关键词以及论文所属分类号、分类名称等多种不同的超链接；此外，常规的下载全文选择之外，数据库提供了采用论文“概要、文摘、全记录、PDF 全文”形式向指定的 E-mail 邮箱发送信息的功能	显示罗列期刊论文的题名、作者、刊名、出版日期、期号，以及获取全文链接、馆藏信息等信息，其中的获取全文链接里的三种方式（全文链接、文献传递、互助平台）提供了获取论文的途径
全文浏览	提供的全文格式是 PDF 通用格式，便于用户利用同一种浏览器来阅读不同数据库中的全文，对文章内容进行摘录、编辑、剪贴等操作	除了提供常见的 PDF 格式之外，数据库还推荐下载使用 CAJ 格式全文，后者需要使用 CNKI 数据库专用浏览器 CAJViewer 浏览器，从而可以利用 CNKI 专用格式的许多特殊功能	提供 PDF 全文格式论文，方便用户浏览、编辑期刊论文	依托于期刊源数据库和文献传递网络服务提供者，基本采用 PDF 格式
个性化服务	CQL 检索表达式的专业运用	同句、同段等专业检索功能	维普期刊评价	文献传递网络的无缝连接

注：据复旦大学图书馆彭晓庆等所做的统计表明，万方、CNKI、维普期刊数据库收录的期刊中，有 3 965 种是同时收录，2 309 种是维普独有刊、1 203 种是 CNKI 独有刊、320 种是万方独有刊；重叠收录刊方面万方与 CNKI 410 种、CNKI 与维普 1 646 种、万方与维普 85 种。

5.3.2.1 万方数据学术期刊数据库

1. 数据库介绍

万方数据股份有限公司是由中国科技信息研究所以万方数据（集团）公司为基础，联合多家机构发起组建的高新技术股份有限公司。万方数据资源系统具备丰富的信息资源，资源类型涵盖期刊、学位论文、会议、法规、成果、专利、标准、报纸、企业产品等多种文献，形成一套完整的资源体系。万方数据学术期刊数据库收藏的期刊论文均为全文资源，收录自 1998 年以来国内出版的各类期刊近 7 000 种，其中核心期刊 2 500 余种，论文总数量达 1 400 余万篇，每年约增加 200 万篇，每周两次更新。

2. 数据库使用

（1）登录方式。输入网址：http://lib.xcc.sc.cn/，进入西昌学院图书馆数字化学术信息资源利用平台，在平台主页中的“数字资源”栏下点击“万方数据系统”，选择“远程访问”或“本地镜像”就可进入万方数据首页，在检索框上方的选项中除了系统默认的跨库检索“学术论文”项外，可以选择“期刊”进入万方学术期刊数据库，也可以勾选跨库检索框下方的“学术期刊”

项，或者点击“期刊”检索框下方的“浏览”按钮，甚至直接使用网络地址 http://g.wanfangdata.com.cn/，登录万方学术期刊数据库系统。

（2）查找期刊。用户进入检索页面后，可以通过两种方式查找所需要的期刊：

第一种：在检索框下方选择“刊名检索”，点击“检索”按钮，直接检索。

第二种：通过学科分类导航、地区导航、刊名首字母导航等逐级缩小浏览范围，最终找到需要的期刊。

以查找《今日民族》为例，用户可以在检索框填入“今日民族”进行检索；还可以在学科分类导航中选择“社会科学”，通过社会科学分类页面，再选择更具体的“人口与民族”类别，在记录中选择《今日民族》。此时在刊名检索结果页面显示了《今日民族》刊物的主要信息，包括期刊简介、刊内检索、目录、期刊信息、主要栏目、收录汇总以及同类期刊信息。

（3）检索论文。

第一步：在检索页面的检索框中输入论文关键词。例如，采用关键词“数字图书馆”在检索框进行常规的关键词检索，或者使用 PQ 表达式“数字图书馆 作者：张晓”、“标题：数字图书馆”以及“标题：数字图书馆 关键词：数字图书馆”、“标题：数字图书馆 作者：张晓 单位：中国科学院”等进行检索。

第二步：在检索结果页面，系统提供了二次检索功能，用户可以通过标题、作者、关键词和摘要，以及论文发表年份、有无全文等条件再次检索。检索结果页面提供了优先排序功能，其中的“经典论文优先”能够将被引用次数比较多，或者文章发表在档次比较高的杂志上的、有价值的文献排在前面；“相关度优先”可以把与检索词最相关的文献优先排在最前面；“新论文优先”则能做到让发表时间最近的文献优先排在前面。

当用户选定期刊论文后，可进入论文详细信息页面，此时可以通过一些特别的线索来查找自己需要的文献资源：

① 参考文献。是指当前文献引用的文献，通过它可以了解当前文献的研究背景，以及前人研究并完成的工作。

② 相似文献。是与当前文献研究方向、主题、内容相似或者相关的文献。

③ 引证文献。是指引用了当前文献的其他文献，通过它可以了解围绕当前文献所做研究工作的进展情况。

此外，系统还提供了与检索词有关的专家、机构，通过它可以了解参与当前文献所做研究工作的人和学校、研究所等机构。

在论文正文中，系统提供有文后链接浏览，包含参考文献、相似文献、引证文献等全文链接，方便用户进行研究追踪。

3. PQ 表达式

万方知识服务平台首页、检索结果页的检索输入框默认接受的检索语言为 PairQuery，也就是 PQ 表达式。每个 PQ 表达式由多个空格分隔的部分组成，每个部分称为一个 Pair，每个 Pair 由冒号分隔符“：”分隔为左右两部分，“：”左侧为限定的检索字段，右侧为要检索的词或短语。

（1）检索字段。论文和所有文献资源都会被标记一些字段，如标题、作者、发表时间等，它们是系统识别数字化信息资源的“线索”，而这些线索中可以被用来检索的被称为“检索字段”。在特定检索字段里检索，会提高检索效果。

例如，使用关键词“数字图书馆”在检索框进行常规的关键词检索，系统会认为要求在所有字段里检索“数字图书馆”，因此得到的结果全而多。改为使用 PQ 表达式“数字图书馆 作者：张晓”检索，系统将按照“作者为张晓并且所有字段中含有数字图书馆”的标准进行查找，相对于单独使用“数字图书馆”的检索，PQ 表达式检索结果会更准确。

（2）精确匹配。PQ 表达式检索时，在检索词部分使用引号“”或书名号《》括起来，表示精确匹配。例如，作者“张晓”，表示作者字段中含有并且只含有“张晓”的结果。

（3）检索日期。日期范围的检索采用 Date:1998-2003 的形式，“-”前后分别代表限定的年度上下限，上限和下限可以省略一个，代表没有上限或下限，但“-”不可省略。

（4）PQ 表达式的符号格式。PairQuery 中的符号（空格、冒号、引号、横线）可任意使用全角、半角符号及任意的组合形式。

（5）常用字段。万方数据为论文检索提供了多种字段，每个字段允许多种表达方式。表 5.3 列举了常用字段及其表达方式：

表 5.3 万方数据检索常用字段

字段名称	可用表达字段	例 子
标 题	t、title、titles、题、标题、题目、题名、篇名	标题：地质构造
责任者	a、creator、creators、author、authors、人、作者、著者	作者：张晓
机 构	organization、机构、单位	单位：天津大学
关键词	k、keyword、keywords、词、关键字、主题词、关键词	关键词：地质构造
摘 要	b、abstract、abstracts、概、摘要、概要、概述、简述、文摘	摘要：地应力

5.3.2.2 中国期刊全文数据库

1. 数据库介绍

CNKI（China National Knowledge Infrastructure，中国知识基础设施工程），其概念由世界银行在 1998 年提出，是以实现全社会知识资源传播共享与增值利用为目标的信息化建设项目。CNKI 由清华大学、清华同方发起，始建于 1999 年 6 月。CNKI 产品已经走过了 10 多年的发展历程，从光盘版、网络版到至今的 CNKI 系列数据库产品，无论是从资源形态还是资源传播、获取手段都发生了很大转变。随着资源量的不断增长和资源加工的不断细化，CNKI 自行研发的知识网络服务系统，即 KNS 版本也不断升级，使 CNKI 系列数据库产品的功能也不断增强。

《中国期刊全文数据库》（China Journal Full-text Database），曾用名《中国学术期刊全文数据库》，简称 CJFD，主要收录国内 9 072 种重要的综合期刊与专业特色期刊在 1994 年及以后发表的文献全文，以学术、技术、政策指导、高等科普及教育类为主，同时收录部分基础教育、大众科普、大众文化和文艺作品类刊物，内容覆盖自然科学、工程技术、农业、哲学、医学、人文社会科学等各个领域，其中核心期刊 1 958 种。截至 2009 年 8 月，累积期刊全文文献 3 175 余万篇。

数据库所收录的文献覆盖了现有的所有学科，包括自然科学、工程技术、信息科学、农业、医学、社会科学等。以学科分类为基础，兼顾用户对文献的使用习惯，将数据库中的文献分为 10 个专辑：理工 A、理工 B、理工 C、农业、医药卫生、文史哲、政治军事与法律、教育与社会科学综合、电子技术与信息科学、经济与管理，每个专辑下分为若干个专题，共计 168 个专题和近 4 000 个子栏目。数据更新实现每日更新，CNKI 中心网站及数据库交换服务中心每日更新 5 000～7 000 篇，各镜像站点通过互联网或卫星传送数据可实现每日更新，专辑光盘每月更新，专题光盘年度更新。

2. 数据库使用

（1）登录方式。输入网址：http://lib.xcc.sc.cn/，进入西昌学院图书馆数字化学术信息资源利用平台，在平台主页中的“数字资源”栏下点击“CNKI 中国知网”，选择“远程访问”进入 CNKI 系列数据库首页；也可以直接使用地址 http://dlib.cnki.net/kns50/登录首页。系统登录采用机构用户的 IP 登录方式，用户只要是在系统允许的 IP 地址范围——图书馆局域网内，即可登录使用数据库。在 CNKI 系列数据库首页中，用户可以使用页面右上方的“跨库检索首页”选择数据库后实施跨库检索；也可以点击页面上的数据库名称进入《中国期刊全文数据库》检索页面进行单库检索。

（2）单库检索。单库检索是指用户只选择 CNKI 某一数据库所进行的检索及其后续的相关操作。在进行数据库检索前，用户需要根据检索需求确定检索目标，然后选择数据库。当检索的目标明确为特定的文献类型，如查找某学科领域某研究发展方向的论文综述，或查找某位作者发表的文章，可以选择单库检索《中国期刊全文数据库》。

单库检索的流程图如图 5.1 所示。

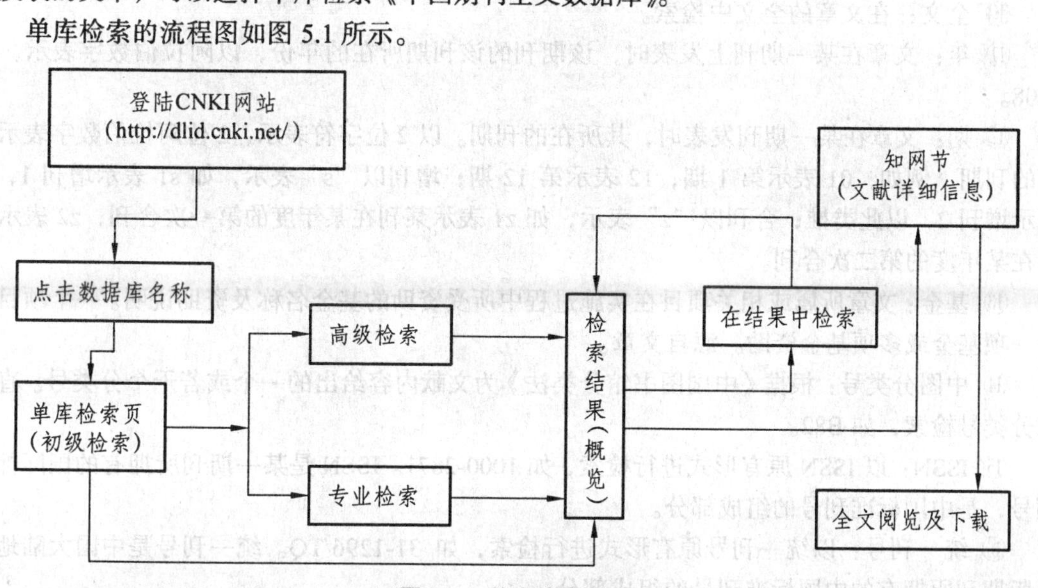

图 5.1 单库检索流程

在单库检索中，系统提供了三种基本检索方式：初级检索、高级检索、专业检索，这些检索方式的检索功能有所差异，基本上遵循向下兼容原则，即高级检索中包含初级检索的全部功能，专业检索中包括高级检索的全部功能。各种检索方式所支持的检索操作均需通过以下几部分实现：检索字段、检索控制、检索词。

（3）检索字段。《中国期刊全文数据库》设有 16 个检索字段，包括主题、篇名、关键词、摘要、作者、第一作者、作者单位、刊名、参考文献、全文、年、期、基金、中图分类号、ISSN、统一刊号。这些不同的检索字段有不同的检索功能和价值，可满足不同的检索需求。

① 主题：属于复合检索字段，由篇名、关键词、摘要三个检索字段组合而成。在以下范围中检索：中英文篇名、中英文关键词、机标关键词、中英文摘要。

② 篇名：篇名是数据库中收录期刊中文章的题名。在以下范围中检索：中文篇名、英文篇名。

③ 关键词：揭示文献内容主题、不受规范词表控制的一个或多个语词。分两类：一类是由作者根据规则提供，编排于文章中的特定位置；另一类是由系统根据一定的运算规则从文章内容中自动提取的，称机标关键词。在以下范围中检索：中文关键词、英文关键词、机标关键词。

④ 摘要：在以下范围中检索，中文摘要、英文摘要。

⑤ 作者：在以下范围中检索，作者中文名、作者汉语拼音名、作者英文名。

⑥ 第一作者：第一作者是指文章发表时，多个作者中排列于首位的作者。

⑦ 作者单位：作者单位是指文章发表时，作者所任职的机构，照录在文章中规定位置出现的机构名称。

⑧ 刊名：在以下范围检索，中文刊名和英文刊名。英文刊名中包括中文期刊的英文名称和英文期刊的名称。所有名称照录纸本期刊出版时所用名称形式。

⑨ 参考文献：在文章后所列“参考文献”中综合检索，而不是按条目、题名、作者分别检索。

⑩ 全文：在文章的全文中检索。

⑪ 年：文章在某一期刊上发表时，该期刊的该刊期所在的年份，以阿拉伯数字表示，如2008。

⑫ 期：文章在某一期刊发表时，其所在的刊期。以 2 位字符表示，2 位阿拉伯数字表示规则的刊期，例如，01 表示第 1 期，12 表示第 12 期；增刊以“s”表示，如 s1 表示增刊 1，s2 表示增刊 2，以此类推；合刊以“z”表示，如 z1 表示某刊在某年度的第一次合刊，z2 表示某刊在某年度的第二次合刊。

⑬ 基金：文章所属或相关项目在实施过程中所受资助的基金名称及资助说明。一个项目可受一项基金或多项基金资助。源自文章。

⑭ 中图分类号：根据《中国图书馆分类法》为文献内容给出的一个或若干个分类号。直接以分类号检索，如 B82。

⑮ ISSN：以 ISSN 原有形式进行检索，如 1000-2871。ISSN 是某一期刊所拥有的国际标准刊号，是中国标准刊号的组成部分。

⑯ 统一刊号：以统一刊号原有形式进行检索，如 31-1296/TQ。统一刊号是中国大陆地区出版期刊所拥有的中国标准刊号的组成部分。

（4）检索控制。《中国期刊全文数据库》检索提供 13 个检索控制项：逻辑检索行、逻辑组合、词频、最近词、词扩展、词间关系、起止年份、数据更新、期刊范围、匹配、排序、每页、中英文扩展。

① 逻辑检索行：为进行多个检索字段间的逻辑组合检索而设置的字词输入框。点击“+”增加一逻辑检索行，点击“-”减少一逻辑检索行。

② 逻辑组合：当选择多个检索字段，并在相应项内输入检索词时，可选择它们之间的逻辑关系进行组合检索。系统提供三种关系组合：逻辑与（并且）、逻辑或（或者）、逻辑非（不包含）。“并且”、“或者”、“不包含”的优先级相同，即按先后顺序进行组合。

三种逻辑组合所表示的含义如表 5.4 所示。

表 5.4 逻辑组合所表示的含义

逻辑关系	表示	示 例	含 义
逻辑与	并且	A 并且 B	包含 A 和 B
逻辑或	或者	A 或者 B	包含 A 或者包含 B
逻辑非	不包含	A 不包含 B	包含 A 排除 B

③ 词频：指检索词在相应检索字段内容中出现的次数，可从下拉列表中选择。词频为空，表示至少出现 1 次，如果为数字，例如 3，则表示至少出现 3 次，以此类推。不是所有检索字段都有必要支持词频控制。系统已采取以下方式控制词频适用检索字段：适用词频控制则词频项显白（可选）；否则显灰（不可选）。

④ 最近词：系统记录本次登录最近输入并进行检索操作过的 10 个检索词。当进行了多次检索操作而又未能得出最满意的检索结果时，可点击“词频”右侧图标，在弹出窗口所列出的检索词中选择，点击所需要的检索词，则该检索词自动进入检索框中。

⑤ 词扩展：基于概念关系词典相关语义场运算技术获得的与输入词相关的扩展词列表。点击“扩展”下方图标，将弹出一个窗口，显示以输入词为中心的相关词。相关词可以三种方式自动增加检索词或替代原输入词：单词自动增加、多词自动增加、相关词取代原输入词。单个词自动增加到检索框 ——在弹出窗口中，勾选一个相关词前的选择框，再点击“确定”按钮，则该相关词自动以“逻辑与”的关系增加到检索框中；多个词自动增加到检索框 ——在弹出窗口中，勾选多个相关词前的选择框，再点击“确定”按钮，则该多个相关词之间以“逻辑或”的关系增加到检索框中；相关词取代原输入词 ——在弹出窗口中，点击所需要的相关词，则该相关词自动进入检索框并取代原先的输入词。

⑥ 关系：指同一检索字段中两个检索词的词间关系，适用于单项双词检索功能。可选择“或者”、“不包含”、“并且”逻辑运算以及“同句”、“同段”等 5 种关系。“同句”指两个标点符号之间，“同段”指 5 句之内。利用这些关系可达到精确检索的目的。比如，在期刊库中要查找关于中国经济与世界经济相互关系的文章，就可以利用“同句”关系联结题名项中的两个检索词，以检索题名中的一句话中同时包含“中国经济”和“世界经济”的文章。

⑦ 年份：单个数据库中文献网络出版的起止年份。不同数据库由于所收录文献的不同，从而各数据库的起始年份不同。可分别打开下拉列表中的年份，移动鼠标选择起始年和截至年对检索字段进行限制。

⑧ 更新：以一定时间范围为条件，提供既定时间范围内网络出版的文献数据。选择其中一项，即可限定输出在操作之时，一定时间范围内符合检索字段检索词的文献数据。选项如下：全部数据 ——数据库现有全部数据；最近一周 ——最近一周入库数据；最近一月 ——最近一月入库数据；最近三月 ——最近三个月入库的数据；最近半年 ——最近半年入库的数据。

⑨ 范围：提供期刊库所收录的期刊中，被其他文献检索工具所收录的期刊分类项。包括：全部期刊 ——库中收录的全部期刊；EI 来源期刊 ——库中收录的期刊中被 EI（The Engineering Index，工程索引）收录的期刊；SCI 来源期刊 ——库中收录的期刊中被 SCI（Science Citation Index，科学引文索引）收录的期刊；核心期刊 ——库中收录的期刊中被《中文核心期刊要目总览》收录的期刊。

⑩ 匹配：提供检索字段内容与检索词的匹配选择。目前提供精确与模糊两种选择。精确

——检索结果完全等同或包含与检索字/词完全相同的词语；模糊 ——检索结果包含检索字/词或检索词中的词素。由于各库中的检索字段分别采用了字索引技术和词索引技术，因此在匹配模式中的“精确”、“模糊”含义有区别。具体情况见表 5.5。

表 5.5 各数据库中匹配模式含义

数据库名称	中国期刊全文数据库	中国优秀博硕士学位论文全文数据库	中国重要会议论文全文数据库	中国重要报纸全文数据库	检索结果	
					精确	模糊
字索引检索字段	作者、机构、中英文刊名、基金、第一责任人	作者、作者单位、导师、第一导师、导师单位、网络出版投稿人、学科专业名称、学位授予单位、基金	论文作者、第一责任人、单位、中英文会议名称、中英文会议录名称、基金、主办单位、学会名称、主编、编者、出版单位、会议地点	作者、第一责任人、报纸中文名、栏目	完整包含检索词	包含检索字/词
词索引检索字段	主题、题名、关键词、摘要、引文、全文	主题、题名、关键词、摘要、中英文目录、引文、全文	主题、题名、关键词、摘要、引文、全文	主题、题名、机标关键词、全文	完整包含检索词	包含检索词及其词素
数值检索字段（时间/日期/号码）	年、期、ISSN、CN、分类号	学位授予单位代码、学位年度、论文级别、分类号、论文提交日期、网络出版投稿时间	年、期、ISSN、CN、ISBN、分类号	版号、CN、日期	完整包含检索字/词	包含检索字/词

⑪ 排序：指检索结果输出时的顺序。系统提供下列排序选择：时间 ——按文献入库时间逆序输出；无 ——按文献入库时间顺序输出；相关度 ——按词频、位置的相关程度从高到低顺序输出。

⑫ 每页：检索结果页面所要显示的记录条数，提供 5 种值供选择：10、20、30、40、50。

⑬ 中英文扩展：中英文扩展是由所输入的中文检索词，自动扩展检索相应检索字段中英文语词的一项检索控制功能。前提条件是该检索字段中同时以中英文两种文字形式提供内容。仅在选择“匹配”中的“精确”时，“中英文扩展”功能才可使用。

3. 检索导航

检索导航是设于数据库检索页面的导航系统，作为依据各种文献特征组织文献的一种方法，检索导航引导用户通过这些文献特征浏览数据库中的相关文献及其信息。《中国期刊全文数据库》等各源数据库均采用相同的检索导航，以 CNKI 专辑分类系统主表设立导航类目，其主要作用是辅助检索，控制检索的学科内容。检索导航是为用户检索学科专业文献而设置的检索控制措施，设于数据库检索页和跨库各级检索页的左侧。

检索导航用途有三：一是控制检索范围；二是导出相应类目文献；三是查看导出文献题录及其知网节。检索导航主要是为控制检索范围而设，同时也为不熟悉检索技术的用户提供了从主题类目检索浏览文献的方式。

（1）控制检索范围：通过选择导航范围对右页面的检索进行范围控制。点击“全选”可一次性选择全部导航类目；点击“清除”可一次性清除全部所选导航类目；勾选类目前的选择框可限制在一个类或多个类中进行检索。

（2）导出相应类目文献：提供两种方式导出相关文献供浏览。导出末级类下文献 ——层层点击类目名称，可层层展开显示各层类目名称和类级，并直接导出末级类目下的全部文献；导出当前类下文献 ——点击类目后的图标，可直接导出该类目下的全部文献。

（3）导出文献后，点击页面篇名，则可查看当前篇名的详细内容和该篇文献的相关文献链接 ——知网节。如果是正式用户，在正确登录后，可下载 CNKI 格式全文和 PDF 格式全文。

也可以从跨库检索页面左侧的“内容分类导航”进入专辑导航，从根据 CNKI 专辑分类系统设置的 10 个专辑 168 个专题，根据自己的需要逐层点开各层类目，直到进入末级类目下的文献列表。

4. 期刊库导航

期刊库导航是根据《中国期刊全文数据库》所收录的期刊特点分别设置的各种导航的总称，包括期刊导航、基金导航、作者单位导航等导航系统。用户可以从 CNKI 网络资源平台进入期刊库导航，也可以从跨库检索页进入。

（1）期刊导航：根据《中国期刊全文数据库》所收录期刊名称而建立的期刊文献导航。根据期刊的文献特征设置以下导航：专辑导航、数据库刊源、刊期、地区、主办单位、发行系统、期刊荣誉榜、世纪期刊、核心期刊、首字母导航。

（2）基金导航：基金导航是根据期刊论文所受资助基金项目名称建立的文献导航系统。用户可以按照国外及国际基金、国家基金进行查找，也可以按照更为详细的部委基金、地方基金、高校基金、科研院所基金以及军队基金、企业基金和其他基金来进行检索。

（3）作者单位导航：根据期刊论文发表时作者所在机构名称导航。导航系统提供按照机构所在地域行政区划的导航，也提供按照机构所在类别（包括高等院校、科研院所、政府机关、医院）的机构导航，另外还有按照机构名称进行检索的功能。

（4）内容分类导航：与检索导航中的专辑导航相同，按照 CNKI 专辑分类系统设置的 10 个专辑 168 个专题，根据自己的需要逐层点开各层类目，直到进入末级类目下的文献列表。

5. 检索方式

CNKI 各系列数据库设定三种基本检索方式：初级检索、高级检索、专业检索。各种检索方式间遵循向下兼容原则，即高级检索兼有初级检索的功能，专业检索兼有高级检索的功能。同时，检索方式又随操作的复杂性检索功能随之递增，即高级检索方式的使用复杂性要高于初级检索方式，而其所拥有的检索功能也比初级检索拥有的检索功能更强。高级检索的功能多于初级检索，专业检索的功能又多于高级检索。在各单库的各种检索页面中，系统提供的默认条件基本一致，即默认检索字段为“主题”，范围为“全部期刊”，匹配为“模糊”，检索导航为“全选”导航类目。

（1）快速检索。

快速检索是系统提供的一种便捷功能。在检索页面上用户只需要在检索页面点击“检索”按钮，就可检索出当前数据库中的全部文献数据。快速检索有助于用户快速了解数据库文献收录情况，以便判断该数据库能否满足检索需求。

（2）初级检索。

初级检索具有多种功能：简单检索、逻辑组合检索、词频控制、最近词、词扩展等。这里的“简单检索”是指最少只需两次操作就可完成的检索，用户输入一个检索词，点击“检索”按钮就可获得系统默认条件下的检索结果；“逻辑组合检索”可选择多个检索字段，通过点击“逻辑”下方的“+”增加一逻辑检索行，并为每个检索字段输入一个检索词；每一检索字段之间可使用并且（逻辑与）、或者（逻辑或）、不包含（逻辑非）进行各项检索词的组合。

初级检索实例：

检索有关“农业科学”2008 年期刊的全部文献。操作步骤如下：选择“《中国期刊全文数据库》”进入期刊库检索页并打开检索字段列表，选择检索字段“主题”、输入检索词“农业科学”，选择检索控制项为从“2008”到“2008”、“更新”中的“全部数据”、“范围”中的“全部期刊”、“匹配”中的“精确”、“排序”中的“相关度”、“每页”中的“50”，在“专辑导航”中点击“全选”，最后点击“检索”即得到检索结果。

（3）高级检索。

高级检索提供检索字段之间的逻辑组合、检索词之间逻辑组合和段句组合，并提供多种检索控制功能的多条件联结检索。与初级检索相比，高级检索的操作要复杂一些，控制功能更为强大。譬如，一个检索字段中可分别输入两个词，两词可分别接受 5 种词间关系控制和词频控制，可分别选用不同的词扩展表。高级检索全面支持初级检索的简单检索、逻辑组合检索等功能。

高级检索提供用户选择使用“单项双词组合检索”、“双词频控制检索”功能。单项双词组合检索 ——单项是指选择一个检索字段，双词是指针对所选定的一个检索字段可分别（两个输入框）输入两个检索词，组合是指这两个检索词之间可进行五种（并且、或者、不包含、同句、同段）组合；双词频控制检索 ——是针对单项双词组合检索而设置的，指对一个检索字段中的两检索词分别实行词频控制，即一个检索字段使用了两次词频控制。注意《中国期刊全文数据库》中的“年、期、ISSN、统一刊号”4 项检索字段不支持单项双词组合检索。

高级检索实例：

要求检索 2008 年发表的篇名中包含“农业科学”，不要篇名中包含“进展”、“综述”、“述评”的期刊文章。操作步骤如下：进入“高级检索”并在专辑导航中点“全选”；使用三行逻辑检索行，每行选择检索字段“篇名”，输入检索词“农业科学”；选择“关系”下的“不包含”；在三行中的第二检索词框中分别输入“进展”、“综述”、“述评”；选择三行的项间逻辑关系（检索字段之间的逻辑关系）“并且”；选择检索控制条件为从 2008 到 2008；点击检索。

（4）专业检索。

与初高级检索不同的是，专业检索将使用数据库的所有检索字段，采用系统所提供的检索语法，将各种检索条件构造成检索表达式，并将其直接输入到检索框中进行检索。专业检索提供以下组合功能：逻辑组合、距离匹配（字距、词距、同句、同段）、包含匹配、模糊匹配、前方一致、后方一致、词频控制、数值匹配。由于各个数据库文献特征及数据库字段定义上的差异，它们的检索字段及功能会有所不同。因此，在不同数据库所采用的检索语法及控制手段基本相同的前提下，各数据库的专业检索执行各自的检索语法表。

① 专业检索字段。

专业检索字段的选择根据专业检索框上方的“可检索字段”。用户在构造检索式时，要求采用“( )”前的检索字段名称，而不要用“( )”括起来的名称。“( )”内的名称是在初级检索、高级检索的下拉检索框中出现的检索字段名称。

② 专业检索功能。

专业检索具有比高级检索更多的功能：前方一致检索、字距/词距检索、序位检索等，需要检索人员根据系统的检索语法编制检索式进行检索，适用于熟练掌握检索技术的专业检索人员。前方一致检索 ——也称之为后截断检索，适用于数值索引的检索字段，是指在某一检索字段内容中，检索前方与检索字/词完全一致的文献；字距检索 ——适用于采用词索引的检索字段以外的所有检索字段，是指在一个检索字段中可检索两个字或字符之间相隔一定距离的文献；词距检索——适用于采用词索引的检索字段，是指在一个检索字段中可检索两个词之间相隔一定词距的文献；序位检索——是指当一个检索字段中存在多个元素或值时，可指定检索位于一定序列上的元素或值，包括序位精确检索、序位模糊检索。其中“精确”、“模糊”的定义同“检索控制项”中的“匹配”。

③ 专业检索逻辑运算符。

检索字段的检索表达式使用“and”、“or”、“not”进行组合，三种逻辑运算符的优先级相同，如要改变组合的顺序，需要使用英文半角圆括号“( )”将条件括起。

④ 专业检索符号。

由于检索表达式对符号的使用有严格的要求，因此用户在构造专业检索式时，需要使用一些专业检索符号，包括：字符——所有符号和英文字母（包括操作符），都必须使用英文半角字符，按真实字符（不按字节）计算字符数，即一个全角字符、一个半角字符均算一个字符；逻辑关系符号——逻辑关系符号“and”、“or”、“not”前后要空一个字节；同句、同段、词频——使用“同句”、“同段”、“词频”时，需要用一组西文单引号将多个检索词及其运算符括起，如：'流体 # 力学'，这里的运算符前后需要空一个字节。

⑤ 专业检索实例。

a. 逻辑组合。要求在《中国期刊全文数据库》中检索钱伟长在清华大学以外的机构工作期间所发表的，题名中包含“流体”、“力学”文章。操作步骤如下：选择进入《中国期刊全文数据库》并选择页面上方的专业检索，在专辑导航中点“全选”；在检索框中输入检索式为题名='流体 # 力学' and（作者=钱伟长 not 机构=清华大学）；选择检索控制条件为从 1911-1979 到 2009，点击“检索”。

b. 前方一致检索。要求检索期刊库中 2008 年中国图书馆分类号 H217 类下的全部文献。操作步骤如下：在检索框中输入检索式，检索式为 分类号=‘H217?’；选择年份为 2008 到 2008；点击“检索”得到检索结果。

c. 字距检索。要求检索 2007 年核心期刊上发表的文章中论述伦理学及其下属各学科与其他学科的关系的文章。操作步骤如下：在检索框中输入检索式 分类号=' B82*-05'；选择年份为 2007 到 2007；选择“范围”为核心期刊；点击“检索”得到检索结果。此例用中图分类号检索，而且数值索引的检索字段，其表达式需要用英文单引号括起。

d. 序位检索。要求检索“吴良镛”为第 2 位作者的期刊文章。使用检索式：作者='吴良镛 /SUB 2'，即可。

e. 词距检索——同句。要求在摘要的一句中检索顺序包含“遗传学”、“农业”，并且间隔小于 2 个词的期刊文章。使用检索式：摘要=‘遗传学 /PREV 2 农业’，即可。

f. 词距检索——同段。要求查找王维的一首诗，诗中包含“晚来秋、清泉石上流”，查找全诗及诗名。进入期刊库专业检索页面后在检索框中输入检索式 全文='晚来秋 /SEN 2 清泉石上流'，点击“检索”；从检索结果中选定一篇文章并打开，浏览全文即可从检索结果中找到该诗全文及诗名，诗名为“山居秋暝”。

（5）二次检索。

二次检索又称为在结果中检索，是在当前检索结果内进行的检索，主要作用是进一步精选文献。当检索结果太多，想从中精选出一部分时，可使用二次检索。二次检索这一功能设在实施检索后的检索结果页面。

二次检索实例：要求检索 2008 年有关水利工程的期刊文章。第一次检索：选择《中国期刊全文数据库》，打开高级检索页面；选择检索字段“主题”，在“篇名、摘要、关键词”中检索；输入检索词“水利工程”；选择从“2008”到“2008”；选择“匹配”中的“精确”；选择“排序”中的“相关度”；选择“每页”中的“50”；点击“检索”。在获得检索结果为 2 841 条以后，判断检索结果太多，需要在检索结果当前页面选择“在结果中检索”，即为二次检索：选择检索字段“篇名”；勾选“在结果中检索”；点击“检索”后获得二次检索结果为 930 篇文章。

（6）相似词检索。

相似词，是通过对系统中文献全文的详细分析得到的，可帮助用户发现、使用新检索词，以检索到更多的、更合适的文献。相似词在输入检索词、执行检索后才显示，位于检索结果页面的右下侧。点击其中的一个相似词，则系统将自动执行相应数据库中的关键词检索，并直接反馈检索结果。

检索结果出来后，点击题名可进入该篇文献的“知网节”；点击文章前的磁盘图标，可在此下载全文，也可勾选篇名，点击“存盘”保存各篇文献的题录信息；如果希望一次性检索若干个数据库，可使用“跨库检索”。

5.3.2.3 中文科技期刊数据库

1. 数据库介绍

《中文科技期刊数据库》是重庆维普资讯有限公司的主导产品，源于重庆维普资讯有限公司 1989 年创建的《中文科技期刊篇名数据库》，是经国家新闻出版总署批准出版的大型连续电子出版物，以光盘和网络等方式为社会提供文献信息服务。《中文科技期刊数据库》收录中文期刊 12 000 余种，全文 2 300 余万篇，引文 3 000 余万条，分三个版本（全文版、文摘版、引文版）和 8 个专辑（社会科学、自然科学、工程技术、农业科学、医药卫生、经济管理、教育科学、图书情报）定期出版。

2. 数据库使用

（1）登录方式。输入网址：http://lib.xcc.sc.cn/，进入西昌学院图书馆数字化学术信息资源利用平台，在平台主页中的“数字资源”栏下点击“维普中文期刊”，选择“远程访问”进入维普资讯网首页。数据库系统登录采用 IP 登录的网上包库模式，用户只要是在系统允许的 IP 地址范围——图书馆局域网内，即可登录使用数据库。在维普资讯网首页，用户可以选择点击页面顶端的快速检索入口实现简单检索，也可以点击快速检索入口右方的“高级检索”按钮进入数据库系统的高级检索页面，当用户点击高级检索按钮上方的“维普专业检索”后可以顺利进入《中文科技期刊数据库》检索页面检索。当然也可以直接使用网络地址 http://www.cqvip.com/ 进入维普资讯网首页，利用网络地址 http://oldweb.cqvip.com/登录中文科技期刊数据库系统。

（2）期刊导航。在《中文科技期刊数据库》首页点击“期刊导航”，或者在维普资讯网的网站首页点击“期刊大全”，进入期刊导航页面。在维普期刊导航里，可以按照期刊名、ISSN 进行期刊检索；可以按照 5 个大类（医药卫生、工业技术、自然科学、农业科学、社会科学）进行分类检索；可以按照刊名首字母进行字母检索；可以按学科分类导航快速查找某一学科下的所有期刊；最后系统提供了国外数据库收录导航功能，可以查找被国外 20 余种著名期刊数据库收录的期刊。

点击“维普期刊评价”按钮，进入期刊评价页面（http://www.cqvip.com/qikanpj/qkpj.asp）。在期刊评价栏目里，可以查看到期刊的统计评价（发文量、被引次数、平均被引率、影响因子、半衰期等），帮助确定期刊质量及引用关联。期刊评价指标是按照“年”来统计的，所以在查看指标之前先选择年份，然后选择学科或者地区进行指标查看。也可以在选定年份后直接检索目标期刊进行指标查看。期刊评价报告按年代提供指标查看列表：指标查看列表——可查看到期刊名、被引次数、影响因子、立即指数、发文量、被引半衰期、平均引文率、期刊他引率等信息，并可以点击进行重新排序；单个期刊的指标查看——查看单个期刊的被引次数、影响因子、立即指数、发文量、被引半衰期及其计算公式，还能查看统计当年引用期刊和被引期刊的情况。其中的各项指标为：

① 影响因子。指该期刊近两年文献的平均被引用率，即该期刊前两年发表的论文在评价当年每篇论文被引用的平均次数。

② 立即指数。表征期刊即时反应速率的指标，即该期刊在评价当年发表的论文，每篇被引用的平均次数。

③ 被引半衰期。衡量期刊老化速度快慢的一种指标，指某一期刊论文在某年被引用的全部次数中，较新的一半被引论文发表的时间跨度。

④ 期刊他引率。期刊被他刊引用的次数占该刊总被引次数的比例，用以测度某期刊学术交流的广度、专业面的宽窄以及学科的交叉程度。

⑤ 引用半衰期。指某种期刊在某年中所引用的全部参考文献中较新的一半是在最近多少年时段内发表的。

⑥ 平均引文率。在给定的时间内，期刊篇均参考文献量，用以测度期刊的平均引文水平，考察期刊吸收信息的能力以及科学交流程度的高低。

（3）快速检索。快速检索入口位于维普资讯网首页页面顶端，快速检索的表达式输入类似于 google 等搜索引擎，直接在搜索栏中输入检索词，点击“检索”按钮即实现简单实用的快速检索。多个检索词之间用空格或者“*”代表“与”，“+”代表“或”，“-”代表“非”。快速检索字段包括：题名或关键词、题名、关键词、文摘、作者、机构、刊名、分类号、参考文献、作者简介、基金资助、栏目信息、任意字段。检索控制条件包括：“范围”中的“全部期刊、重要期刊、核心期刊”三种选择，“年限”中的起止年限选择，检索结果每页显示条数可选择“20、30、60”。检索时根据需要选择检索字段（字段）外，可以利用检索控制条件进行检索，以提高检索准确性。执行检索后，在显示结果页面有一个检索条件输入框，允许在检索结果中直接进行二次检索。点选“在结果中检索”并点击“检索”按钮，即可按照新的检索词在原有检索结果中进行检索。也可选择“在结果中添加”、“在结果中去除”进行方式多样的二次检索。

在检索时，如果检索词中带有括号或逻辑运算符*、+、-、( )、《》等特殊字符，必须在该检索词上用双引号括起来，以免与检索逻辑规则冲突。双引号外的* + -，系统会将其当成逻辑运算符（与、或、非）进行检索。例如：要在标题字段检索 C++，输入检索词的方式如下：“C++”。

在检索结果所列出的符合当前检索条件的文章列表中，点击篇名后，将显示该篇目的详细内容，包括标题、作者、刊名、年期、文摘、关键词、全文链接、参考文献、被引次数、耦合文献以及相关文章等信息。点击作者，系统自动检索数据库中同一作者的所有相关文章；点击刊名，显示该期刊同一年期的篇名目录；点击“阅读全文”或者“下载全文”，即可下载浏览全文。

（4）传统检索。用户登录维普资讯网首页，点击“维普专业检索”进入《中文科技期刊数据库》检索页，再点击“传统检索”，即可进入传统检索页面。传统检索字段包括：题名或关键词、题名、关键词、文摘、作者、第一作者、机构、刊名、分类号、任意字段，用户可根据自己的实际需求选择检索字段、输入检索式进行检索。检索控制条件包括：“期刊范围”中的“全部期刊、重要期刊、核心期刊”三种选择，“年限”中可选的1989年至今的数据收录年限选项，用户可以根据检索需要来设定合适的范围以获得更加精准的数据；也可以使用“同义词”功能，勾选页面左上角的同义词，输入检索词，系统可以找到与该词同义或近似的词，获得更多更全的检索结果；同样勾选页面左上角的“同名作者”也可以检索并列出与输入的作者姓名同名的作者单位列表，方便进一步查找准确的信息。

此外一种更为有力的检索控制条件是位于传统检索页面左侧的“分类导航”和“专辑导航”，《中文科技期刊数据库》利用这两项导航功能可以方便地实现指定范围内的检索，提高查准率和查询速度。其中“分类导航”系统是参考《中国图书馆分类法》进行分类，“专辑导航”系统则是按照8个专辑（社会科学、经济管理、教育科学、图书情报、自然科学、农业科学、医药卫生、工程技术）排列，每一个学科分类或专辑都可以按树形结构展开，便于用户利用导航系统缩小检索范围，提高检索效率。

传统检索方式中的“任意字段”检索字段中，可以按布尔运算的规则书写复合检索式，采取输入检索式方式进行检索，10个检索字段（字段）名前的英文字母为检索途径代码，可用来构筑检索式。这些代码可直接加在检索标识前进行相应的字段限定，如“K=线粒体”表示在关键词字段中检索“线粒体”。这些检索字段（字段）代码可在下述高级检索的检索字段代码对照表中查出。

如果用户一次检索的检索结果过于宽泛，许多数据是不需要的，则说明检索条件限制过宽，这时就可以考虑采用二次检索。传统检索的二次检索是在一次检索的检索结果中运用“与、或、非”进行再限制检索，其目的是缩小检索范围，最终得到期望的检索结果。二次检索可以多次应用，以实现复杂检索。例如，输入检索式（CAD+CAM）*雷达，检出结果等同于用CAD检索后，再用CAM和“或”关系进行二次检索，再次用“雷达”和“与”关系作二次检索，共三步的检索结果。

点击传统检索页面左下角的“分类检索”，可进入分类检索页面。分类检索适用于学科特征明确的用户。使用分类检索可以在检索前限制搜索结果的学科类别，即用户在搜索前可以对文章所属学科进行限制，其后进行的检索以及得到的检索结果都在限制的学科范围之内。检索页面中左侧“分类表”中各个分类大项前的加号可以点击展开，用户可以根据检索需要，勾取所需要的分类，点击两表之间的添加按钮，即可将限制分类选取在右侧的“所选分类”之中。此时用户选择检索字段、检索结果年限控制条件，输入关键词就可进行在选定限制分类范围内的检索，得到检索结果页面。

（5）高级检索。用户登录维普资讯网首页，点击“维普专业检索”进入《中文科技期刊数据库》检索页，再点击“高级检索”，即可进入传统检索页面。高级检索提供了两种方式供读者选择使用：向导式检索和直接输入检索式检索。

① 向导式检索为用户提供分栏式检索词输入方法，其检索界面清新、容易操作，用户能够进行功能更强、灵活度更大的检索。根据检索界面的文字提示，除可选择3种逻辑运算、13项检索字段、2种匹配度外，还可以进行相应检索字段对应的扩展信息的检索限定，最大限度地提高检准率。向导式检索的检索控制条件还包括点击“扩展检索条件”中的各项控制条件，以进一步减小搜索范围，获得更符合需求的检索结果。扩展检索条件中包括：时间条件——收录时间、更新时间选择，专业限制——社会科学、经济管理、教育科学、图书情报、自然科学、农业科学、医药卫生、工程技术共8个专辑范围内选择，期刊范围——核心期刊、全部期刊、EI来源期刊、SCI来源期刊、CA来源期刊、CSCD来源期刊、CSSCI来源期刊。

向导式检索执行的优先顺序严格按照由上到下的顺序进行，用户在检索时可根据检索需求进行检索字段的选择。

向导式检索逻辑运算符见表 5.6。

表 5.6 向导式检索逻辑运算符

逻辑运算符	*	+	-
逻辑运算符含义	并且、与、and	或者、or	不包含、非、not

在检索表达式中，以上运算符不能作为检索词进行检索。如果检索需求中包含有以上逻辑运算符，需要用多字段或多检索词的限制条件来替换掉逻辑运算符号。例如，当要检索 C++时，可组织检索式（M=程序设计*K=面向对象）*K=C 来得到相关结果。

13 项检索字段的具体代码情况见表 5.7。

表 5.7 检索字段的代码

代码	检索字段	代码	检索字段	代码	检索字段
M	题名或关键词	T	题名	F	第一作者
R	文摘	A	作者	C	分类号
S	机构	J	刊名	L	栏目信息
Z	作者简介	I	基金资助		
U	任意字段	K	关键词		

在检索式输入框的右侧提供了关于“模糊”和“精确”两种匹配度检索方式的可选项，以便用户进行更精确的检索。只有在选定“关键词”、“刊名”、“作者”、“第一作者”和“分类号”这五个字段进行检索时，该功能才生效。系统默认“模糊”检索，用户可选“精确”。例如，检索字段选择“关键词”，然后输入“基因”一词，在“模糊”（默认）检索方式下，将查到关键词字段含有“基因结构”、“基因表达”、“癌基因”、“人类基因组计划”、“线粒体基因”等词的相关文献；而在“精确”的检索方式下，就只能查到含“基因”一词的相关文献。

向导式检索独具的扩展功能，可以让用户获取更多的信息，即在前面的输入框中输入需要查看的信息，再点击相对应的按钮，即可得到系统给出的提示信息。用户选择特定检索字段后，可查看对应于该检索字段的检索词表来返回检索词，如关键词对应的是同义词表，作者对应的是同名作者库信息表，分类号对应的是分类表，机构对应的是机构信息表，刊名对应的是期刊信息表。这里的“查看同义词”可以有效扩大搜索范围，选中该选项执行检索后，如果同义词表中有该检索词的同义词，系统就会显示出同义的关键词，让用户决定是否也用这些同义词检索，以扩大检索的范围。比如，用户输入“电脑”，点击查看同义词，系统会提示是否也将它的同义词“电子计算机”和“微电脑”等关键词选中作为检索条件；“查看同名/合著作者”能够让系统以列表形式显示不同单位同名作者，输入作者姓名并选中该选项，系统会在显示不同机构的同姓名作者的索引，用户挑选后选择想要的机构，点击“确定”即可检出该机构的该姓名作者的文章，这样可将检索结果的范围缩小到具体机构的作者，此时用户可以选择作者机构来限制同名作者范围（为了保证检索操作的正常进行，系统限制最多勾选数据不超过 5 个）；直接点击按钮“查看分类表”会弹出分类表页，方便进行分类检索操作；“查看相关机构”可列表显示以输入机构为主办（管）机构的所属期刊社（为了保证检索操作的正常进行，系统限制最多勾选数据不超过5个）；至于“期刊导航”主要用于查看期刊的刊名、刊期、核心期刊提示、ISSN、CN及期刊评价等信息。

② 直接输入检索式检索。在高级检索页面的下部列有能够直接输入检索式进行检索的检索途径选择，其检索界面简洁，运用灵活，用户可在检索框中直接输入由检索词和逻辑运算符、检索字段（字段）标识代码组成的检索式，点击“扩展检索条件”中的相关检索控制条件进行限制后，点击“检索”按钮即可。检索式输入有错时，系统会返回“查询表达式语法错误”的提示，看见此提示后只需要使用浏览器的“后退”按钮返回检索界面重新输入正确的检索表达式即可。此处的逻辑运算符、检索字段（字段）标识代码以及扩展检索条件与向导式检索一致。而检索优先级则规定无括号时逻辑与“*”优先，有括号时先括号内后括号外。而括号“( )”不能作为检索词进行检索。

高级检索实例一：要求系统查找关键词中含有“维普资讯”并且作者为杨新莉的文献。使用检索式：K=维普资讯*A=杨新莉。

高级检索实例二：要求系统查找文摘含有机械，并且关键词含有CAD或CAM、或者题名含有“雷达”，但关键词不包含“模具”的文献。使用检索式：（k=（CAD+CAM）+T=雷达）*R=机械-K=模具，此检索式也可以写为 （（K=（CAD+CAM）*R=机械）+（T=雷达*R=机械））-K=模具。或者（K=（CAD+CAM）*R=机械）+（T=雷达*R=机械）-K=模具。

5.3.2.4 读秀学术（期刊）搜索

1. 数据库使用

（1）登录方式。输入网址：http://lib.xcc.sc.cn/，进入西昌学院图书馆数字化学术信息资源利用平台，在平台主页中的“数字资源”栏下点击“读秀学术搜索”，选择“远程访问”进入读秀学术搜索平台。或者直接使用网络地址 http://www.duxiu.com/，也可登入读秀学术搜索系统。点击读秀搜索框上面的“期刊”标签，就能够展开读秀学术（期刊）搜索。

（2）简单检索。读秀期刊频道默认的搜索方式是简单检索，用户在搜索框中输入关键词，选择搜索框下方的检索字段：全部字段、标题、作者、刊名、关键词，然后点击“中文文献搜索”即可，检索系统将在海量的期刊数据资源中进行查找。如果用户希望获得外文资源，可点击“外文文献搜索”。

（3）高级检索。读秀期刊频道已经开通了高级检索功能，检索入口位于搜索框右侧，用户可以通过高级检索来更精确地查找期刊。高级检索页面中可以通过两个加减按钮来增加或删除一组条件框，最多提供5组条件框，各组条件框可自由选择5项检索字段（全部字段、标题、作者、刊名、关键词），条件框之间采用逻辑运算符（与、或、非）进行连接。高级检索还设置了检索结果的年度范围限定、搜索结果显示条数两项检索控制条件。

（4）二次检索。检索结果页面中，系统为用户提供了两种方式来缩小搜索范围：通过页面左侧的“年代、期刊、学科和核心期刊”聚类功能；通过上方的“在结果中搜索”。

（5）检索结果。用户可以在页面右上角选择“表格”，更改检索结果的浏览方式。在结果页面的右侧，系统提供检索结果的延展搜索线索，包括与检索词相关的工具书解释、人物、图书、报纸、论文、网页、视频等多维信息。在检索结果页面点击期刊论文题名，可进入期刊文献详细信息页面。检索系统将期刊文献的题名、作者、刊名、出版日期、期号以及获取全文链接、馆藏信息等详细信息一一罗列。用户点击“获取全文链接”里的三种方式（全文链接、文献传递、互助平台）即可获取该期刊文献。

2. 读秀期刊文献获取

读秀学术搜索能够有效地整合图书馆馆藏的自有电子期刊（包括中国期刊全文数据库、中文科技期刊数据库、万方数据以及 IEEE、EBSCO、NSTL 订购电子期刊、WorldSciNet、PAO、Springer Link Wiley InterScience、Elsevier、JSTOR）论文，与读秀知识库期刊论文进行对接，用户在对一个检索词进行检索的同时，即可获得该知识点来源于上述期刊论文的所有内容。

具体的期刊文献获取方式除了点击“全文链接”直接进入馆藏电子期刊数据库相关页面方便利用外，读秀系统还提供了“图书馆文献传递中心”和“文献互助”两种方式。

（1）图书馆文献传递。读秀参考咨询服务主要是为本校的教师、学生、研究人员以及其他工作人员免费提供图书、期刊论文等文献资源的电子原文，并解答用户在阅读过程中遇到的问题。获取读秀参考咨询服务的操作步骤：

① 登录咨询中心。在期刊文献详细信息页面中点击获取全文里的“图书馆文献传递中心”进入“图书馆参考咨询服务”页面，点击咨询表单进行填写。

② 填写咨询表单。点击“咨询类型”按钮，选择图书咨询、论文咨询或提问咨询表单进行填写，其中“论文咨询”指读者向服务中心提交与期刊论文主题相关的咨询，“图书咨询”指读者向服务中心提交与图书相关的咨询，“提问咨询”指读者向服务中心提交某个具体疑难问题，咨询馆员答疑解惑（注：凡是带*号的项目为必须填，另外 E-mail 邮箱必须使用有效信箱）。

③ 提交咨询表单。咨询表单填写完成后，输入“验证码”，点击“确认提交”按钮，完成咨询。

④ E-mail 回复咨询。咨询馆员收到参考咨询申请表单后，进行处理，将读者咨询的问题答案或所需资料传递到读者 E-mail 信箱中。

⑤ 获取所需信息。读者查看 E-mail 信箱，点击链接，获取所需信息或资料。

（2）文献互助。在文献资源详细信息页面，点击“文献互助”链接即可使用该服务。“文献互助”服务仅对注册用户开放，用户需要利用“注册读秀用户名”注册成为一个新的读秀用户。用户登录、输入 E-mail 之后，可以对标题和帖子内容进行修改，也能使用内容输入框上方的三个按钮（上传文件、插入网络图片、插入网络文件）上传文件或图片（每次单个文件大小不可超过 10 M），最后点击“提交”即可。

提交成功后，页面自动跳转出现文献互助平台页面，第一条即是用户刚发布的帖子，也可以在右上角的“我的主帖”和“我的回帖”里查看自己的发布记录。当有网友回复帖子后，用户就可以点击查看。在获取文献互助的同时，用户也可以为其他网友提供自己拥有的文献资源。进入页面的“已回复”帖子列表里，列出许多已有答案的文献，用户也可以在此浏览资源。

（3）其他事项。

① 使用“我的咨询”。进入“我的咨询”页面，用户在邮箱地址栏中输入咨询时填写的邮箱地址，点击提交，即可查看个人咨询的全部记录。如果输入信箱地址后系统没有显示咨询记录，则说明填写的信箱与提交参考咨询时填写的邮箱地址不同或填写错误，确认邮箱正确后，重新提交查看咨询记录。

② 无法阅读咨询结果。如果无法阅读咨询结果，可以查找是否有以下原因：用户第一次使用参考咨询服务，没有成功安装阅读插件（此时关闭所有浏览器窗口并根据页面提示安装阅读插件）；直接点击地址链接出错（用户可将链接地址完整地复制到浏览器的地址栏中打开该地

址）；数据服务器正处于调整中，少量数据不能正常使用（用户可在阅读有效期内的其他时间重新访问该链接）。

5.3.3 馆际期刊的利用

馆际期刊隶属于虚拟馆藏信息资源中广域网信息资源的馆际互借与文献传递系统资源，其资源除了读秀学术搜索配备的全国联合参考咨询与文献传递网外，CALIS 馆际互借与文献传递网（地址 http://gateway.cadlis.edu.cn/）、CASHL（中国高校人文社会科学文献中心，http://www.cashl.edu.cn/）能够从更为专业的角度开展馆际互借与文献传递工作，为用户提供文献传递服务。

5.3.3.1 CALIS 馆际互借与文献传递服务网

该服务网络是 CALIS 公共服务软件系统的重要组成部分，系统实现了与 CALIS 统一检索系统、CALIS 联合目录公共检索系统、CCC 西文期刊篇名目次数据库综合服务系统、CALIS 文科外刊检索系统、CALIS 资源调度系统的集成，用户直接通过网上提交馆际互借申请，并且可以实时查询申请处理情况。

CALIS 文献传递网由众多成员馆组成，包括利用 CALIS 馆际互借与文献传递应用软件提供馆际互借与文献传递的图书馆（简称服务馆）和从服务馆获取馆际互借与文献传递服务的图书馆（简称用户馆）。2006 年西昌学院图书馆与中国高等教育文献保障系统（CALIS）管理中心签署“CALIS 馆际互借/文献传递服务网文献传递用户馆协议书”后，成为 CALIS 文献传递网的正式用户馆。西昌学院图书馆读者皆可用文献传递的方式通过学院图书馆获取 CALIS 丰富的文献收藏。

对于期刊原文，CALIS 文献传递网服务内容主要以非返还式文献传递方式来提供。文献传递网能够提供网络内各服务馆收藏的众多纸质、电子期刊中的文献信息资料。一般只提供电子期刊数据库中的期刊文献，申请的纸质期刊文献也以数字化扫描后得到的电子期刊文献形式提供，满足学习研究所需。

图书馆用户提交文献传递申请的程序为：

读者通过图书馆总咨询台、电话、E-mail 等途径向图书馆馆际互借处提交申请，委托本馆馆际互借员进行馆际互借。读者在提交馆际互借请求前，应该先在本馆馆藏资源中检索，不能查检到所需馆藏时，再持借阅卡到总咨询台或远程提交馆际互借服务的申请。

在接到读者申请后，图书馆馆际互借员登录 CALIS 西南地区中心的馆际互借系统，将读者的申请提交到 CALIS 西南地区中心。收到文献传递申请的西南地区中心馆际互借员，将按程序进行文献查找、下载或复制，并在约定时间内将文献传递回图书馆。本馆馆际互借员接收到文献，按程序转发文献给读者。

5.3.3.2 CASHL（中国高校人文社会科学文献中心）

中国高校人文社会科学文献中心（China Academic Social Sciences and Humanities Library，CASHL，开世览文）是在教育部的统一领导下，组织若干所具有学科优势、文献资源优势和服务条件优势的高等学校图书馆，有计划、有系统地引进和收藏国外人文社会科学文献资源，采用集中式门户平台和分布式服务结合的方式，借助现代化的网络服务体系，为全国高校、哲学社会科学研究机构和工作者提供综合性文献信息服务。

CASHL 于 2004 年 3 月 15 日正式启动并开始提供服务。截至 2009 年 5 月，CASHL 高校人文社科外文期刊目次数据库收录的期刊种数有 9 148 种，核心期刊 3 219 种；目次数据总条数已达到 750 万条，数据回溯至 1984 年；外文原版图书 40 多万种；来自 JSTOR、PAO 等外国著名的人文社会科学数据库的 1 370 种电子期刊，最早始于 16 世纪；包括 EEBO、ECCO 等 26 万种国外早期外文图书，最早始于 1473 年[90]。CASHL 建成“高校人文社科外文期刊目次库”、“高校人文社科外文图书联合目录”等数据库，提供数据库检索和浏览、书刊馆际互借与原文传递、相关咨询服务等。任何一所高校，只要与 CASHL 签订协议，即可享受服务和相关补贴；任何哲学社会科学研究机构，都可以向 CASHL 管理中心提出申请并签署协议书成为集团用户；任何经学校图书馆核准的高校师生和哲学社会科学研究工作者，都可以成为 CASHL 的个人用户。2007 年西昌学院图书馆与 CASHL 管理中心签署了“CASHL 文献传递服务用户馆协议书”后，正式成为 CASHL 成员馆并使用 CASHL 的服务。

CASHL 服务程序：用户在网上注册→持有效证件到本校图书馆的馆际互借员处进行用户确认→登录 CASHL 主页，检索并发送文献传递请求→获得原文文献。

（1）个人用户注册步骤。

① 点击“开世览文”左下角“个性化服务”区的注册按钮，在弹出的注册表中填写用户基本信息和详细信息，红色星号表示为必填项。

② 点击提交后进入 CASHL 馆际互借读者网关注册页面，继续填写相关信息，其中带星号标记的为必填项（请注意，务必正确选择所属学校！）。

③ 点击提交完成注册。新注册用户需要等待所属学校图书馆的馆际互借员审核身份并确认后，才能提交文献传递申请。

（2）查询并提交文献传递申请。

在“开世览文”门户主页的“文献查询”栏目下，可按照“期刊”、“图书”、“文章”、“数据库”查询并提交文献传递请求。也可通过“用户服务”栏目下的“文献传递”和“图书借阅”检索与提交申请。

① 人文社会科学外文期刊。用户可通过学科分类或期刊名称浏览篇名目次，也可以通过文章篇名、作者、刊名以及 ISSN 号等进行检索，获取相关的文献信息。

② 人文社会科学外文图书联合目录。用户可通过学科分类或书名浏览书目记录，也可以通过书名、作者、主题、出版者以及 ISBN 号等进行检索，获取相关的文献信息。

③ 高校人文社科外文图书联合目录。提供 CASHL 全国中心和区域中心（北大、复旦、南大、武大、中山、吉大、川大）的 44 万种人文社科外文图书的联合目录查询。可按照书名进行检索，或按照书名首字母进行排序浏览，还可以按照学科分类进行浏览。

④ 电子期刊。包括 Jstor、Periodicals Archive Online 等国外著名的人文社会科学数据库的 1 370 种电子期刊（直接下载全文仅限 CASHL 中心馆）。

⑤ 电子图书。包括 Early English Books Online（EEBO）、Eighteen Century Collections Online（ECCO）等国外著名的人文社会科学数据库的 27 万种电子图书（直接下载全文仅限 CASHL 中心馆）。

（3）原文传递服务。

用户可在目次浏览或检索的基础上请求原文，如不知文献来源，也可以直接提交原文传递请求。用户可在 1 ~ 3 个工作日内得到原文。

6 学位论文利用

6.1 学位论文界定

6.1.1 学位制度

现在能够追溯到的古代学位制度是中国的选士制度和科举制度。战国时期，中国就已经出现“博士”称谓，秦朝已有博士 70 人。中国古代的博士除了授予一些有专门技艺和学问的职官，主要是从事编撰文献档案和太学教学工作的一种官职。硕士在古代通常指那些德高望重、博学多识的人。

学位制度与研究生教育联系在一起，则起源于 1150 年法国巴黎大学授予大学毕业者的神学博士，当时的学位只是表明了一种职业资格，并且硕士和博士没有本质区别。直到 15 世纪末，硕士和博士在等级上才出现区分，对于神学、法学和医学学生可以授予博士学位，而硕士则授予较低级的学科如文科等。18 世纪初，出现了哲学博士，主要授予自然科学和人文科学中注重纯学理科学研究及学术探讨的学生。

19 世纪的德国是现代学位制度的诞生地，传统大学开始引入科学研究，并实行教学与科研统一的原则，从而导致了研究生教育重心的转移，即学生不仅要学习大学的课程，而且要从事科学研究，并完成对科学发展有所贡献的学术论文后方可获得博士学位。19 世纪 20 年代后，美国的一些大学开设了专门的研究生课程，形成了现代研究生教育的雏形，一些大学还成立了专门的研究生院。

我国现代学位制度和研究生教育始于 1918 年北京大学的研究生招生。国民政府 1931 年 4 月颁布了《学位授予法》，规定设立学士、硕士、博士三级学位，按照文学、理学、法学、教育学、农学、工学以及医学 7 个门类授予。但是由于社会、政治、经济和内战等种种历史原因，那时的学位与研究生教育制度处于萌芽状态。全国直至 1949 年，只授予了 232 人硕士学位，而博士学位获得者基本上是外国培养和授予的。

新中国成立后，在改造和继承原有研究生教育的基础上，中国引入苏联的研究生教育模式，在此后 17 年培养学制为 4 年的研究生 16 397 人。中间虽经“文革”影响，研究生教育停滞 12 年，但其后的发展势头远远超过“文革”前 17 年。就以 1978—1994 年，同样的 17 年研究生教育做对比，这期间共培养博士 17 654 人、硕士 284 661 人。1995—2000 年全国在读研究生数量翻了一番多，达到 30.12 万人，6 年内共计毕业研究生 27.98 万人，此数字接近前 17 年培养研究生的总数[91]。

根据 1980 年 2 月 12 日第五届全国人民代表大会常务委员会第十三次会议通过，自 1981 年 1 月 1 日起开始施行，后经 2004 年 8 月 28 日第十届全国人民代表大会常务委员会第十一次会议修正的《中华人民共和国学位条例》第三条规定，中国现行的学位分学士、硕士、博士三级，正式形成按照哲学、经济学、法学、教育学、文学、历史学、理学、工学、农学、医学、军事学、管理学等 12 个学科门类培养研究生的学科体系和教育格局。

《中华人民共和国学位条例》第四条规定，高等学校本科毕业生，成绩优良，达到下述学术水平者，授予学士学位：较好地掌握本门学科的基础理论、专门知识和基本技能；具有从事科学研究工作或担负专门技术工作的初步能力。

第五条规定，高等学校和科学研究机构的研究生，或具有研究生毕业同等学力的人员，通过硕士学位的课程考试和论文答辩，成绩合格，达到下述学术水平者，授予硕士学位：在本门学科上掌握坚实的基础理论和系统的专门知识；具有从事科学研究工作或独立担负专门技术工作的能力。

第六条规定，高等学校和科学研究机构的研究生，或具有研究生毕业同等学力的人员，通过博士学位的课程考试和论文答辩，成绩合格，达到下述学术水平者，授予博士学位：在本门学科上掌握坚实宽广的基础理论和系统深入的专门知识；具有独立从事科学研究工作的能力；在科学或专门技术上做出创造性的成果。

同时条例的第八条也有明确规定，学士学位由国务院授权的高等学校授予；硕士学位、博士学位由国务院授权的高等学校和科学研究机构授予[92]。

6.1.2 学位论文

根据相关领域内学者的研究，学术论文按照研究领域，可以划分为社会科学论文和自然科学论文，按照写作目的和功用，又可以划分为传播性论文和水平检测性论文[93]。

学位论文归属于水平检测性论文，与普通的传播性论文（即在学术刊物上发表或在学术会议上宣读，旨在通过大众传媒的作用，力图宣示并共享相关的专业研究成果，丰富人类知识，促进社会文明的学术论文）不同的是，水平检测性论文专为检测撰写者学术研究水平而设，论文主要功用是接受考核。

水平检测性论文包括考核高等学校高年级学生研究水平的学年论文（即在指导教师的指导下，学生学习撰写学术论文并接受审核）、技术职称论文（即专业技术职称申请者提交的与申请职称相应的学术论文）和学位论文（撰写者提交、经过严格评审、合格者即可获得相应学位的论文）。

学位论文是标明作者从事科学研究取得的创造性成果和创新见解，并以此为内容撰写的、作为提出申请授予相应的学位评审用的学术论文。学位论文主要由高等学校、研究机构所属本科生、硕士研究生、博士研究生在毕业前撰写，相对应地依次称学士学位论文、硕士学位论文和博士学位论文。三种层次的学位论文分别代表了三种不同的学术水平（已经由学位条例作了严格规定），而且要公诸于众，接受同行专家审查，需要进行学位论文答辩，硕士论文和博士论文一般要求达到公开发表或出版水平。学位论文顺利通过答辩后，撰写者才能获得相应的学位。

学位论文要求严格，论文的组成部分、编排格式都有明确规定。下面引用的是国家标准（GB/T 7713.1—2006）《学位论文编写规则》中的部分标准条目[94]：

（1）学位论文的组成部分。

学位论文要求具备 5 个组成部分：前置部分、主体部分、参考文献、附录、结尾部分。

① 前置部分。

包括以下各项：封面、封二（可选）、题名页（主要包括中图分类号、学校代码、UDC、学位授予单位、题名和副题名、责任者、申请学位、学科专业、研究方面、论文提交日期、培养单位）、英文题名页、勘误表、致谢、摘要页（规定中文摘要300～600字、外文摘要300个左右实词，3～8个关键词及其英文关键词）、序言或前言（如有）、目次页、图和附表清单（如有）以及符号、标志、缩略词、首字母缩写、计量单位、术语等的注释表（如有）。

② 主体部分。

学位论文的主体部分一般以引言（绪论）开始，以结论或讨论结束。引言（绪论）应包括论文的研究方法、流程等，其中论文研究领域的历史回顾、文献回溯、理论分析等内容，应独立成章，用足够的文字叙述。主体部分由于涉及的学科、选题、研究方法、结果表达方式等有很大的差异，不能做统一规定。但是，论文内容必须实事求是、客观真切、准备完备，论文文字必须合乎逻辑、层次分明、简练可读。对于主体部分中涉及的图、表、公式、引文标注、注释、结论等格式标准中做出了明确规定。

③ 参考文献表。

该表是学位论文中引用的有具体文字来源的文献集合，其著录项目和著录格式遵照 GB/T 7714—2005 的规定执行，所有被引用文献均要列入参考文献表中。正文中未被引用但被阅读或具有补充信息的文献可集中列入附录中，其标题为“书目”。

④ 附录。

作为主体部分的补充，附录并不是必需的。标准中列出了6类可作为附录编于论文后的资料类型。

⑤ 结尾部分（如有）。

结尾部分主要由下面几项构成：分类索引、关键词索引（如有），作者简历（包括作者的教育经历、工作经历、攻读学位期间发表的论文和完成的工作），其他（学位论文原创性声明），学位论文数据集（33项反映学位论文主要特征的数据）。

（2）学位论文的编排格式。

国家标准对于学位论文的封面、目次页、章节、页码、参考文献表、附录、版面及书脊的编排格式以标准附录及行业标准的形式作了统一安排和规定。

6.2 学位论文资源概况

在改革开放 30 年间，中国已由研究生教育的小国迅速跨入世界研究生教育大国的行列。据统计，研究生招生数从1982年的11 080人发展到2007年的418 592人，年均增幅15.64%；研究生学位授予人数从1982年的5 786人发展到2007年的307 746人，年均增幅17.23%[95]。据教育部官方网站公布的数据，中国研究生2009年毕业人数311 839人，在校学生数418 612人，预计来年毕业人数407 184人[96]。再根据2009年研究生招生人数为47.5万人的数据推断，只是三年间，博士、硕士学位论文数量就会超过120万篇。如果把1978年恢复招收研究生，1981年开始实行学位制度，截至2008年，中国已授予博士学位24万余人，授予硕士学位180万余人[97]，也就是30年间约有204万篇硕博论文产生的因素加以考虑，中国学位论文中较高层级的硕士学位论文和博士学位论文数量应该在250万篇以上。

按照常规，三级学位论文中数量最多的学士学位论文由高校进行收集和保存，最有利用价值的硕博论文除了纸本论文按规定呈交相关机构留存外（一般规定研究生在通过论文答辩后，均需向培养单位的图书馆呈交学位论文），基本上是以数据库形式传播和利用。

西昌学院图书馆现有的学位论文全文数据库主要由万方数据学位论文数据库、CNKI 系列数据库之一的中国优秀硕士学位论文全文数据库，以及集成了上述两种学位论文数据库资源的读秀学术（学位论文）搜索平台，共三种数字化学位论文资源组成。由于读秀学术（学位论文）搜索平台中的学位论文数据大多源自万方和 CNKI 学位论文库，因此下面我们主要讨论这两个学位论文源数据库的基本情况[98-100]（表 6.1）。

表 6.1 两个学位论文源数据库情况

数据库名称	万方学位论文数据库	中国优秀硕士学位论文全文数据库
数据来源	由国家法定学位论文收藏机构（中国科技信息研究所）提供论文全文	通过与学位授予机构以及论文导师、作者签署合作协议，取得出版授权
数据收录重点	偏重于收录自然科学领域的理工农医科类相关专业论文	在注重全面均衡前提下，偏重于收录人文社科类相关专业论文
收录数据数量与质量	截至2010年7月，库中收录数据166万余篇，年动态增加约20万篇，按照“985工程”高校被收录情况比较，收录学校面积更宽广	截至2010年7月，库中收录数据97万余条，数据数量连续动态更新频率更高，论文年收录增长速度更快
收录年限	1980年	1999年
数据库检索利用功能	检索功能设计偏重于专业人士，论文采用 PDF 通用格式，更具普及性，其浏览器通用性更强	检索功能设计更具大众化而门槛较低，论文采用的 CAJ 格式需要专用 CAJViewer 浏览器

另外，这两个学位论文全文库有相当部分文献是交叉重复的。

6.3 学位论文利用

6.3.1 万方学位论文数据库

万方学位论文数据库始建于 1995 年，是国内规模最大的学位论文全文数据库。万方学位论文数据库的论文数据源自中国学位论文法定收藏机构——中国科技信息研究所，强硬的官方背景使得资源来源稳定可靠。作为万方数据资源体系中重要的一环，学位论文收录自1980年以来我国自然科学领域各高等院校、研究生院以及研究所的硕士、博士以及博士后论文，年递增20万篇的绝对增量，加之已有的近170万篇的巨额存量，万方学位论文数据库在国内中文学位论文全文数据库提供商的地位无人能敌。

在长期与授予单位合作获得博硕士论文使用权之后，目前万方学位论文又增加了直接授权模式以期更好地规范和解决博硕士论文的相关使用授权及支付授权使用费。

（1）登录数据库。

输入网址：http://lib.xcc.sc.cn/，进入西昌学院图书馆数字化学术信息资源利用平台，在平台主页中的“数字资源”栏下点击“万方资源数据”，选择“远程访问”或“本地镜像”进入万方数据首页，选择检索框上方选项中的“学位”项，就可进入万方学位论文数据库；也可以勾选跨库检索框下方的“学位论文”项，或者点击“学位”检索框下方的“浏览”按钮；还能直接使用网络地址 http://g.wanfangdata.com.cn/thesis.aspx，登录万方学位论文数据库系统。

（2）检索论文。

① 检索导航。万方学位论文数据库的检索导航功能包括两种，首先是按照学科（专业）目录在 12 个类别中进行选择导航，这些类别是哲学、经济学、法学、教育学、文学、历史学、理学、工学、农学、医学、军事学、管理学；然后是按照学校所在地共 31 个行政区进行检索导航。检索导航的设置有利于用户从专业学科及学位授予机构的角度去查找特定信息。

② 简单检索。在学位论文数据库检索页输入自拟关键词，点击“检索”按钮即可进行学位论文简单检索。同样的，简单检索也出现在万方数据知识服务平台首页的“学位”检索框所默认的检索方式中。简单检索操作快捷、功能简单，适合于需要对某主题做初步了解的用户使用。

③ 高级检索。点击学位论文数据库检索页上端简单检索框右侧的“高级检索”，即可进入万方学位论文高级检索页面。高级检索按照使用习惯分为高级检索和经典高级检索，其中的经典高级检索界面由 5 组检索框组配而成，用户可在 8 个检索字段“标题、作者、导师、学校、专业、中图分类、关键词、摘要”选择并输入相应检索词，各组检索框之间默认是逻辑与关系；而高级检索界面则稍有不同，用户可以在上述 7 个检索字段（只少中图分类一项）所对应检索框中分别填入检索词，并选择检索控制条件（可选项包括发表日期、有无全文、论文类型、排序方式、每页显示），然后进行检索。

除此之外，万方学位论文高级检索还有一种更为专业化的检索方式 ——专业检索。专业检索的检索表达式使用“CQL 检索语言”，即要求用户直接在检索框中输入 CQL 表达式进行检索。专业检索页面中已经明确提供检索的字段有：Title、Creator、Source、KeyWords、Abstract，可排序字段有：CoreRank、CitedCount、Date、relevance。并声明：含有空格或其他特殊字符的单个检索词用引号“”括起来，多个检索词之间根据逻辑关系使用“and”或“or”连接。示例如下：

例 1　激光 and KeyWords=纳米

例 2　Title All “电子逻辑电路”

例 3　数字图书馆 and Creator exact 张晓林 sortby CitedCount Date/weight=3 relevance

④ 二次检索。在检索结果页面左侧“缩小搜索范围”框中，可以从 7 个检索字段以及发表日期、论文类型、有无全文等检索控制条件逐渐缩小检索结果范围，当然使用“缩小搜索范围”框下面用“论文类型、年份”划分出的具体链接，也可以快速到达指定的检索结果。

（3）检索结果。

通过检索导航了解相关信息，利用几种检索方式进行检索操作后，数据库将会返回一个检索结果页面。学位论文检索结果页面包括命中结果的题名、作者、学位年度、授位机构、学科专业以及内容摘要等与学位论文相关的信息提示，此时点击论文题名即可进入论文详细页面。

学位论文详细页面除了检索结果页面已经具备的信息外，还有授予学位、导师姓名、语种、分类号、关键词、机标关键词等论文信息，以及完整的内容摘要，方便了解论文内容。数据库的学位论文详细页面下方提供有“相似文献”列表，右侧列举了与用户检索相关的信息（相关检索词列表、相关专家列表、相关机构列表），为用户延展了解相关学科研究方向提供便利。显著位置列出的“查看全文、下载全文”提供易于操作的学位论文下载查看路径，点击后按照提示即可下载文献或调用 PDF 阅览器打开全文。

6.3.2 中国优秀硕士学位论文全文数据库

起步晚于万方学位论文数据库的中国优秀硕士学位论文全文数据库，后发制人，凭借较为成熟的商业运作手法，利用更为现代所认可的合作出版模式，通过与学位授予机构以及论文导师、作者签署合作协议，取得出版授权，从而较妥善地解决了学位论文网络传播方面的知识版权问题。也因为与学位论文所有方达成的支付费用协议的执行，近几年其发展势头迅猛，目前合作学位授予机构达到 536 家，拥有论文总量近百万篇，年论文增量约 15 万余篇。

据数据库集成商提供的资料显示，“中国优秀硕士学位论文全文数据库”所收录文献的学科范围、专辑与专题设置与“中国期刊全文数据库”基本相同，数据库的使用方式也基本一致。

（1）登录数据库。

输入网址：http://lib.xcc.sc.cn/，进入西昌学院图书馆数字化学术信息资源利用平台，在平台主页中的“数字资源”栏下点击“CNKI 中国知网”，选择“远程访问”进入 CNKI 系列数据库首页。在 CNKI 系列数据库首页中，用户点击页面上的数据库名称“中国优秀硕士学位论文全文数据库”或者“中国优秀硕士学位论文全文数据库 新版”，均可进入“中国优秀硕士学位论文全文数据库”检索页面进行检索。

（2）检索论文。

① 检索导航。数据库的检索导航功能主要有两种：第一种是按照 530 余家学位授予单位所在地域进行的地域导航，除了中国内地各行政大区及所属省市的行政地域导航外，香港与海外学术机构也有入选，也可以按照 108 家“211”工程院校所属地域进行相应的地域导航；第二种检索导航是按照 12 个学科选择进行的学科专业导航，此时检索结果页面左侧出现的学科目录树为选择详尽的学科专业提供了方便；同时数据库还提供了按照学位授予单位名称进行的简单检索，能够让用户快速抵达指定的查询机构。

② 简单检索。点击数据库检索页上端的“快速检索”进入简单检索页面，在检索框中输入自拟关键词，点击“检索”按钮即可进行学位论文简单检索。简单检索操作快捷、功能简单，类似搜索引擎的检索方式适合于需要对某主题做初步了解的用户使用，也能用来了解学位论文库的总体规模。

③ 标准检索。采用一般数据库常用的检索方式进行学位论文检索方法，主要由三个步骤组成：第一步是输入检索控制条件，包括论文发表时间、更新时间、学位授予单位、学位年度以及支持基金和优秀论文级别等选项，然后输入论文作者、导师、第一导师 3 种条件中的一种，如果需要可以点击“+”按钮扩展条件框最多到 3 组，并选择匹配度；第二步是输入内容检索条件，在 9 种条件（主题、题名、关键词、摘要、目录、全文、参考文献、中图分类号、学科专业名称）中选择后，输入对应的一组检索词，检索词之间可以使用 3 种逻辑关系连接，并可选择“最近词、相关词、词频”以及检索词匹配度和中英文扩展等检索内容控制条件进行控制，如果需要可以点击“+”按钮扩展条件框最多到 9 组，组成一个可用于精确检索的检索方案，准确命中目标文献；第三步是在检索结果中按照以下 8 种文献分组方式选择文献：学科类别、

学位授予单位、研究资助基金、导师、学科专业、研究层次、中文关键词、不分组，分组后再按照发表时间、相关度、被引频次、下载频次、浏览频次、学位授予年度进行文献排序浏览，同时可以规定每页显示的记录（10、20、50 中选择）、并挑选所采用的检索结果显示模式（摘要显示、列表显示）。

④ 专业检索。使用逻辑运算符和关键词构造检索式进行的检索被称为专业检索，主要适用于专业人员查询、信息分析等工作。专业检索式的构造分为三步：第一步选择检索字段，第二步使用运算符构造表达式，第三步是使用逻辑运算符将表达式按照检索目标组合起来。

⑤ 科研基金检索。科研基金检索是通过科研基金名称，查找科研基金资助的文献。其检索字段有基金名称、基金管理单位两种，对检索词的控制条件包括管理机构类型（涵盖中央国家级、地方省市级、高等院校、科研院所、企业、社会团体、军队、国外及国际机构、其他等），及其下设的 26 项国家部委机构的选择。通过对检索结果的分组筛选，还可全面了解科研基金资助学科范围，科研主题领域等信息。

⑥ 句子检索。句子检索是通过用户输入的两个关键词，查找同时包含这两个词的句子。句子检索相当于提取出高级检索中的同句（同段）检索功能，以特设的方式提供给用户。由于句子中包含了大量的事实信息，通过检索句子可以为用户提供有关事实的问题的答案。检索字段只有“同一句、同一段”两项，可以检索在检索字段下同时出现两个检索词的论文；如果需要可以点击“+”按钮扩展条件框最多到 2 组，组与组之间以“并且、或者、不包含”进行逻辑组配。

（3）检索结果。

通过检索导航了解相关信息，利用几种检索方式进行检索操作后，数据库将会返回一个检索结果页面。学位论文检索结果页面包括命中学位论文的题名、作者、导师、出版授权与投稿人、作者基本信息，以及论文关键词、摘要，还包括论文下载频次、被引频次和浏览频次等统计数据。用户点击论文题名即可进入论文详细页面。

学位论文详细页面在检索结果页面已经提供的论文信息基础上，还可以完整显示中文摘要、英文摘要、英文关键词（与中文关键词对应），以及网络出版投稿时间、论文的 DOI 数据，作者在学位攻读期的成果链接。数据库的学位论文详细页面下方提供有“本文链接的文献网络图示”，公布本文的引文网络，按照“参考文献、二级参考文献”以及“共引文献、同被引文献、引证文献、二级引证文献”等节点文献的关系进行图示，同时图示下方按照点击的节点文献种类提供依照年度进行的文献统计数据，还有该类型节点文献的各源数据库文献列表。

“文献网络图示”作为一种简单明了的工具，可以从数量的角度反映该篇学位论文的研究背景、研究依据。其中相关的节点文献说明如下：“参考文献”能够反映本文研究工作的背景和依据；“二级参考文献”是本文参考文献的参考文献，可以进一步反映本文研究工作的背景和依据；“共引文献”也称同引文献，是与本文有相同参考文献的文献，它们与本文有共同研究背景或依据；“同被引文献”是指与本文同时被作为参考文献引用的文献，与本文共同作为进一步研究的基础；“引证文献”指的是引用本文的文献，反映了本文研究工作的继续、应用、发展或评价；“二级引证文献”则是本文引证文献的引证文献，能够更进一步反映本文研究工作的继续、发展或评价。

在“文献网络图示”列表右侧，系统列举了本文的其他相关文献，包括相似文献、同行关注文献、相同导师文献、文献分类导航、相关作者文献，为用户延展了解相关学科研究方向提供便利。显著位置列出的“分页下载、分章下载、整本下载、在线阅读”提供多种检索结果导出方式，点击后按照提示即可下载学位论文文献或调用 CNKI 阅览器打开全文。

（4）CNKI 浏览器。

由于“中国优秀硕士学位论文全文数据库”中学位论文使用特殊的文件格式（即 CNKI 格式，一般是含有 CAJ、KDH、CAA、TEB 和 NH 五种后缀的文件格式），必须使用 CNKI 专用全文格式阅读器——CAJViewer 全文浏览器才能顺利阅读利用。

CNKI 浏览器又称为 CAJ 浏览器，是阅读编辑 CNKI 系列数据库文献的专用浏览器。CNKI 浏览器兼容 CNKI 格式和 PDF 格式文档，具备当前各类主流产品优点的同时，又具有自己的鲜明特点。利用 CAJViewer 浏览器，可以阅读处理不同格式的文献，进行文内检索定位、文档标注、分类管理常用文献，满足用户调用相关文献、链接知识元、远程信息传递交流讨论等需要。

① CNKI 浏览器下载安装。在西昌学院图书馆数字化学术信息资源利用平台（http://lib.xcc.sc.cn/），点击“数字资源”栏下的“CNKI 中国知网”，选择“远程访问”进入 CNKI 系列数据库首页，再点击“CAJViewer 软件下载”下面的 CAJViewer 7.0 即可。CNKI 浏览器的下载安装可有两种选择，一是不保存安装程序到本机上，直接运行安装。这种方式只适用于在一台计算机上一次性安装。另一种方式是将 CNKI 浏览器程序下载保存到本机上，需要时，可随时拷贝到其他计算机上再安装。

② CNKI 浏览器启动运行。用户有三种方式能够启动并使用 CNKI 浏览器，一是在检索结果页面点击下载图标，如果是正式用户则在下载打开文献的同时也就打开了 CNKI 浏览器；二是点击桌面上的 CNKI 浏览器快捷方式，打开浏览器，再通过所打开页面上的“文件”菜单打开相应 CNKI 文章；三是直接双击已经下载保存到本地的 CNKI 全文，在打开文件的同时也打开了浏览器。

③ CNKI 浏览器主要功能。CNKI 浏览器涵盖了文档编辑、浏览查看、我的书架、文档工具、窗口布局、帮助等主要功能。利用这些功能可以打开一个或多个 CNKI 文档，设置页面布局为单页、连续页、显示或隐藏两页边际空白甚至旋转页面（长篇文献可以设置自动滚屏方式）；方便用户阅读。用户使用浏览器阅读可以尽量贴近纸本文献的阅读习惯，譬如使用手形文档移动工具来拖动页面，用页跳转方式从当前页向其他页面跳转，用注释工具为指定部位添加文本注释、直线工具在当前页面上画直线、曲线工具在当前页面上画曲线，甚至选中一段文字，点击下划线功能图标为文字标上下划线，点击删除线功能图标在选定文本内添加删除线，再点击高亮功能图标还可将选中部分以黄色突出显示。更能体现数字化文献资源特点的，一是使用显示/隐藏知识元链接功能，在文档中显示知识元链接，点击知识元链接，则可调出知识元库中的知识元记录，方便人们在阅读调用相应的知识，有助于提高阅读效率（进一步选中语词后，点击添加知识元链接功能图标，浏览器则将该词添加为知识元链接）；二是浏览器的文内搜索功能，可方便阅读搜索结果的上下文，并且能迅速定位到文档的相关位置，即在当前文档中搜索所输入的检索词语（长度小于 64 个字节），搜索结果以列表的形式显示，点击其中之一可以快速定位到相应位置。

用户阅读后如果需要进行文本编辑处理，浏览器提供了许多有用的工具。用户可以调用选择操作工具中的文本选择（有不分栏文本的选择和纵向分栏选择两种文本选择方式）；而已经加强的图像工具，可以快速保存文件中原始图片，也可以进行打印、E-mail、文字识别、发送到 Word 等多种操作。浏览器的文字识别功能适用于以图像显示的文献（可将选定的图像文献自动进行文字识别，并按提示保存到相应文档中）。在文字选择或图像文献选择并经文字识别后，浏览器的文档编辑功能可以持续提供帮助。用户可以将当前选择文字另存为另一文件（CNKI 格式文件或纯文本文件），将当前选择的文字发送到 Word 文档中，甚或直接将当前窗口文件存为另一个 CNKI 或纯文本格式的文件。用户还可以使用复制功能复制所选择的文本或图像内容到系统剪贴板中待用。

除此之外，利用浏览器提供的“我的书架”功能，在“建立书架”、“单部文献添加到书架”、“整个目录添加到书架”以及“重建书架”、“查看书架”等项操作中，可以自由地管理自己常用的文献；使用显示文献目录功能，当所打开的文献具有目录时，则点击可查看文献目录；利用添加书签功能，在当前浏览位置添加书签后，用户可以通过书签进行快速浏览，提高文献管理效率。

最后，浏览器的窗口布局功能提供了多篇文献窗口显示的层叠、平铺方式选项，而拆分窗口功能可将一个窗口拆成两个窗口，相当于在两个窗口中打开同一篇文章，有助于阅读过程中进行对比分析。在关闭当前文章及当前窗口前，使用保存标注功能，可以保存对当前窗口文档所进行的注释、划线、书签等操作。

6.3.3 读秀学术（学位论文）搜索

（1）登录数据库。

首先进入西昌学院图书馆数字化学术信息资源利用平台（http://lib.xcc.sc.cn/），点击“数字资源”栏目下的“读秀学术搜索”，选择“远程访问”进入读秀学术搜索平台，也可以直接使用网络地址 http://www.duxiu.com/登入读秀学术搜索系统。在读秀学术搜索平台，点击读秀搜索框上面的“学位论文”标签，就能够展开读秀学术（学位论文）搜索。

（2）检索论文。

① 简单检索。读秀学位论文频道的搜索方式是简单检索，用户在搜索框中输入关键词，选择搜索框下方的检索字段：“全部字段、标题、作者、授予单位、关键词”，然后点击“中文文献搜索”即可，检索系统将在图书馆已购学位论文全文资源中进行查找。

② 二次检索。检索结果页面中，系统为用户提供了两种方式来缩小搜索范围：通过页面左侧的关于年代的聚类功能；或者通过搜索框右侧的“在结果中搜索”进行。

（3）检索结果。

系统检索后向用户提供的检索结果页面中，其浏览方式可以在页面右上角选择“表格”加以更改。在检索结果页面的右侧，系统提供检索结果的延展搜索线索，包括与检索词相关的工具书解释、人物、图书、报纸、论文、网页、视频等多维信息。而占据主要位置的检索结果列表是由学位论文的题名、作者、学位授予单位、学位名称及学位年度组成。点击学位论文题名即可进入学位论文详细信息页面。

学位论文详细信息页面除了罗列论文的题名、作者、学位授予单位、学位名称及导师姓名和学位年度外，还提供了获取全文的 3 种全文链接，包括学院图书馆本地馆藏、由图书馆文献传递中心负责的文献传递网络和网络文献互助平台入口，用户点击这三种获取全文链接中的一种，即可获取该学位论文。由于读秀对于馆藏学位论文全文数据库的高度整合，原属于万方学位论文数据库以及中国优秀硕士学位论文全文数据库的所有学位论文资源都能够在统一的检索平台中查询和利用。另外，读秀加入的文献传递网络以及网络互助平台也能及时提供两大全文库之外的一些学位论文资源。

6.3.4 馆际学位论文的利用

学位论文的利用主渠道是馆藏的两大数据库，即万方学位论文数据库和中国优秀硕士学位论文全文数据库，而这些资源之外的其他学位论文资源的利用就只能采用文献传递的方式来满足。

6.3.3 节已经介绍了附属于读秀学术搜索的文献传递网络，可以使用许多馆际间的学位论文资源。如果再加上 CALIS 馆际互借与文献传递系统的加盟，馆际学位论文利用的许多疏漏都将得到及时弥补。

前面已经介绍过，作为 CALIS 公共服务系统的重要组成部分，CALIS 馆际互借与文献传递在图书、期刊论文及特殊文献类型，如学位论文资源中都能够为用户提供服务。2006 年西昌学院图书馆与中国高等教育文献保障系统（CALIS）管理中心签署“CALIS 馆际互借/文献传递服务网文献传递用户馆协议书”，成为 CALIS 文献传递网的正式用户馆后，凡本馆注册用户均可以用文献传递的方式通过学院图书馆获取 CALIS 丰富的学位论文文献收藏。

CALIS 文献传递网以非返还式文献传递方式来提供学位论文。文献传递网能够提供网络内各服务馆收藏的众多纸质、电子类型的学位论文相关资料，满足学习、研究所需。

图书馆用户提交文献传递申请的程序为：

读者通过图书馆总咨询台、电话、E-mail 等途径向图书馆馆际互借处提交申请，委托本馆馆际互借员进行馆际互借。读者在提交馆际互借请求前，应该先在本馆馆藏资源中检索，不能查检到所需馆藏时，再持借阅卡到总咨询台或远程提交馆际互借服务的申请。

在接到读者申请后，图书馆馆际互借员登录 CALIS 西南地区中心的馆际互借系统，将读者的申请提交到 CALIS 西南地区中心。收到文献传递申请的西南地区中心馆际互借员，将按程序进行文献查找、下载或复制，并在约定时间内将文献传递回图书馆。本馆馆际互借员接收到文献，按程序转发文献给读者。

7 报纸文献利用

7.1 报纸文献界定

报纸[newspaper（s）]是以刊载新闻和时事评论为主的有固定名称、刊期、开版，每日或每周出版的印刷型散页连续出版物。它是大众传播的重要载体，具有反映和引导社会舆论的功能。

报纸资源具有大众化的第一信息源之称。据不完全统计，全世界有各类报纸近 10 万种[101]。其内容都是当时社会政治、经济、文化以及当时所发生的事件的及时反映和真实报道。其中许多内容为报纸所独有。许多过期报纸还珍藏了宝贵的文献资料，是研究一个地区、一个特定历史时期或一个国家某一时期的社会状况、方针、政策以及实施情况、民风、民俗的极其重要依据，具有极高的史料价值。同时报纸上登载的消息、报道大多属于第一手文献，具有原始文献的价值。

从形式看，报纸是散页的，无封面的，没有刊名页、目次页等，具有时间性强、发行量大、辐射面广、信息丰富等特点。从作用上看，一方面，报纸是舆论工具，是“喉舌”，有鲜明的导向和教育作用，是宣传、激励、鼓舞人们的强大思想武器；另一方面，报纸又是读者重要的文化生活园地，是读者的“文化快餐”。在“文化至上”理念的指导下，编辑们赋予报纸更多的文化内涵，增添理性思考与人文关怀，不但“养眼”，更多的是“养心”。

报纸的优点：① 可随时阅读，不受时间限制，不会如电视或电台节目般错过指定时间报道的讯息；② 即使阅读或理解能力较低的人，也可相应多耗时间，吸收报章的讯息；③ 因特网崛起，网上版报纸的传阅力较传统印刷品报纸强。

报纸作为传播媒体的不足之处：① 受截稿及出版因素影响，不能提供最新资讯及即时更正讯息；② 纸张过多带来携带及传阅的不便；③ 图片及文字较电视及电台的影音片段震撼力及感染力低。

7.2 报纸文献概况

7.2.1 报纸的发展与前景[102]

报纸从诞生到今天已经走过了漫长的历史，公元前 60 年，古罗马政治家恺撒把罗马市以及国家发生的事件书写在白色的木板上，告示市民。这便是世界上最古老的报纸。中国在 7 世纪，唐朝宫廷内就发行过手写的传阅版，这应该算是中国最早的报纸。

1450 年，欧洲的德国人谷登堡发明了金属活字印刷技术，于是印刷的报纸开始发行。1493

年，罗马发行的报纸上刊登了哥伦布航海的消息。当时的报纸只是在发生引人注目的大事件时才发行。

1609 年，德国率先发行定期报纸，虽是周报，但很快波及整个欧洲。1650 年在德国莱比锡出现最早的日报《新到新闻》，是德国人蒂莫特里茨出版的。法国 1631 年才出现报纸，而英国由于当时发生了政治事件，报纸才得以发行。美国的第一张报纸是独立前的 1704 年，由波士顿邮局局长发行的《波士顿通讯》。历史发展到欧洲资产阶级革命时期，报纸已在欧洲各国相继发行，并被越来越多的人所喜爱和接受。

19 世纪末到 20 世纪初，报纸实现了从“小众”到“大众”的过程，经历了一次较大的“飞跃”。这一时期，报纸的发行量直线上升，由过去的几万份增加到十几万份、几十万份乃至上百万份。读者的范围也不断扩大，由过去的政界、工商界等上层人士到中下层人士。这种由量的积累而产生的质的飞跃，宣告了一个时代——大众传播时代的来临。

随着报纸的进一步“大众化”以及互联网的出现，报纸未来发展的新形态必是多媒体、多媒介的融合。传统纸质报纸应对新媒体挑战应注意以下三方面：在内容上从有益性、言论性、影响性等方面来增强信息的品质，采取深度报道方式走报纸的品牌化道路；在传播方式上与新媒体融合，借助于网络、手机等新媒体发布平台，实现报网互动，缩短媒体和受众之间的距离，获得动态的即时反馈，并能对信息资源进行多次开发与利用，形成新的产业链和盈利模式，使信息增值；采取降价以及推出免费报纸等手段，提高报纸的发行量，增强其生存力。

7.2.2 报纸文献的分类

按出报时间和周期来分：可分为日报、晚报、早报、周报等。

按报纸的性质来分：可分为党政机关报（如《人民日报》为中国共产党中央委员会机关报，《解放军报》为中央军委机关报，各省的日报为各省委的机关报）、文化教育报、科学技术报、卫生体育报、文学艺术报等（此种分类，便于专题集报）。

按报纸的读者对象来分：少年报、青年报、老年报、工人报、妇女报、农民报、商业报等。

按刊载内容来分：可分为综合性报、专业性报、文摘报、信息报、消息报、新闻报等。

按收费与否来分：收费报章、免费报章。

按媒体形态不同来分：印刷报章、网上版报章、电子报、电子手账版报章。

7.3 数字化报纸概述

数字报纸（或称报纸的数字化）至少有两方面内容：① 对传统报纸生产、流通手段的数字化改造，从选题、采访、编辑到录入、印制、发行乃至订户管理都尽最大可能地借助数字信息技术加以处理；② 产生了全新的、完全不同于以往的数字报纸媒体，如手机报、电子报、网络报等[103]。

数字化报纸通过互联网以方便的版面导航、丰富的阅读体验、快捷的发布时效和低成本的生产方式，发展飞速。1995 年《中国贸易报》在我国第一家上网，之后《广州日报》、《杭州日报》、《人民日报》等各大报纸纷纷创办自己的网络版，开始了报纸的网络化、电子化、数字化进程。数字报纸突破了传统报纸只能用文字和图片表达的局限，可以方便地插入视频、音频或动画，同时图片的观感和质量也大大提升，让新闻报道真正做到“有声有色”。也实现了读者与报纸的全面互动，读者可以在线评论，在线订阅、网上投稿，还可以参加各种网上调查等。读者的阅读感受、体会、意见，可以在第一时间传递给报社，以使报社更好地为读者服务。

7.3.1 数字报纸优劣性

1. 数字报纸的优势

（1）受众资源。随着互联网的迅猛发展、人们阅读习惯的改变，以及电脑和手机技术的不断革新，越来越多的纸质报纸受众将转化为网络和手机受众。

（2）内容资源。网络媒体的内容生产数量远远大于传统媒体。网络媒体的内容生产有三个特点：① 开放式的平台使任何有创造力的人均可生产内容；② 交互式的生产使需求端和提供端始终是在交互之中；③ 几乎无成本约束，网络的内容生产基本无须耗费人力之外的其他资源。

（3）广告资源。网络受众高速增长导致网络广告量增长速度非常快。

2. 数字报纸的缺陷

（1）缺乏公信力。网络媒体信息来源十分分散且没有审查标准，其内容生产的特点也造成公信力的缺乏。

（2）缺乏忠诚的读者群体。网络媒体受众会快速转换到任何一个网站以更方便快捷的方式获得相同的信息。

（3）缺乏成熟的盈利模式。目前，报纸广告占报社（报业集团）总收入的60%左右。这种盈利模式非常成熟，利润点也非常明确。而大多数网络媒体的盈利模式是不成熟的，手机增值服务的盈利模式也在探索之中[104]。

7.3.2 数字报纸全文数据库主要资源

1. 中国重要报纸全文数据库（China Core Newspapers Full-text Database，CCND）

中国期刊网 CNKI（http://www.cnki.net/）的“中国重要报纸全文数据库”由清华大学与中国学术期刊（光盘版）电子杂志社编辑出版，收录 2000 年 6 月以来我国地市级以上公开发行的 500 多种重要报纸刊载的学术性、资料性文献，每年更新 120 万篇文章。至 2010 年 10 月 5 日，累计收集报纸全文文献 787 万多篇。产品分十大专辑：基础科学、工程科技Ⅰ辑、工程科技Ⅱ辑、农业科技、医药卫生科技、哲学与人文科学、社会科学Ⅰ辑、社会科学Ⅱ辑、信息科技、经济与管理科学。十专辑下分为 168 个专题文献数据库和近 3 600 个子栏目。中心网站版和网络镜像版每工作日出版，法定节假日（春节假日一般为 15 天，每年假日前 10 天公布起止日期）除外。镜像版、光盘版，每月 10 日出版。

2. 人民日报图文全文数据库

“人民日报图文全文数据库”是中国最大的党政、时政类信息数据库，收录了《人民日报》

自 1946 年以来的所有内容，且可以看到“原版样式”。

3. NewsBank 公司报纸数据库

美国 NewsBank 公司是全球最大的报纸资源提供商，由企业家丹尼·琼斯（Daniel Jones）于 1972 年创立。其宗旨是为学生和研究人员提供“第一手”的信息资源。其中代表性数据库有“世界各国报纸全文库”（Access World News）、“全球媒体资讯库”（Global News-Bank）、“电子图像报纸”（Electronic Image Edition）等。检索方式简便，部分服务可按照用户的需要进行定制，平台统一，并免费提供与国际时事密切相关的“特别报告”、“热点话题”、“新闻头条”及其他辅助工具等。

“世界各国报纸全文库”目前收录 4 000 多份来自世界各地的主要报纸，并提供 200 家主要通讯社的电讯稿，赠送 100 家主要电视台部分视频节目，内容全面，涉及政府、政治、国际关系、商业、财经、法律、环境、能源、科技、文化、人口、社会、教育、体育、艺术、健康以及所收录资源涵盖的各个领域。提供的语种主要为英语，并包括西班牙语、法语、德语、意大利语、葡萄牙语等。收录的主要报纸有:《金融时报》(*Financial Times*),《经济学家》(*Economist*),《泰晤士报》(*Times*),《卫报》(*Guardian*),《华盛顿邮报》(*Washington Post*),《纽约时报》(*New York Times*),《纽约时报书评》(*New York Times Book Review*),《纽约时报杂志》(*New York Times Magazine*),《经济时报》(*Economic Times*),《商业时报》(*Business Times*),《海峡时报》(*Straits Times*),《澳大利亚人》(*Australian*),《悉尼先驱早报》(*Sydney Morning Herald*),《世纪报》(*Age*),《莫斯科时报》(*Moscow Times*)等。数据库提供全文（除《华尔街日报》)，每日更新。可同时提供报纸丰富的回溯信息到 20 世纪 70 年代。可以按地区、资源类型或字母顺序查看报纸列表并选择所需的报纸进行检索或收看电视台视频节目。检索技术支持逻辑算符 and、or、not；adj#（A adj# B，A 与 B 按顺序同时出现，A 与 B 间隔#个单词）；near#（A near# B，A 与 B 同时出现但不分顺序，A 与 B 间隔#个单词）；用“”进行词组检索；关联词嵌套检索，如 A and （B or C）；提供二次检索，关联词与关键词不区分大小写。

NewsBank 电子图像报纸目前可提供 130 余份世界各地著名的报纸、商业杂志、专业期刊等，如《纽约时报》、《亚洲华尔街日报》、《澳大利亚财经评论》、《远东经济评论》、《亚洲化工新闻》、《国际飞行》，内容涉及综合新闻、商业经济、政府管理、计算机技术、自然科学、航空飞行、体育娱乐、时尚休闲等。其所提供的内容即为纸本报纸的数字化版本，与纸本报纸版面完全相同，全彩色，包含了纸本报纸的所有图片、广告等。每日更新，读者可看到世界各地当天最新的原文报纸，目前所提供的报纸语种有英、法、德、西班牙、意大利、阿拉伯、保加利亚、荷兰、日本、立陶宛、波兰等共 15 个语种。因其为独立的电子资源，可根据用户的需要任意开通。读者可以任意选择所开通的报纸进行浏览。同时，还可在一份或多份报纸中进行关键词检索，并实现对电子报纸进行缩放、移动、打印、翻页、选页、双页显示、到第一页、到最后一页、打印全页、打印局部等功能。通过浏览器浏览，无须安装任何其他软件。

4. EBSCO 全文数据库（http://www.ebscohost.com/）

EBSCO 全文数据库中的 Newspaper Source 库提供 35 种国家和国际报纸的完整全文，收录逾 300 种各类报刊传媒（涵盖美国各州报纸、国际各大报如 *Christian Science Monitor*，*U.S.A Today*，*The Washington Post* 等）的全文及 *The New York Times* 和 *The Wall Street Journal - Eastern Edition* 索引和摘要。此外，也提供全文电视和广播新闻脚本。每日更新。

7.3.3 国内外主要网上报纸信息

1. 国内主要网上报纸信息

（1）人民网（http://www.People.com.cn）。

人民网创办于1997年1月1日，是世界十大报纸之一《人民日报》建设的以新闻为主的大型网上信息交互平台，也是国际互联网上最大的综合性网络媒体之一。拥有中文（简、繁体）蒙文、藏文、维吾尔文、哈萨克文、朝鲜文、彝文、壮文和英文、日文、法文、西班牙文、俄文、阿拉伯文等14种语言15种版本，用文字、图片、动漫、音视频、论坛、博客、微博、播客、掘客、聊吧、手机、聚合新闻（RSS）、网上直播等多种手段，依托人民日报社国内外70余个分社的采编力量，每天24小时在第一时间向全球网民发布丰富多彩的信息，内容包括政治、经济、社会、文化等各个领域。人民网以新闻报道的权威性、及时性、多样性和评论性等特色著称。提供关键词检索，检索系统支持“and”、“or”、“not”逻辑符的运用。

（2）新华网（http://www.xinhuanet.com）。

新华网由中国国家通讯社——新华社主办，每天以中、英、法、西、俄、阿、日等7种语言，24小时不间断地向全球发布新闻信息，每日更新量近4 500条，是名副其实的“中国网上新闻信息总汇”。网上可以查阅新华社编辑出版的近40种报刊，包括《新华每日电讯》、《新华社外文电讯稿》、《参考消息》、《经济参考报》、《中国证券报》、《上海证券报》、《瞭望》、《半月谈》、《环球》、《中国记者》、《摄影世界》、《证券投资》、《农村大世界》、《中国图片》、《中国年鉴》等。

（3）其他中文免费电子报纸资源网站。

①“盛世”网站（http://www.grchina.com/i/baokan/index.htm）。

在该网站的“盛世新闻报刊导航”栏目中，设有5类有关e报（电子报）的栏目，合计收录e报533种。其收录e报情况分别为：在“分类新闻报刊导航”/“在线新闻报刊网址大全”中，设有“中央报刊、全国各地报刊、海外中文报刊、体育报刊、电脑类报刊、经济商贸”6类170种；“各地新闻报刊导航”/“中国内地新闻报刊导航”收录157种；在“港澳台新闻媒体导航”/“港澳台新闻媒体大全”中，收录有香港、澳门和台湾地区出版的86种；“国外中文报刊导航”/“国外中文报纸杂志大全”收录58种；在其“各大报业集团导航”中，收录有人民日报、光明日报、南方报业、北京日报、解放日报和羊城晚报6大报业集团所属的62种。该网站的检索途径为按地区和报纸名称直接检索。

②“上海图书馆”网站（http://newspaper.digilib.sh.cn）。

其“上海图书馆电子报纸导读”/“免费报纸网站链接”栏目中，共收录e报497种。检索途径有“全部报纸”（附有《中图法》大类分类号）、“地区列表”、“字母列表”、“报纸查询”4种。“报纸查询”可按报纸名称检索，匹配方式为任意匹配。例如，输入检索词“信息”时，可检索出《信息日报》、《中国信息报》、《信息时报》、《信息参考报》、《经济信息时报》和《西北信息报》6种电子报。

③“中国21”网站（http://www.china21.com）。

共收录e报641种，分散于7类中：“新闻媒体/报刊/大陆地区索引”222种，“香港报纸”27种，“台湾报纸”41种，“外国报纸”81种，“新闻媒体/报纸/财经报纸”67种，“新闻媒体/报纸/体育报纸”31种，“新闻媒体/报纸/娱乐报纸”37种，“新闻媒体/报刊/科技报纸”52种，

"新闻媒体/报纸/教育报纸" 42 种，"其他海外中文媒体" 42 种。e 报除可按分类检索外，在"新闻媒体/报刊/大陆地区索引"中，也可按"中央直辖市、华北、东北、华东、中南、西南、西北"地区途径检索。

④"大道中文期刊网"网站（http://dadao.net/htm/cool/index.php）。

在该网站的"期刊导航"/"按内容分"/"报纸"栏目中，共收录 e 报 410 种。在"国内报纸"栏目中，又将其细分为 7 类，即日报类 102 种、晚报类 40 种、时报类 92 种、商业类 72 种、生活类 78 种、文摘类 13 种和体育类 13 种。

在"报刊检索"中有"地区分类"和"内容分类"两种检索途径。其主题检索可利用"报刊搜索"选项，配合"地区分类"和"内容分类"进行检索。如配合后者可检索出与 e 报报名、所属地区、所属内容分类类别和内容简介中与检索词相同的结果。例如，输入检索词"健康"，可检索出报纸名称或其内容简介中带有"健康"字样的《健康时报》、《当代健康报》、《大众健康报》、《当代女报》、《旅行报》5 种 e 报。

⑤"希网网络"网站（http://www.cn99.com）。

在该网站的"新闻媒体/报纸"栏目中，共收录电子报 159 种，其中又分出：日报 29 种、晚报 21 种、晨报 6 种。该网站是以提供电子报的订阅利用服务为特色的。

2. 国外主要网上报纸信息

（1）《泰晤士报》（www.thetimes.co.uk/）。

《泰晤士报》（*The Times*）是英国的一种综合性全国发行的日报，是一种对全世界政治、经济、文化发挥着巨大影响的报纸，被誉为"英国社会的忠实记录者"。每天 40 版左右，版面主要可以分为两部分，一是国内外新闻、评论、文化艺术、书评，二是商业、金融、体育、广播电视和娱乐。报道风格十分严肃，报道内容也很详尽；其读者群主要包括政界、工商金融界和知识界人士。该报印刷版约有 1/3 的版面是广告，这部分内容在上网时被删除，其服务多为免费。

（2）《今日美国报》（http://www.usatoday.com）。

《今日美国报》（*The USA Today*）是美国甘耐特公司报业集团旗下的报纸之一，也是全美国发行量最大、全美唯一的全国性大型日报。其网络版的栏目设置和内容安排都和印刷版没有大区分，但对用户在网上检索其资料，采取的是分级控制的方式。一般用户可以直接查询其网络版，16 大类的数据库资料中有关某一主题的报道和内容的在线查询，但若要深入查询资料并下载则须付费[105]。

（3）《华尔街日报》（http://www.wsj.com/）。

《华尔街日报》（*The Wall Street Journal*）是美国乃至全世界影响力最大的日报，侧重金融、商业领域的报道，创办于 1889 年，日发行量达 200 万份。同时出版了亚洲版、欧洲版、网络版，每天的读者大概有 2 000 多万人。该报新闻舆论通过尖利的笔锋净化着商业市场。1882 年，3 个年轻的财经记者编发了《股市快讯》，成立了今天的道琼斯通讯社。7 年后道琼斯推出了第一份《华尔街日报》，当时只有 4 版，如今已是政商人士的必修课。

《华尔街日报》网络版自 1996 年推出，目前已成为全球首屈一指的商业资讯订阅网站和互联网第一大新闻订阅网站。该网站每周 7 天、每天 24 小时不间断实时更新。

2002 年 1 月推出的《华尔街日报》中文网络版（http://www.cn.wsj.com）是其在线中文财经出版物，提供最新的全球商业与财经新闻。刊载的新闻均译自全球最成功的商业新闻订阅网站，并于每个工作日全天更新。

（4）《金融时报》（http://www.ft.com）。

英国《金融时报》（*The Financial Times*）于1888年在伦敦创刊，是英国金融资本的晴雨表。《金融时报》凭借高质量的新闻报道内容，在行业内建立了无可匹敌的巨大声望。在同类媒体中，《金融时报》被公认为最具有影响力和客观性、最值得信赖以及最常被引用的国际性报纸。

建立于2003年的英国《金融时报》中文网站提供来自全球的商业新闻和评论内容，并被公认为在中国最权威的每日国际商业、经济新闻来源。

（5）Internet Public Library（http://www.ipl.org/div/news）。

Internet Public Library（简称IPL）网站设有"在线报纸（Online Newspapers）"，可通过题名、关键词或地区检索国际性报纸。检索方式有简单检索、高级检索和按地区、国家检索。

在检索界面的右上角检索框中输入题名或关键词，点击"Search"，即可实现简单检索。点击"Advanced Search（高级检索入口）"进入高级检索界面。在检索主界面点击地区（如Asia）下的某个国家（如China），我们可以看到中国部分报纸的链接，通过链接即可进入该报的网站[106]。

7.4 图书馆报纸文献利用

7.4.1 纸质报纸文献利用

（1）阅览利用。

图书馆现期报纸阅览区为读者提供最新报纸全方位的开架阅览服务。根据报纸出版周期和版数不同，一般一个开架报夹可以保存一周至数月不等的最新报纸。过期报纸阅览区为读者提供热门报纸，其报纸为最近一年的合订本开架阅览和所有馆藏报纸合订本的闭架借阅服务。电子报纸阅览区为读者提供电子报纸资源的阅读、下载和参考咨询服务。设立阅报栏，坚持第一时间更换最新的报纸。每个报夹需贴上报签、注明名称，以便使脱落的报纸及时夹上，报签也可为读者查阅、工作人员管理提供方便[107]。

（2）过期报纸收藏室。

过期报纸是指本年度自现期报刊阅览室下架的报纸，以及之前本馆收藏的全部合订本报纸。具有易损性和珍贵性等特点。因其开本、体积与图书资料不同，必须另辟空间储藏，即专设过期报纸收藏室。报纸所采用的纸浆在空气中极易氧化，容易变黄发脆，不易保存。因此许多图书馆的做法是仅陈列最近几年的报纸合订本，或选择数种报纸合订本开架供读者自行取阅参考，而其他较久远的报纸合订本就只能以闭架处理。

过期报纸合订本的排架方式主要有三种：① 按出版地排。对邮局发行的报纸，都有邮政代码，它包含有地区概念，可按邮局发行代码（刊号）排；非邮局发行的报纸，可按各报注册登记的省市报刊登记证号排列。② 按报纸名称汉字字顺排列，如按笔画笔顺排，按四角号码排。需用指示牌标出报纸名称汉字首字的排架位置，以便于提取和上架。③ 按报纸名称的汉语拼音字顺排列。排架时，也应标出报纸名称汉字首字的排架位置。

7.4.2 数字化报纸利用

1. 检索途径

（1）地区途径。按报纸所属地区范围检索的途径。包括各省、自治区、直辖市、特别行政区和海外地区。

（2）题名途径。按报纸名称检索的途径。一般为按汉语拼音顺序排序，即“按拼音排序”或“字母列表”途径检索。

（3）分类途径。可按学科分类（多为网站自拟学科分类）、性质分类（如索引类报纸、广播电视报、画报类报纸）、读者对象分类（如青年报/少年报）、出版时间分类（如日报/时报、晨报/早报、晚报、周报等）、中图法分类号分类进行检索。

（4）主题途径。可按报纸名称、内容主题、地区名称、内容简介中的主题进行检索。

（5）综合途径。是将几种检索途径综合运用的检索途径。

2. 利用方式

（1）在线利用。

① 直接在线阅读利用。

② 阅读器在线阅读利用。下载并安装专门的 e 报阅读器可在线阅读 e 报。如“大道中文期刊网”网站的“报纸/日报类”《人民日报》的 PDF 版，即需要有“Adobe Acrobat Reader”阅读器才可在线阅读利用。其文字和图像内容具有放大、缩小功能。如《人民日报》除可利用其“放大”功能实现 9 级放大外，更可以利用阅读器的“视图/缩放为”进行任意比例的缩小或放大，其“手形工具”可实现内容位置的任意移动，二者相互配合，可极为方便地满足视力不佳者的阅读需要。

③ 综合在线阅读利用。指既可以直接在线阅读利用 e 报的普通电子版，也可以通过阅读器在线阅读利用与普通纸质报纸样式完全相同的 e 报的一种混合利用方式。

④ 在线打印利用。在网上将所需 e 报内容打开后，通过设置命令，利用与计算机连接的打印机，将 e 报内容打印在纸张上，然后再阅读的一种利用方式。

（2）离线利用。

指在不上网，即离线（也称下线、下网、脱机）的状态下，阅读使用 e 报资源的利用方式。

① 自动下载离线利用。指在网上打开 e 报内容时计算机可将已打开的内容自动复制下载保存（也称“缓存”）到计算机硬盘临时文件夹中，供离线状态时阅读使用。该临时文件夹位于 C 盘中的特定文件夹中，不同的操作系统可有不同的位置。它包含在设定时间内上网时打开过的所有 e 报版面的内容，上网再次打开时可快速显示，即使在脱机状态下也可使用。若要使该文件夹的内容长期保存，可根据需要调整其时间长度的设置，如可将计算机默认的“20”天增加至“999”天等。

② 离线打印利用。打开计算机自动下载保存在临时文件中的 e 报版面内容，通过打印机打印在纸张上，然后再阅读。

（3）订阅利用。

在线订阅 e 报后，利用电子邮箱接收 e 报，然后在离线或在线状态下打开或下载利用 e 报[108]。

7.4.3　报纸文献数据库

1. 中国重要报纸全文数据库

检索界面中提供了快速检索、标准检索、专业检索、句子检索、来源报纸检索 5 种检索方式。

（1）快速检索：直接在检索输入框中输入关键词，快速搜索到感兴趣的文献。

（2）标准检索：首先输入检索控制条件，如发表时间、作者等；其次输入文献内容特征信息，如主题、题名、关键词、全文、中图分类号等；再选择检索条件；最后对检索得到的结果分组排序，筛选得到所需文献。

（3）专业检索：使用逻辑运算符和关键词构造检索式进行检索。布尔逻辑算符：逻辑与为“and”或“*”号，逻辑或为“or”或“+”号，逻辑非为“-”号。截词符：“%”。

可检索字段：主题、题名、作者名称、第一责任人（第一作者）、关键词、全文、报纸中文名（报纸名称）、日期（需要半角单引号引起来）、CN（需要半角单引号引起来）。示例：

题名=科学 and 全文=科学技术 and （作者名称 % 陈+王）可以检索到条目题名包括“科学”且全文包括“科学技术”并且作者名称为“陈”姓和“王”姓的相关报纸文章。

题名=北京*奥运 and 全文=科技 可以检索到主题包括“北京”及“奥运”并且全文中包括“科技”的信息。

（4）句子检索：输入两个关键词，查找同时包含这两个词的句子，实现对事实的检索。

（5）来源报纸检索：按来源检索文献。首先输入报纸名称、国内统一刊号均可，选择检索条件“模糊”或“精确”，再输入报纸日期即可。

注：全文为该系统特定的文件格式“.caj”、“.kdh”或“.pdf”格式，必须在中国期刊网首页上下载使用系统特定的全文浏览器（如 CAJViewer 7.0、AdobeReader）。

2. 人民日报图文全文数据库

（1）主界面功能介绍。

“人民日报数据库”的页面分为两部分：左侧日期导航和右侧功能及内容显示区。

左侧日期导航：在日期导航区内列出了《人民日报》自创刊（1946 年 5 月）至今的全部年、月日期，可以点击相应的年或月快速浏览所要查找的数据。为便于浏览，日期导航只列出了最近 10 年的日期。如果想浏览全部的日期导航，需要点击位于导航区底部的“显示全部”。如果需要返回到最近 10 年的日期导航，需要点击位于导航区底部的“显示近十年”。

右侧功能及内容显示区：右侧上部显示：当前登陆的用户名称、全文/二次检索以及功能按钮。登录后，系统会自动显示《人民日报》最近一天的全部数据（数据库为每日更新，逢节假日顺延）。在此可方便快捷地浏览最新一天的《人民日报》全部数据。并可通过左侧的日期导航或右上侧的“高级检索”查找所需数据。

（2）高级检索。

点击页面右上部的“高级检索”链接，即可进入高级检索页面。在高级检索列出的各条件中，可以只选择其中一个或是多个。

① 日期（分为“单日期检索”、“时间段检索”、“多日期检索”和“特殊日期检索”，默认为“单日期”）。

a. 单日期检索：检索的时间范围限定在固定的某一天，例如，2008.1.1。可以在输入框中手工输入日期，也可以点输入框右侧的“日期控件按钮”来选择日期。

b. 时间段检索：检索的范围是某一时间段的日期。例如，如果想检索的是 2008.01.01 至 2008.01.31 这一段日期，需在第一个“日期”框中选择：2008.01.01，在第二个“日期”框中选择：2008.01.31。具体使用方法与单日期检索相同。

c. 多日期检索：检索的范围是某一个或多个日期。需要在输入框中选择日期，而后点击“日期添加”按钮，程序会将选择的日期添加进右侧日期列表框中，而后依据这一步骤添加其他日期。

d. 特殊日期检索：检索的范围是若干年中同一天的数据。例如，检索 2000 年到 2008 年中所有 10 月 1 日的数据。需要在第一个输入框中输入 2000，在第二个框中输入 2008，而后在第三个框中输入 10，最后在第四个框中输入 1。

② 版次。

版次的输入范围是 1～40 的数字。人民日报自创刊至今经过多次扩版，目前为 16 个版（周六、日为 8 个版），其中，1～4 版为要闻版，5～12 版为新闻版，13～16 版为周刊、专版和副刊。

人民日报自创刊至今历次版次变更的时间为：创刊—1956.6.31 为 4 版、1956.7.1—1979 为 4 或 6 版、1980—1994 为 8 版、1995—2002 为 12 版、2003 至今为 16 版、16 版以上为增刊。

③ 作者。

可以输入作者的全名或是作者姓名中的某一个字进行检索。

④ 标题。

检索范围是文章中标题、副标题、肩标题。标题检索支持多词（字）检索。

⑤ 正文。

检索范围是文章正文的全部内容。正文检索支持多词（字）检索。

⑥ 检索结果排序（默认为日期倒排序）。

a. 日期正排序：是指检索的结果按照日期由先到后的顺序排列。例如，检索 2000 年至 2008 年的数据，其检索结果是 2000 年的数据在最前面显示，2008 年的数据在最后显示。

b. 日期倒排序：是指检索的结果按照日期由后到前的顺序排列。例如，检索 2000 年至 2008 年的数据，其检索结果是 2008 年的数据在最前面显示，2000 年的数据在最后显示。

（3）全文检索、二次检索。

① 全文检索。全文检索范围是数据库中全部文章的正文、标题、肩标题、副标题。检索支持多词（字）检索。例如，在检索框中输入“讲话”，而后点击“全文检索”，检索的结果就是在数据库中全部数据的标题或正文中包含有“讲话”两个字的数据。

注：由于全文检索的检索范围是数据库中的全部数据，数据量非常大，可能在提交后会有一定时间的等待。如果在此检索中得到的检索结果范围很广，不便于快速浏览所需数据，建议使用高级检索，进行多条件检索。

② 二次检索。二次检索是在上一次检索结果的基础上进行的检索，范围是文章的正文、标题、肩标题、副标题。检索支持多词（字）检索。例如，点击了左侧日期导航的 2008 年 11 月（或是在高级检索中检索了 2008 年 11 月），其检索结果就是 2008 年 11 月的全部数据，在页面上部的检索框中输入“讲话”，而后点击“二次检索”，检索的结果就是在 2008 年 11 月的全部数据的标题或正文中包含有“讲话”两个字的数据。还可以在二次检索的基础上多次进行这

样的检索，以便精确定位到要查找的数据。

（4）检索功能说明。

① 多词检索。不但可以检索单一的词（字），还可以对多个词（字）进行检索。在使用多词（字）检索时可以在各词（字）中间使用*（只有在文章中满足所使用全部词，方为检索结果）、空格（只要在文章中满足所使用任意一个词，即为检索结果）。

例如，输入“出席*讲话”，就会检索出标题或正文中所有的包含“出席”和“讲话”关键字的数据。输入“出席 讲话”，就会检索出标题或正文中所有的包含“出席”或“讲话”关键字的数据。

若选择了一个检索条件，则检索结果将等于所选择的这个条件（只针对高级检索）。例如，只想检索日期为2008.01.01的数据，只需在“日期”框中选择：2008.01.01。

若选择了多个检索条件，则检索结果将匹配所选择的所有条件（只针对高级检索）。例如，检索日期为 2008.01.01，并且在数据的标题中包含有“讲话”两个字的数据，需要在“日期”框中选择：2008.01.01，并且在“标题”框中输入“讲话”。

② 检索错误。如果在检索时，出现错误报告，或是检索不到程序中已经收录的文章。那么有可能是在使用检索语句时出现了与系统检索程序有冲突的符号（如：－ ＝+ （ ）~等），不妨把这类符号去掉再进行检索。或是由于使用的检索语句太长，超出了系统所规定的范围，可以减少一些检索语句进行检索。

（5）概览页面说明（数据标题列表）。

提交检索后，其检索结果的数据标题列表会在本页面显示（每页默认显示 20 条数据），点击数据的标题即可浏览相关数据。在标题列表上面的左侧显示的是本次检索结果的总数据量、数据共有的总页数（每页显示 20 条数据）、当前是检索结果的第几页。在标题列表上面的右侧是页码及翻页功能键（首页、上一页、下一页、尾页、数字）。

（6）细览页面说明（数据详细内容浏览）。

在数据标题列表页面点击任意数据标题后即进入本页面，显示这一数据的全部信息以及浏览数据的相关功能键。

返回：返回到概览页面（数据标题列表）。

上一记录：浏览当前数据的前一条数据（如果当前即是第一条数据，则此项为灰色不可用）。

下一记录：浏览当前数据的后一条数据（如果当前即是最后一条数据，则此项为灰色不可用）。

打印预览：调用数据打印模板。

下载记录：将当前数据以文本形式保存到电脑（下载数据是.trs 格式文件，可用记事本打开）。

原版样式：浏览当前数据所在的原版报纸版面的图片。

字号加大：将正文字号加大一个像素（px），最大可加大至 20px。

字号减小：将正文字号减小一个像素（px），最小可减小至 10px。

字号还原：将当前数据正文的字号还原至系统默认的字号（系统默认为 14px）。

3. TBS 报纸检索系统

该库将检索途径合理地划分成总期号、年期号、日期、版面、作者、记录浏览、全文检索、组合检索、层次检索 9 大部分。支持使用逻辑算符与（and）、或（or）、差（sub）、异或（xor）、有序（pre）、相邻（near）等。可在同一字段内进行各种有序和无序的检索，也可一次实施多库检索及二次文献检索。

4. 超星读秀学术搜索系统（http://www.duxiu.com/）

（1）登录超星读秀学术搜索（http://www.duxiu.com）首页。选择“报纸”频道，其检索界面提供了检索报纸类型的字段选项，即全部字段、标题、作者、来源、全文。系统默认是“全部字段”。

（2）选择检索字段，在检索输入框中输入检索词，可输入检索式进行组配检索。

（3）检索结果页面中包括报纸信息的具体标题、日期、来源等，点击标题可获报纸信息文摘；点击“我需要全文”按钮可直接获取全文，也可通过文献传递等方式获取全文。

例如，要查找“人民日报”相关报纸信息：首先在超星读秀学术搜索数据库中选择“报纸”频道，然后选择检索字段“全部字段”，在检索词输入框中输入检索式：“人民*日报”，点击“中文文献搜索”，得到检索结果。其结果包括报纸中的具体信息标题、日期、来源等；点击所查出的报纸信息标题，得到报纸信息详细内容，在此界面中提供了该报纸的收藏、求购、出售及获取全文方式；如需查看全文，可点击“我需要全文”按钮直接获取全文，也可通过文献传递等方式获取。

8 专利信息利用

8.1 专利信息界定

在科研中常会出现如下一些情况，现有的发明因为缺乏信息而被再发明，已经解决的问题因为缺乏信息而再一次地被解决，已经上市的产品也因为缺乏信息而再研发。根据欧洲专利局网站所提供的信息，欧洲产业界每年因为重复研究浪费了200亿美元，原因仅是“缺乏专利信息”。而根据世界知识产权组织（World Intellectual Property Organization，WIPO）的报道，在各式专业期刊、杂志、百科全书等有关技术发展的资料中，唯一能够全盘公开技术核心者仅有专利信息。在专利说明书中含有 90%～95%的研发成果，而且其中 80%并未记载在其他杂志期刊中。而根据 WIPO 调查，善加利用专利信息，可缩短研发时间 60%，节省研究经费 40%。

专利信息与专利文献相辅相依。从两者关系上说，专利信息是指以专利文献作为主要内容或以专利文献为依据，经分解、加工、标引、统计、分析、整合和转化等信息化手段处理，并通过各种信息化方式传播而形成的与专利有关的各种信息的总称。

8.2 专利信息类型

（1）技术信息：在专利说明书、权利要求书、附图和摘要等专利文献中披露的与该发明创造技术内容有关的信息，通过专利文献所附的检索报告或相关文献间接提供的与发明创造相关的技术信息。

（2）法律信息：在权利要求书、专利公报及专利登记簿等专利文献中记载的与权利保护范围和权利有效性有关的信息。其中，权利要求书用于说明发明创造的技术特征，清楚、简要地表述请求保护的范围，是专利的核心法律信息，也是对专利实施法律保护的依据。其他法律信息包括：与专利的审查、复审、异议和无效等审批程序有关的信息；与专利权的授予、转让、许可、继承、变更、放弃、终止和恢复等法律状态有关的信息等。

（3）经济信息：在专利文献中有一些与国家、行业或企业经济活动密切相关的信息，反映出专利申请人或专利权人的经济利益趋向和市场占有欲。例如，有关专利的申请国别范围和国际专利组织专利申请的指定国范围的信息；专利许可、专利权转让或受让等与技术贸易有关的信息等；与专利权质押、评估等经营活动有关的信息，这些信息都可以看做经济信息。竞争对手可以通过对专利经济信息的监视，获悉对方经济实力及研发能力，掌握对手的经营发展策略，以及可能的潜在市场等。

（4）著录信息：与专利文献中的著录项目有关的信息。例如，专利文献著录项目中的申请人、专利权人和发明人或设计人信息；专利的申请号、文献号和国别信息；专利的申请日、公开日或授权日信息；专利的优先权项和专利分类号信息；专利的发明名称和摘要等信息。专利文献著录项目用于概要性地表现文献基本特征，既反映专利的技术信息，又传达专利的法律信息和经济信息。

（5）战略信息：经过对上述四种信息进行检索、统计、分析、整合而产生的具有战略性特征的技术信息或经济信息。例如，通过对专利文献的基础信息进行统计、分析和研究所给出的技术评估与预测报告和"专利图"等。美国专利商标局 1971 年成立的技术评估与预测办公室（OTAF）就是专门从事专利战略信息研究的专业机构。该机构在过去的几十年间，陆续对通信、微电子、超导、能源、机器人、生物技术和遗传工程等几十个重点领域的专利活动进行研究，推出了一系列技术统计报告和专题技术报告。这些报告指明了正在迅速崛起的技术领域和发展态势，以及在这些领域中处于领先地位的国家和公司。这些报告是最重要的专利战略信息之一，它是制定国家宏观经济、科技发展战略的重要保障，也是企业制订技术研发计划的可靠依据。

8.3 专利信息特点

专利信息是了解新技术最快的信息源。专利所具有的新颖性要求提出申请的发明是在申请之日前从未发表过的。因此，发明人为了获得该项专利权，在发明完成后需尽快提出专利申请，这就使得专利信息成为了解新技术最快的信息源。

专利信息是质量最高的技术信息源。在专利说明书中详细介绍了该发明创造的主要内容、技术要点等，查阅专利信息有助于研究者较为细致地了解该领域的研究进展情况，把握研究方向和起点。

专利信息通常还用于新颖性检索、侵权检索、专利有效性检索和监视性检索等。

新颖性检索又叫查新。主要是法律目的的检索，即要查明某一特定日期之前，有关的发明创造是否已被公开过。专利申请人在申请专利前一般都要进行查新。

侵权检索：在实行专利制度的国家内，企业决定采用一项新工艺或将投产一种新产品之前，或者在外贸商人决定进口某项技术之前，一般要进行该项检索。目的是了解国内是否已有该项专利，以避免侵权事件的发生。

专利有效性检索：是企业受到侵权指控后常采用的一种自卫性的检索，主要是被告者检索原告指控的专利是否依然有效。

监视性检索：指利用专利信息的检索来监视竞争对手的技术发展状况，使自己在技术上领先，在竞争中处于有利地位。

8.4 专利信息相关知识

8.4.1 专利说明书

专利说明书是申请人向专利局申请专利时所提交的说明其发明创造的书面文件，上面记载了发明的实质性内容和付诸实施的具体方案，并有专利权的范围，是专利文献的主体。主要用于公开新的技术信息和确定法律保护的范围。根据专利审批程序，它分为未经过专利审查的专利说明书（如德国公开说明书、日本公开特许公报、中国发明专利申请公开说明书等）和经过专利性审查的专利说明书（如美国专利说明书、苏联发明说明书、中国发明专利说明书等）。

专利说明书一般由扉页、权利要求、正文和附图三部分构成。

（1）扉页。

扉页位于说明书首页，著录本专利的分类号、申请号、专利说明书编号、专利权人及地址、发明创造的名称、内容摘要等内容。

扉页上的著录项目均采用巴黎联盟专利局情报检索国际合作委员会（简称 ICIREPAT）制定的国际统一的数据标识代号，即 INID[Internationally agreed Numbers for the Identification of (bibliographic) data]代码。这种代码由圆圈或括号所括的两位阿拉伯数字表示（见表 8.1）。

表 8.1 INID 代码表

代码	含义	代码	含 义	代码	含 义
[10]	文献标志	[43]	未经实质审查的专利说明书的出版日期	[63]	被接续的专利（后继专利）
[11]	文献号（专利号）	[44]	经实质审查但尚未授予专利权的说明书出版日期	[64]	再公告专利
[12]	文献种类	[45]	获准专利权的说明书出版日期	[70]	人事项
[19]	公布专利文献的国家或机构	[47]	以批准专利的说明书出版后的展出日期	[71]	申请人
[20]	国内登记项	[50]	技术项	[72]	发明人
[21]	专利申请号	[51]	国际专利分类号	[73]	受权人（或公司名称）
[22]	专利申请日期	[52]	本国专利分类号	[74]	律师或代理人
[23]	其他登记日期（如递交正规说明书日期）	[53]	国际十进分类号	[75]	既是申请人也是发明人的姓名
[24]	所有权生效日期	[54]	发明名称或题目	[76]	发明人兼申请人和授权人的姓名
[30]	国际优先案项目	[55]	关键词	[80]	国际组织有关项目
[31]	优先权申请号	[56]	已发表过的有关技术文献目录	[81]	国际专利合作条约的指定国
[32]	优先权申请日期	[57]	内容摘要和权项	[84]	欧洲专利公约的指定国
[33]	优先权申请国家	[58]	核查范围（即审查时所需检索学科的范围）	[86]	国际申请号、文种及申请日期
[40]	公布或出版日期	[60]	法律上有关联的文章	[87]	国际专利文件号、文种及出版日期
[41]	未经实质审查的说明书公布日期	[61]	增补专利	[88]	欧洲检索报告的出版日期
[42]	经实质审查尚未授予专利权的说明书展出日期	[62]	分案专利		

（2）权利要求书。

依次写明主权项和其他权利要求。这是专利保护的范围，是排斥他人无偿占有的具体内容，具有直接的法律效力。

（3）正文和附图。

概述该专利的特征及技术要点、所属技术领域及现有技术水平等，同时还要具体叙述该专利的实施细节，指出最佳实施方案并列举具体的例子，给出示意图，设计方案结合附图加以说明。

8.4.2 国际专利分类表及其使用[109]

1. 概况

国际专利分类表（International Patent Classification，IPC）。

专利信息检索中，掌握专利分类表是个重要环节。世界各国一般都编有自己的专利分类表，采用的分类原则、分类系统和标记符号等各有不同。IPC 系统对技术领域中任一特殊方面的专利文献作统一的分类，从而在编排、传递和查找专利说明书的过程中提供方便。

世界通用的国际专利分类表自 1968 年 9 月 1 日生效。各主要工业国家出版的专利说明书上，现在都印有国际专利分类号码，其中有些国家的专利检索工具书已经改用国际专利分类法编排，如原苏联专利情报与技术经济科学研究所 1972 年编辑出版的《苏联和国外发明》。法国、原联邦德国和日本分别在 1969 年、1971 年和 1980 年放弃本国的专利分类法而开始使用 IPC，专利局的资料改用 IPC 排档，出版的检索工具书（公报、索引）也改为 IPC 编排。《专利合作条约》（Patent Cooperation Treaty，PCT）和欧洲专利也使用这种分类表，英国的《世界专利索引》也以 IPC 作为主要的分类检索途径，我国专利也采纳国际专利分类表。所以，无论是从工程技术人员利用外国专利文献的角度，还是从我国发明管理事业的需要来看，掌握这种分类表，都是十分必要的。

2. IPC 系统的结构

国际专利分类系统分成部、大类、小类、大组和小组等 5 级结构，涉及与发明专利有关的全部技术领域。它分 8 大部（包括若干个亚部）用 A，B，C，D，E，F，G，H 8 个大写拉丁字母分别表示；部下有大类，用阿拉伯数字表示；大类下是小类，以大写拉丁字母表示；小类下则有大组和小组，用阿拉伯数字表示。在大组和小组之间用一斜线“/”隔开。如：

C	07	C	47	/	00
部	大类	小类	大组		小组

8 个部分成 8 个分册。各部类号、类名及内容划分如下：

A 部“人类生活必需”，包括农业、食品与烟草、个人或家用物品、保健、娱乐等 15 个大类。

B 部“作业；运输”，包括各种作业和设备、交通运输，即分离、混合、成型、印刷、各种运输等 34 个大类。

C 部“化学；冶金”，包括无机化合物、高分子化合物及它们的制备方法等纯化学内容外，还涉及含有上述化合物的产品，如玻璃、陶瓷、水泥、肥料、塑料、涂料、石油工业产品以及因具有特殊性能而适于某一用途的一些产品，如炸药、染料、黏合剂、润滑剂、洗涤剂等应用化学部分。此外 C 部中还包括某些边缘工业，如各种燃料的制造；油脂和石蜡的生产精炼；发酵、微生物及遗传工程和制糖工业等和一些纯机械或部分机械的操作或处理，如皮革和皮革制品的处理、水处理或一般防腐蚀。由于冶金学作为一个分部设在 C 部内，所以该部还包括各种黑色、有色金属及合金的冶金学和电解、电泳工艺等 19 大类。

D 部“纺织；造纸”，包括纺织、纤维、染色、索缆、造纸技术等 8 个大类。

E 部“固定建筑物”（建筑、采矿），包括公路、铁路、桥梁建筑、水利工程、给排水、房屋建筑、采掘等 7 个大类。

F 部“机械工程；照明；加热；武器；爆破”，包括发动机、泵、一般机械工程、加热、武器、爆破等 17 大类。

G 部“物理”（仪器、核物理），包括测试、光学、摄影、钟表、控制、计算、教育、乐器、核物理等 13 个大类。

H 部“电学”，包括电器元件和半导体技术、电力、电子电路、电讯技术及其他等 5 个大类。

此外，单独出版有一本上述 8 大部的《使用指南》，作为第 9 分册。它是 8 大部中的大类、小类及大组的索引，是国际专利分类表的指导性文件，对国际专利分类表的编排、分类法和分类原则等作了解释和说明，可以帮助使用者正确使用《分类表》。大组索引包括 6 000 多个大组的类目，它将 8 个分册中的大组集中编入本分册。

3. IPC 的编排体例说明

我们仍引用上面“C07C 47/00”这一类号为例加以说明。

C　　　化学、冶金

C07　　有机化学

C07C　　无环和碳环化合物

C07C　　47/00　有 CHO 基的化合物

47/02　　· 有 CHO 基连接在非环碳原子或氢原子上的饱和化合物

47/04　　·· 甲醛

47/042　　··· 从一氧化碳制备[3]

47/052　　··· 用甲醇的氧化制备[3]

47/055　　···· 用贵金属和它们的化合物做催化剂[3]

47/058　　··· 分离；纯化；稳定化；用添加剂[3]

从上例可以看出，国际分类号的分类等级关系，在类号上只能判断出前 4 级，即部、大类、小类和大组。至于小组以下的等级关系是用“•”来表示的，“00”是相当于第 5 级，1 个“•”表示第 6 级，2 个“••”表示第 7 级，3 个“•••”表示第 8 级。国际分类法最细可分至 12 级，即有 7 个“•”。对类目说明语含义的理解要上下级串联起来考虑。例如，47/042 和 47/052 都有 3 个“•”，表示同等关系，互不相关，47/042 是从一氧化碳制备甲醛，47/052 是甲醇氧化制备甲醛。47/055 有 4 个“•”，它从属于 47/052，而与 47/042 无关，因为它紧挨着 47/052。因此，47/055 的含义是“用贵金属和它们的化合物做催化剂从甲醇氧化法制备甲醛”。

凡在类目后边注有符号“[3]”者，表示该类目是第 3 版修订的。

4. 国际专利分类表使用注意——以C部“化学、冶金”说明

虽然C部的类名称为“化学、冶金”，但并非概括了所有涉及化学化工的内容，而是有相当一些和化学化工有关的内容被划分在其他部类里。例如，一些化工过程：分离、溶解、乳化，以及化工仪器仪表、设备和塑料制品加工分在B部“作业、运输”；分析或试验的化学方法、照相材料和过程归属于G部“物理”；织物的化工过程、纤维素或纸张的生产一般归入D部“纺织、造纸”；电池的制造等包括在H部“电学”。此外，如农药、医药、香料、化妆品等虽然它们的纯化学部分划在C部，但它们的应用化学方面则纳入A部“人类生活必需”。再如，抗氧剂成分的类目分在C部，而用于食品的抗氧剂则放在A部。土壤改良成分和土壤稳定剂成分的类目归入C部，而有关填充土壤孔隙的物质却纳入E部。上述涉及化学技术领域类目分散在其他各部，是国际专利分类表设置功能类目和应用类目的分类原则所决定的。在使用国际专利分类表时需要注意它的分类原则，以便准确地选择适当的分类号。

为了解决技术重叠问题，国际分类表使用了一些附加规则，如参见（在一些大类、小类、大组、小组、导引标题、附注后括号内的内容），附注（设置在部、分部、大类、小类、组和导引标题的某些位置，只适用于相关的位置和其细分位置，并且高于相抵触的一般导引。例如，C部附注中“非金属：B Si”；C08F附注中“本小类中，硼或硅作为金属”，C08F小类类名下的附注高于C部类名下的附注），优先规则，最后位置规则，最先位置规则，主要成分规则等。在整个分类表中，C部是采用附加规则较多的一个部。在确定技术主题的分类位置时，还要注意各种附加规则的使用。

追溯检索时，一定要注意检索年代和国际专利分类表版本之间的对应关系。例如，查含磷和含卤素的发光材料的文献，根据不同年代就有3个不同的分类号：C09K11/42；C09K11/43；C09K11/72。第1个分类号是第2版的，适用于查1974—1979年的文献；第2个分类号是第3版的，适用于检索1980—1984年的文献；最后一个分类号是第4版的，适用于找1985年以后的文献。所以检索不同时期的文献，要注意用不同的分类号进行检索。

国际专利分类表编辑有专用的引得表的小类和引得表组，这类引得码专作引得用，在对已分类情报作补充引得时，可直接选用。它在专利文献中有两种表示方法：① 连用引得码，即引得码与它相联系的分类号一同写在括号内。括号内先列出已分类的技术主题的分类号，再列出引得码。每组连用的引得码用单独的括号表示。例如：（C08F210/16，214:06），（C08F255/04，214:06）。② 不连用引得码，即引得码单独出现，不需要表明它与哪些分类号相联系，如B29K9:06。用引得码可提高检全率和检准率。当同一分类号下的专利文献太多时需再细分才利于检索，但由于学科交叉，有时无法从单一的观点细分，用引得码对跨学科主题的检索就较有效。

5. IPC号的选定步骤及其辅助工具书

（1）从《关键词索引》入手。

《关键词索引》（Official Catchword Index）是查找IPC的入门工具书。它是配合8大部IPC表单独印行的一本词表性索引。索引中的关键词按字顺排列，在关键词下列有细分的下属关键词，后者可称修饰词或限定词，大都以词组形式表示，然后开列IPC号。例如，查找“环氧树脂的制备”的专利文献，可选“EPOXY”作关键词，查阅《关键词索引》得到：

EPOXY
——compounds of low-molecular C07D 301/00

weight 303/00

polycondensates containing

——groups C08G 59/00

polymerization of cyclic ethers C08G 65/02

根据以上查得的 IPC 号，再用 C 分册，按顺序翻到各个类号，进一步挑选列在各类号下更切题的细分类号。如要查找环氧乙烷的文献，根据内容可选第一个类号 C07D 301/00；查找环氧树脂的文献，可选第三个类号 C08G 59/00，然后用 C 分册，找出这两个类号，再挑选列在它们下面的更切题的细分类号。依此类推，从《关键词索引》入手，可以减少在 8 个分册中随意翻查的盲目性。

（2）从《使用指南》入手。

《使用指南》是根据 IPC 前 3 级类号组排起来的一本索引。通过《使用指南》查找分类号，是根据课题性质，先初步确定大的分类范畴，即以《使用指南》中的“大类目录”为起点，用“大类目录”中所给出的大类号引渡到“小类目录”，根据“小类目录”中所给出的小类号，再引渡到“大组目录”，寻找大组号。这样逐级缩小命中范围，最后根据“大组目录”所给出的 IPC 大组号，再有目的地选取某个分册（大部），去查出更细的类号。

8.5 专利信息源概况

8.5.1 专利信息源分布

1. 专利信息源的种类[110]

（1）纸本专利文献。指以纸件形式连续系统报道专利信息的出版物，或以专利说明书原件形式按照某一种特定方式进行系统加工的纸件文档。如包括中国三种专利公报、各种年度索引的检索工具书、按顺序号出版的各类专利说明书和按特定技术领域加工的分类文档。

（2）缩微专利文献。指以缩微平片、胶卷形式制作的各种专利文献出版物。如英国德温特公司世界专利目录累积索引、欧洲专利信息和专利文献服务中心的专利文献著录数据。

（3）电子专利文献。指记录在可被计算机读取的磁带、磁盘、光盘等介质上的具有独特检索软件的专利文献及数据库集合。如欧洲专利局的 ESPACE 系列，美国专利商标局的 CASSIS 系列等。

（4）因特网专利文献。指各国专利局和国际性专利组织利用因特网传播专利信息，并提供网上专利信息检索的数据库及数据库集合。如中国国家知识产权局网站。

（5）其他专利信息资源。指不同出版物和媒体中披露的与专利有关的各种信息。如中国知识产权网。

2. 中国专利文献主要信息源

（1）中国专利公报[111]。

该公报是中国专利局的官方出版物，专门公布和公告与专利申请、审查、授权有关的事项和决定，是检索中国专利文献的主要检索工具。专利公报分为“发明专利公报”、“实用新型专利公报”、“外观设计专利公报”三种，均于1985年创刊，周刊采用摘要的形式报道，附有专利公报索引和年度索引。1992年8月起，上述三种专利公报均被收入“中国专利文献数据库”。

① 发明专利公报。该公报收录发明专利，主要由5部分组成：发明专利申请公开（文摘）、发明专利权授予（题录）、发明专利事务、申请公开索引（包括 IPC 索引、申请号索引、申请人索引、公开号/申请号对照表）、授权公告索引（包括IPC索引、专利号索引、专利权人索引、授权公告号/专利号对照表）。其中前两部分按IPC号编排。

② 实用新型专利公报。收录实用新型专利，主要由三部分组成：实用新型专利权授予（文摘），实用新型专利事务，授权公告索引（包括 IPC 索引、专利号索引、专利权人索引、授权公告号/专利号对照表）。第一部分按IPC号编排。

③ 外观设计专利公报。收录外观设计专利，主要由三部分组成：外观设计专利权授予（题录及设计图），外观设计专利事务，授权公告索引（包括分类号索引、专利号索引、专利权人索引、授权公告号/专利号对照表）。第一部分按国际外观设计分类号编排。

（2）中国专利索引。

该索引是一种检索专利文献十分有效的工具书。自 1986 年以来由中国专利出版社逐年出版,收集了1985年4月1日我国专利法实施以来在三种专利公报上公布的所有中国专利信息条目，该索引为题录型检索工具，1986—1992年间每年出版一次，从1993年起，每半年出版一次，每次出版分两个分册，第一分册为分类年度索引，按国际专利分类表或国际外观设计分类号顺序排列；第二分册为申请人、专利权人年度索引，按申请人、专利权人名称的汉语拼音顺序排列。

《中国专利索引》和《中国专利公报》可单独使用，也可配合使用。

（3）网上中国专利信息数据库。

在国内的网站中，有关专利的网站非常多，其中大部分均提供专利检索服务，如中国国家知识产权局（http://www.sipo.gov.cn）、中国知识产权网（http://www.cnipr.com）、中国专利信息中心（http://www.cnpat.com.cn/）、中国专利信息网（http://www.patent.com.cn）等。这些网站中绝大部分只提供题录和文摘，如果需要得到专利说明书必须付费，目前在国家知识产权局的网站上可以免费检索专利说明书的全文。

3. 国外专利文献主要信息源

（1）德温特《世界专利索引》。

德温特出版公司（Derwent Publication Ltd）是英国一家专门从事专利文献情报服务的私营机构，成立于1951年。《世界专利索引》（World Patent Index，简称 WPI）是德温特出版的一套报道世界专利文献的检索工具，包含题录和文摘两种形式，均为周刊，在全世界享有盛誉。其中题录型检索工具为《世界专利索引公报》（World Patent Index Gazette，简称 WPIG）；文摘型检索工具为《工程专利索引》（Engineering Patents Index）、《电气专利索引》（Electrical Patents Index）、《化学专利索引》（Chemical Patents Index）。

《世界专利索引》的主要特点有：

① 专利文献来源广泛，报道数量大。目前报道30多个国家、两个国际组织的专利文摘或专利题录以及两种出版物（英国的《研究公开》和美国的《国际技术公开》）上的专利文献，年报道量90余万件，占全世界专利文献总量的70%。

② 报道内容完整，著录项目多。它既按自己的分类体系分类，也提供国际专利分类体系

分类；既可了解专利现状，也可了解专利变化过程；专利文摘既提供法律状况，更重视技术内容，同行技术人员阅读后能理解其技术概念。

③ 报道语言通用性好，统一用英语报道各国的专利文献。

④ 出版速度快。题录周报的时差约 4～5 周，文摘周报的时差为 5～8 周。

⑤ 对基本专利和相同专利均作报道，便于了解专利申请情况，并根据熟悉的语种选择阅读专利说明书。

⑥ 专利题目经过改写，比原专利说明书更确切，更符合发明内容。题目的用词规范，查准率高。

⑦ 出版形式多样，能够满足不同用户的需求。

（2）德温特检索刊物。

《世界专利索引公报》（WPIG） 创刊于 1974 年，以题录的形式快速报道各国的专利文献，又称题录周报。WPIG 按德温特学科分类，分成综合、机械、电气、化工四个分册。每个分册的名称及所涉及的主题内容包括：

① 综合分册（P 分册）报道农业、食品、轻工、医药和一般的工业加工工艺与设备以及光学、摄影等方面的专利。

② 机械分册（Q 分册）报道运输、建筑、机械工程与元件、动力机械、照明、加热等方面的专利。

③ 电气分册（S-X 分册）报道仪器仪表、计算机和自动控制、测试技术、电工和电子元器件、电力工程和通信等方面的专利。

④ 化工分册（A-M 分册）报道一般化学与化学工程、聚合物、药品、农业、食品、化妆品、洗涤剂、纺织、造纸、印刷、涂层、照相、石油、燃料、原子能、爆炸物、耐火材料、硅酸盐及冶金等方面的专利。

WPIG 各分册均由四种索引组成（专利权人索引、国际专利分类索引、登记号索引和专利号索引），同时按季度和年度出版累计索引，单独出版优先案对照索引和登记号索引。

《工程专利索引》（EPI）其前身先后为《世界专利文摘杂志》（1970—1987）和《一般与机械专利索引》（1988—1995），1996 年改为现名，是德温特检索体系中报道非化学化工类专利文献的刊物，共设四个分册：P1-P3 生活必需分册；P4-P8 加工作业分册；Q1-Q4 运输和建筑分册；Q5-Q7 机械工业分册。四个分册与 WPIG 中的 P 分册、Q 分册相对应。

EPI 比 WPIG 迟出约 3 周的时间，报道范围也不如 WPIG 全面，但其著录项目详细。每个分册都由文摘正文和辅助索引两部分组成。文摘正文按分类号顺序排列，辅助索引有专利权人索引、登记号索引和专利号索引。

《电气专利索引》（EPI） 创刊于 1980 年，是专门报道世界各国电气和电子技术方面专利文献的文摘刊物，分为 S-X 六个分册，与 WPIG 的 S-X 分册相对应。六个分册为：S，仪表、测量、试验；T，计算、控制；U，半导体、电子设备；V，电子元件；W，通讯；X，电力工程。每个分册都由文摘正文和辅助索引两部分组成。

文摘正文又分为“基本专利”、“日本公开特许”和“相同专利”三个部分。每一部分都按德温特分类号编排，同一类中，基本专利部分按登记号顺序排列，日本公开特许和相同专利部分按专利号顺序排列。

辅助索引部分有：专利权人索引、登记号索引和专利号索引。

《化学专利索引》（CPI）创刊于 1970 年，原名为“中心专利索引”，1986 年改为现名，是报道世界各国化学、化工及相关领域专利文献的文摘刊物。其报道范围略小于 WPIG，但它对美、英、德、日等主要国家专利的报道比较详细，而对于一些次要国家专利的报道则通常不包含文摘，甚至不进行报道。

CPI 按报道内容的专业性质分为 A-M 共 12 个分册出版，与 WPIG 的 A-M 分册相对应。12 个分册分别为：A，聚合物；B，药物；C，农药；D，食品、洗涤剂；E，一般化学；F，纺织、造纸、纤维素；G，印刷、涂层、照相；H，石油；J，化学工程；K，核子工程、爆炸物、防护；L，耐火材料、陶瓷、水泥；M，冶金。每个分册都由文摘正文和辅助索引两部分组成。

文摘按分类排列，文摘款目先按德温特分类号顺序排列，再按国家和专利号排列，各分册后每期正文后有三种索引：专利权人索引、登记号索引和专利号索引。

（3）网上国外专利信息数据库。

除了 DIALOG、STN 等著名的联机网络检索系统，还有许多其他可获取专利信息的网站。如欧洲专利局专利信息网（Europe's network of patent databases，esp@cenet）（http://ep.espacenet.com）、美国专利数据库 USPTO（http://patents.uspto.gov/）、IBM 知识产权信息网（IPN）（http://www.delphion.com）、日本专利数据库（http://www.jpo.go.jp/）等。

8.5.2 网上专利信息数据库

1. 网上主要的中国专利数据库

（1）中国专利数据库（http://www.sipo.gov.cn）。

由国家知识产权局和中国专利信息中心开发提供，是政府性官方网站，是面向国内外进行专利信息报道、宣传、服务的窗口，其前身是“中国专利信息检索系统”，提供与专利有关的各种信息、专利的网上咨询、专利基本知识介绍、专利检索服务等。该网站提供中英文两种版本，可检索 1985 年以来的中国专利信息，数据库每周三更新。中文检索系统在检索界面上提供了一般检索（9 种检索入口）和高级检索两种方式；法律状态检索项，提供了 2002 年以来每周变化的最新法律状态信息，用户可以通过 Web 形式查询近期的专利公报，能够进行专利全文说明书的免费浏览、下载和打印，并且可以链接到其他国家和地区的专利数据库。

（2）中国知识产权网（http://www.cnipr.com）。

是国家知识产权局知识产权出版社在国家的支持下于 1999 年 6 月创建的知识产权综合性服务网站。提供 1985 年至今的中国专利信息检索，该系统分基本检索、高级检索和新版检索三种方式。目前网站提供以下专利信息产品：专利在线分析系统、专利在线预警系统、中外专利数据库服务平台、行业专利专题数据库、中国药物专利数据库、专利信息分析系统、专利管理系统、专利光盘、专利公报、推荐套餐产品、专利文献阅读卡。目前网站提供以下专利信息相关服务：专利信息应用解决方案、专利分析预警咨询报告、专利文献翻译服务、中国公开专利统计报告、专利数据加工服务、专利技术定期跟踪服务、专利检索服务、专利咨询分析、专利数据定制服务。

（3）中国专利信息网（http://www.patent.com.cn）。

由国家知识产权局专利检索咨询中心于 1997 年 10 月建立，可提供 1985 年 4 月至今的中国专利信息检索。目前要求用户必须进行注册，并仅对缴纳会费的正式会员及高级会员提供说明书下载服务，但收费很低。内容覆盖发明、实用新型、外观设计三种；提供的信息覆盖中国专利在审批过程中产生的题录、摘要，另外还提供发明与实用新型专利的全文扫描图形，每三个月更新一次。该系统提供简单检索、菜单检索、逻辑组配检索，其次还提供了英文检索和进阶检索方式。

（4）易信中国专利文摘数据库（http://home.exin.net/patent）。

收录了中国专利局自 1985 年以来公布的所有发明专利和实用新型专利，内容有题录、文摘、权利要求等。还提供失效专利数据库，免费检索，并向其注册用户提供其他专利信息。该系统包括分类检索和高级检索两种方式。进行高级检索（字段表格检索）可检索的字段有“发明名称”、“文摘”、“权利要求”、“申请人”、“通讯地址”、“发明人”、“代理人”、“代理机构代码”、“代理机构地址”、“申请号”、“公告号”、“审定公告号”、“申请日”、“公告日”、“审定公告日”、“授权日”等。

（5）中国发明专利技术信息网（http://www.1st.com.cn/）。

该站点可对全部专利、发明专利、实用新型专利、外观设计专利进行检索，提供申请（专利）号、名称、摘要、分类号、主分类号、公开（告）日、公开（告）号、申请（专利权）人、发明（设计）人、地址、申请日、颁证日、专利代理机构、代理人、优先权、国际公布 16 个检索入口。

（6）CNKI 中国专利数据库（http://dbpub.cnki.net/Grid2008/Dbpub/SCPDIndex.aspx?DBName= SCPDIndex）。

收录了 1985 年 9 月以来的所有专利，包含发明专利、实用新型专利、外观设计专利三个子库，双周更新，内容来源于国家知识产权局知识产权出版社，相关的文献、成果等信息来源于 CNKI 各大数据库。可通过申请号、申请日、公开号、公开日、专利名称、摘要、分类号、申请人、发明人、地址、专利代理机构、代理人、优先权等检索项进行检索并下载专利说明书全文。

（7）万方科技信息子系统 ——专利技术（http://c.wanfangdata.com.cn/patent.aspx）。

万方专利数据库收录从 1985 年至今受理的全部发明专利、实用新型专利、外观设计专利数据信息，包含专利公开（公告）日、公开（公告）号、主分类号、分类号、申请（专利）号、申请日、优先权等数据项。内容涉及自然科学各个学科领域，是科技机构、大中型企业、科研院所、大专院校和个人在专利信息咨询、专利申请、科学研究、技术开发及科技教育培训中不可多得的信息资源。

2. 网上主要的国外专利数据库

（1）欧洲专利局专利检索数据库（http://ep.espacenet.com/）。

欧洲专利局（European Patent Offices）网上专利检索数据库包括了欧洲专利局的 19 个成员国在内的共 60 多国专利，每个国家所含数据库收录的范围不同，数据类型也不同。对欧洲专利（EP）、世界知识产权组织专利（WO）、英国、法国、德国、瑞士和美国专利可检索到书目数据及文摘，其他国家（地区）的专利仅提供数据形式，其次时间范围也有所区别，大多数国家可回溯到 20 世纪 70 年代初，但对少数国家可回溯到 20 世纪 20 年代，如奥地利、英国、德国等，而对美国专利数据和图像甚至可追溯到 1790 年。

（2）US Patent Bibliographic Database，美国专利文献数据库（http://patents.uspto.gov/）。

此数据库由美国专利商标局提供，收集了自 1976 年至现在的所有美国专利数据，每一条数据包括有专利号、国际专利分类号、美国专利分类号、申请日、申请号、参考专利、审查员及专利文摘等信息。经常更新。该主页提供免费查找，有三种检索途径：布尔查找，高级命令行查找，专利号查找。检准率高，每次最多显示 50 条记录。

（3）STO Internet 专利查找系统（http://www.bustpatents.com/）。

Source Translation & Optimization’s（STO）的 Internet 专利查找系统提供在因特网上免费对美国专利进行一些初步、有限的专利信息查找及有关专利申请与批准的信息。

（4）MicroPatent（http://www.micropat.com）。

查找美国专利全文本信息和商标的站点。免费注册进入后，可查看最近的美国专利局公报，最近四周美国专利全文（不带附图和化学式等），本周专利（全文本），上周专利（全文本）。

（5）QPAT-US，美国 QPAT 专利在线查询（http://www.qpat.com）。

QPAT-US 可提供 1974 年以来公布的美国专利的全文本（不带图形），收费 195 美元/月。向 QPAT-US 登记注册的个人可免费查询 1974 年以来美国专利的首页（专利号、日期、发明人，摘要等）。免费在线演示查询含 6 541 个专利的全文本专利库。

（6）The U.S.Patent Citation Database，美国专利引文数据库（http://cos.gdb.org/repos/pat）。

该数据库包括自 1975 年以来的 170 万个美国专利的引文信息，且每周更新。可免费查询专利的首页信息，如专利号、申请日期、发明者、代理人、专利名及摘要等重要信息。可按国别、州别、分类等进行查找和浏览。

（7）美国 SPO 专利免费检索服务（http://www.uspto.gov/）。

SPO 是美国电子数据系统（EDS）的一个部门，信息技术应用的世界先驱者。在 Web 上可免费浏览最近 52 周内美国专利与商标局发布的专利名称、数量及专利号，美国专利分类，主题搜索等项服务。每周更新一次。

（8）IBM Patent Sever，IBM 专利服务器（www.patents.ibm.com/）。

该 Web 服务器可访问美国专利和商标局发布的专利摘要（免费）。提供关键词检索、专利存取号检索、布尔逻辑检索、高级检索。其数据库容量大、检索性能优异、开放性好。

（9）Questel-Orbit 信息公司站点（http://www.questel.orbit.com）。

该公司着重于专利、商标、科学、化学等信息。对其数据库查询需要注册、付费。可免费查询美国专利书目信息、艾滋有关的专利、专利名及分类。从其主页可进入该公司收集的大量与专利有关的网址及其介绍，协会与成员单位，教育机构等信息。

（10）DOE Patent Database，美国能源部专利数据库（http://www.osti.gov/waisgate/gchome2.html）。

该网页提供了最新专利库和累积专利库。可查询 1978 年以来 DOE 的各实验室及 DOE 的合同研究者申请的各类专利的书目信息，包括摘要。

（11）CAS Chemical Patents Plus，美国化学文摘社的化学专利服务（http://www.cas.org/）。

美国专利每周二发布，周四早上就可在 Chemical Patents Plus 上获得这些专利的全文本信息。该站点包括了 1975 年至现在由美国专利和商标局发布的专利全文本，1995 年 1 月以来发布专利的图形。在 Chemical Patents Plus 上查找、浏览、显示专利名及摘要等都是免费的，但需要先注册，取得 CAS 的用户 ID 号。注册时不收费，选中后可付费订购拷贝件。

（12）Ag Biotechnology Patents and New Technology，农业生物技术专利和新技术（美国）（http://www.nal.usda.gov/bic/Biotch-Patents）。

该站点提供生物技术专利和有关新技术方面的信息资源，主要有：近几年生物技术专利的全文本信息，包括题目、摘要、发明人、分类、详细描述、总结、参考文献等，可浏览也可查询（免费）。另有美国农业部新技术的超链接，包括新技术、技术转让、研究报告、研究结果的数据库等。

（13）USPTO Patent Full-Text & Image Database，美国专利商标局网上专利检索数据库（http://www.uspto.gov/patft/index.html）。

美国专利商标局网站是 1999 年 4 月美国专利商标局（USPTO）开始建立的政府性官方网站。USPTO 专利数据库分为两部分，授权专利数据库[Issued Patent（PatFT）]，提供了 1976 年以来公布的美国专利的文本全文以及 1970 年以来公布的专利页面图像；专利申请数据库[Published Applications（AppFT）]，提供了尚在申请中的专利的全文及页面图像。

（14）U.S.Copyright Office，美国版权局主页（http://www.copyright.gov/）。

可获得美国版权局的一般信息及出版物信息，如版权法、版权登录、版权申请等，以及与版权有关的主题。

（15）与知识产权有关的 Web 站点（http://www.uspto.gov/faq/other.jsp）。

美国专利和商标局 Web 站点内的一个页面，用超文本形式列出了用英文发布的各国专利局 Web 站点，通过超链接可进入：美国版权局，澳大利亚、奥地利、加拿大、德国、日本、韩国、马来西亚、新西兰、英国等 20 多个国家的专利局，欧洲专利局，世界知识产权组织等主页。

（16）The World Intellectual Properly Organization，世界知识产权组织（WIPO）（http://www.wipo.int/portal/index.html.en）。

该主页有 30 多个超链接，可进入有关国际知识工业产权保护的一般信息、专利合作协定、WIPO 出版物、会议、新闻发布等页面。

（17）Strategis--Canadian Patent Database，加拿大专利数据库-Strategis（http://www.ic.gc.ca/eic/site/ic1.nsf/eng/h_00000.html?OpenDocument）。

加拿大知识产权局（CIPO）提供的可对加拿大专利进行名称、发明者、公布日期等书目式查询的试验性网上数据库，包括从 1989 年 10 月 1 日至现在 CIPO 公布的专利的书目信息，免费查询。

（18）Where to find patent information on Internet，因特网上寻找专利信息（奥地利）（http://www.mmrc.iss.ac.cn/~zliu/http/patents.htm）。

这是欧洲专利局（EPO）提供的在 Internet 上查找专利的线索，主要有如下超链接：各国专利局，提供 EPO 专利数据库及各国各类专利数据库检索的 Web 站点，专利分类系统，专利信息提供者等。该页面提供了上百个超链接，可以作为专利查找的首站。

（19）Japan Patent Information Organization，日本专利信息组织（JAPIO）（http://www.japio.or.jp）。

提供日本工业产权信息（包括专利、设计、商标等）服务的非营利机构。由主页可进入主要服务项目，如日文的工业产权信息数据库，英文的日本专利摘要（需收费查询），也可链接到日本专利局、日本发明与革新研究所等网站。

8.6 专利信息利用

8.6.1 专利信息检索方法

专利信息检索方法可分为两大类：手工检索方法和计算机检索方法[112]。

（1）专利信息手工检索方法。

① 主题检索：可使用分类检索、关键词检索技术；

② 名字检索：可使用发明人检索、专利申请人检索、专利权人检索等技术；

③ 号码检索：可使用申请号检索、优先权检索、文献号检索等技术。

（2）专利信息计算机检索方法。

① 字段检索：包括所有著录数据、文摘、权利要求或全文说明书；

② 通配符检索：包括截断检索、选择检索、强制检索等技术；

③ 一般逻辑组配检索：包括逻辑“或”、“与”、“非”等检索技术；

④ 邻词检索（包括邻词有序、无序检索技术）：利用表示“与”且能限定被检索词之间相邻关系（如主题词 A 和主题词 B 之间可插入 0～n 个词）的“邻词算符”将同一个字段内两个检索词进行逻辑组配，组成检索提问式进行的检索；

⑤ 共存检索（包括共存有序、无序检索技术）：利用表示“与”且限定两个被检索词同时存在于同一句话或同一段落内的“同在算符”将两个被检索词进行逻辑组配，组成检索提问式进行的检索；

⑥ 范围检索：包括大于、大于等于、小于、小于等于检索技术；

⑦ 跨字段逻辑组配检索；

⑧ 二次检索。

8.6.2 专利信息检索的种类及其步骤

（1）专利技术信息检索[113]。

如果已知信息只有技术主题，则检索的基本思路是：① 深入分析技术主题，选择主题词或关键词及其同义词；② 选择所有可能的分类位置，如主分类或副分类；③ 编制检索提问式，将主题词、分类号有机地组配起来；④ 选择要检索的国家及地区；⑤ 根据检索结果，浏览其文摘，进行筛选；⑥ 根据需要将相关专利的说明书找出，对其进行深入分析，以此修改检索提问式扩大检索。

（2）新颖性、创造性检索。

明确发明点，选择主题词、关键词；选择检索范围；根据描述发明关键点的关键词限定检索范围；分析全文。

（3）侵权检索：防止侵权检索和被动侵权检索。

防止侵权检索的步骤是：① 根据检索主题的技术特征进行分类；② 选择检索方式及检索系统；③ 根据检索结果作出相应决策。

被动侵权检索的步骤是：① 确定是否为授权专利及是否为有效专利；② 分析是否属于侵权；③ 为提无效诉讼而进行检索。

（4）专利法律状态检索。

指对专利的时间性和地域性进行的检索，它可分为：专利有效性检索和专利地域性检索。

其检索的过程是，首先根据要检索对象的国家来确定检索系统，再根据检索系统来确定检索依据，然后进行检索，最后根据检索结果判断专利的法律状态（有效性、地域性）。

（5）同族专利检索。

首先确定检索依据（优先权、专利号等），再选择检索工具，最后通过检索工具检出同族专利。

（6）技术贸易检索。

由于每项技术引进时遇到的具体情况不同，因此没有一种固定的检索模式，只能依具体情况来确定检索策略与方法。从总体上来看，技术贸易检索一方面要查找出是否是专利、专利的有效性、专利的地域效力等法律信息；另一方面还要了解欲引进技术的水平及实施的可能性等技术信息。

8.6.3 专利数据库利用简介

8.6.3.1 中国专利数据库（http://www.sipo.gov.cn）利用[114]

数据库内容为1985年9月10日以来公布的全部中国专利信息，包括发明、实用新型和外观设计三种专利的著录项目及摘要，并可浏览到各种说明书全文及外观设计图形。

数据库的简单检索功能提供了申请（专利）号、申请日、公开（公告）号、公开（公告）日、申请（专利权）人、发明（设计）人、名称、摘要、主分类号9种检索入口。

数据库的高级检索界面在主页右侧点击“高级检索”按钮进入，显示内容包括所选数据库的简要介绍、注意事项、使用说明、说明书浏览器下载等相关事宜及链接。专利检索范围为：发明专利、实用新型专利及外观设计专利三种，数据库默认的是在全部专利中检索。检索提供了16个检索字段，字段之间默认的逻辑关系是“and”。

注意事项：本数据库面向公众提供免费专利检索服务。鉴于设备与带宽的限制，建议日浏览或下载专利说明书超过300页的公众访问其他网站或向相关单位订购专利光盘。说明书为TIF格式文件，在线浏览说明书必须安装专用浏览器，建议IE升级到6.0以上。专利说明书分为申请公开说明书和审定授权说明书，用户需要下载安装说明书浏览器。

高级检索字段说明：

本检索系统提供了申请（专利）号、名称、摘要、地址、分类号等字段的检索入口，并且在多个字段支持模糊检索。在申请（专利）号、公开（告）号、分类号、主分类号等字段中进行模糊检索时，模糊部分位于字符串起首或中间时应使用模糊字符“?”或“%”，位于字符串末尾时模糊字符可省略。在申请（专利权）人、发明（设计）人、地址、名称、摘要、专利代理机构、代理人、优先权等字段中进行模糊检索时，模糊部分位于字符串中间时应使用模糊字符“?”或“%”，位于字符串起首或末尾时模糊字符可省略。其中，字符“?”（半角问号），代表1个字符；模糊字符“%”（半角百分号），代表0～n个字符。

（1）申请（专利）号。该字段可对申请号和专利号进行检索。申请号和专利号由8位或12位数字组成，小数点后的数字或字母为校验码。

① 已知申请号为99120331.3，可键入“99120331”或“99120331.3”；如申请号为200410016940.6，应键入“200410016940”或“200410016940.6”。

② 已知申请号前五位为99120，键入“99120%”。已知中间几位为2033，键入“%2033%”。

③ 已知申请号中包含91和33，且91在33之前，键入“%91%33”。

（2）申请日、公开（告）日和颁证日。申请日和公开（告）日由年、月、日三部分组成，各部分之间用圆点隔开。“年”为4位数字，“月”和“日”为1或2位数字。

① 已知申请日、公开（告）日和颁证日为1999年10月5日，在各字段键入“1999.10.5”；若已知各项日期是1999年10月，键入“1999.10”；如是1999年，键入“1999”。

② 如需检索各项日期为1998到1999年之间的专利，在各字段中键入“1998 to 1999”。

（3）公开（告）号（由7位或8位数字组）。

① 已知公开号为1219642，键入“CN1219642”或“1219642”。

② 已知公开号的前几位为12192，键入“CN12192%”。公开号中包含1964，键入“%1964”。

（4）申请（专利权）人和发明（设计）人（可为个人或团体，键入字符数不限）。

① 已知申请人、发明人为吴学仁，键入“吴学仁”。

② 已知申请人、发明人姓吴，键入“吴”。如名字中包含“仁”，键入“仁”。

③ 已知申请人、发明人姓吴，且名字中包含“仁”，键入“吴%仁”。

④ 已知申请人、发明人为深圳某实业有限公司，键入“深圳%实业有限公司”；也可键入“深圳%实业%公司”或“深圳%实业”。

（5）地址（键入字符数不限）。

① 已知申请人地址为香港新界、地址邮编为100088，键入“香港新界”、“100088”。

② 已知申请人地址邮编为300457，地址为某市泰华路12号，键入“300457%泰华路12号”（注意邮编在前）。

③ 已知申请人地址为陕西省某县城关镇某街72号，应键入“陕西省%城关镇%72号”；也可键入“陕西省%72号”、“城关镇%72号”或“72号”。

（6）名称和摘要。专利名称和摘要的键入字符数不限。均可实行模糊检索，模糊检索时应尽量选用关键字，以免检索出过多无关文献。字段内各检索词之间可进行and、or、not的逻辑运算。

① 已知名称、摘要中包含“照相机”，键入“照相机”。

② 已知名称、摘要中包含“汽车”和“化油器”，“汽车”在“化油器”之前，在其各字段中键入“汽车%化油器”。

③ 已知名称、摘要中包含“汽车”和“化油器”，键入“汽车 and 化油器”。

④ 已知名称、摘要中包含“汽车”或者“化油器”，键入“汽车 or 化油器”。

⑤ 已知名称、摘要中包含“汽车”，但不包含“化油器”，键入“汽车 not 化油器”。

（7）分类号和主分类号。专利申请的分类号可由《国际专利分类表》查得。同一专利申请中具有若干个分类号时，其中第一个称为主分类号。分类号和主分类号键入字符数不限（字母大小写通用）。

① 已知分类号、主分类号G06F15/16，键入“G06F15/16”。

② 已知分类号、主分类号中包含15/16，键入“%15/16”。已知起首部分为G06F，键入“G06F”。

③ 已知分类号、主分类号前三个字符和中间三个字符分别为G06和5/1，键入“G06%5/1”。

④ 已知分类号、主分类号中包含06和15，且06在15之前，键入“%06%15”。

（8）专利代理机构（键入字符数不限）。

① 已知专利代理机构为广东专利事务所，键入“广东专利事务所”，也可键入“广东”。

② 已知专利代理机构名称中包含“贸易”和“商标”，“贸易”与“商标”之间有字符串，键入“贸易%商标”。

（9）代理人（通常为个人）。

① 已知专利代理人为张李三，键入“张李三”。已知专利代理人姓张，键入“张”。

② 已知专利代理人名字中包含“三”，键入“%三”。

③ 已知专利代理人姓张，且名字中包含“三”，键入“张%三”。

（10）优先权。优先权信息中包含表示优先权日、国别的字母和优先权号。

① 已知专利的优先权日为 1994.12.28，键入“1994.12.28”。

② 已知专利的优先权属于日本，键入“JP”（字母大小写通用）。

③ 已知专利的优先权号为 327963/94，键入“327963/94”。

④ 已知专利的优先权属于日本，且编号为 327963，键入“JP%327963”。

（11）国际公布。国际公布信息中包括国际公布号、公布的语种和公布的日期。

① 已知国际公布的语种为日文，输入“日”。

② 已知 PCT 公开号 wo94/17607，输入“wo94/17607”或“wo94.17607”或“94/17607”。

③ 已知公布日期为 1999.3.25，输入“1999.3.25”或“99.3.25”。

IPC 分类检索：在高级检索界面右侧点击“IPC 分类检索”进入 IPC 分类检索界面，该界面左侧列出了国际专利分类的八个部的部号及其类目（A，生活所需，B，作业；运输，C，化学；冶金，D，纺织；造纸，E，固定建筑物，F，机械工程；照明；加热；武器；爆破，G，物理，H，电学）。点击某一个类目后，系统会依次展开其下位类，右侧显示选中类目的分类号，检索者可以在某一大类下选择专利检索范围“发明专利”及“实用新型专利”进行字段检索。

检索结果：

① 显示。中国专利数据库检索结果显示界面包括简单结果和详细记录显示。每次检索完成后，检索结果显示为简单结果，包括命中记录条数（如果同时检索三个专利，则分别显示“发明专利”、“实用新型专利”和“外观专利”的命中条数）。简单记录包括序号、申请号和专利名称，点击一条记录中的申请号或者专利名称，就可以查阅详细记录。详细记录以表格形式显示，包括专利的申请（专利）号、申请日、名称、公开（公告）号、公开（公告）日、主分类号、分类号、申请（专利权）人、地址、发明（设计）人、专利代理机构、代理人、摘要等著录事项详细信息。点击申请公开说明书或审定授权说明书可查看说明书内容。

② 输出。数据库网络版对专利说明书的全文可以利用浏览器的“另存”或“打印”功能进行保存或打印。

8.6.3.2 万方专利信息数据库

（1）登录方式。进入万方数据知识服务平台（http://www.wanfangdata.com.cn/），选择“专利技术”库进入中外专利——万方数据知识服务平台（http://c.wanfangdata.com.cn/patent.aspx）。西昌学院图书馆主页上万方数据资源系统访问网址为 http://g.wanfangdata.com.cn（远程访问）、http://172.22.7.16:8000（本地镜像）。

（2）检索方式。在检索界面中，提供了简单检索与高级检索两种检索方式。在高级检索查询界面中提供了高级检索、经典检索、专业检索三种检索方式及多个检索入口，在某些入口（如名称、摘要）还可以输入检索式进行组配检索。

① 高级检索方式中提供了国别/组织、专利名称、申请（专利）号、申请日期、公开（公告）号、发明（设计）人、申请（专利权）人、代理人、专利代理机构、国别省市代码、主权

项、摘要、全文、主分类号、分类号、排序等检索字段。每页显示17个检索输入框供用户使用。

② 经典检索提供了标题、发明人、申请人、公开号、主权项、主分类号、摘要、全文、国省代码、优先权、代理人、代理机构、国家/组织13个检索字段。字段之间默认为逻辑“与(and)”关系。

③ 专业检索是用CQL表达式进行检索。检索表达式使用CQL检索语言，含有空格或其他特殊字符的单个检索词用引号(“”)括起来，多个检索词之间根据逻辑关系使用“and”或“or”连接。

提供检索的字段：申请号 F_ApplicationNo；标题 F_PatentName；发明人 F_Inventor；申请人 F_Applicant；公开号 F_PublicationNo；摘要 F_Abstract。

可排序字段：相关度 relevance；申请日期 F_ApplicationDate。

例如，F_PatentName All “涡轮”；F_Inventor exact 谢芳 or F_Applicant=姚翔

（3）检索实例。查找“有关苦荞茶制备的专利”。

① 分析课题。根据课题主要内容分析并提取出检索词为“苦荞茶”、“制备”等。

② 检索方法。选择高级检索，在“国别/组织”下拉列表中选择“全部”。

③ 输入检索词。在“专利名称”入口输入检索式：苦荞茶 and 制备，点击“检索”，共找到14篇符合条件的专利检索结果题录列表。其信息包括专利名称、申请（专利）号、申请（专利权）人、申请日期、专利简介等。在条目列表页面左侧可利用专利名称、发明人、申请人、国家/组织、申请日期等字段进行缩小检索范围再次检索，以提高检索效率。

④ 查看详细内容。点击题录列表中“查看详细信息”查看详细内容，包括专利简介、申请（专利）号、申请日期、公开（公告）日、公开（公告）号、主分类号、分类号、申请（专利权）人、发明（设计）人、主申请人地址、专利代理机构、代理人、国别省市代码、主权项、法律状态等详细信息。

⑤ 获取全文。在详细内容页面中点击“查看全文”或“下载全文”方式获取全文。

8.6.3.3 超星读秀学术搜索

（1）登录方式。登录超星读秀学术搜索（http://www.duxiu.com）首页，选择“专利”检索频道。专利检索界面提供了检索专利的字段选项，即全部字段、申请号、专利名称、发明人、IPC号。系统默认是“全部字段”。文献类型提供中文文献与外文文献两种。

（2）检索方式 。

① 在用户的浏览器端下载并安装用于正确显示图片的控件。专利信息中，包含有主附图、公开说明书以及授权说明书，这些都是以图片的形式显示，因此，要想查看这些信息图片，必须在用户的浏览器端安装用于正确显示图片的控件，如AlternaTiffx控件等。

② 在检索界面中输入检索词，可输入检索式进行组配检索。

例如，要查找“有关汽车装置的专利”：首先在超星读秀学术搜索数据库中选择“专利”频道，然后选择检索字段“全部字段”，在检索词输入框中输入检索词“汽车装置”，点击“中文文献搜索”，得到检索结果题录列表。题录列表内容包括专利名称、发明人、申请号、申请日期等，在专利名称中与检索词匹配一致的词均用红色字体标记；点击专利名称，得到专利详细信息（申请号、专利名称、申请人、地址、发明人、申请日期、专利类型、IPC号、摘要）；如需查看全文，则点击“获取全文”链接或通过文献传递等方式便可获取专利说明书全文。

8.6.3.4 欧洲专利局专利检索数据库

（1）检索方式。

esp@cenet 网（http://ep.espacenet.com/）提供快速检索（Quick Search）、高级检索（Advanced Search）、专利号检索（Number Search）、专利分类号检索（Classification Search）四种检索方式。

① 快速检索（Quick Search）。

在下拉菜单中选择检索的专利数据库范围，可选择"世界多国专利（Worldside）"、"日本专利文摘（Patent Abstracts of Japan）"、"欧洲专利（EP-espacenet）"或"世界知识产权专利（WIPO-espacenet）"任何一个数据库。可选择"专利名称或文摘（Words in the Title or Abstract）"或者"姓名或机构名称（Persons or Organizations）"作为检索入口输入检索词或检索式，提交检索。

② 高级检索（Advanced Search）。

在高级检索界面，提供了多个检索字段，title（发明名称）、abstract（文摘）、publication number（公开号）、application number（申请号）、priority number（优先号）、publication date（公开日期）、applicant（申请人）、inventor（发明人）、European classification（欧洲专利分类号）、Internaional patent classification（国际专利分类号）。在每个检索字段中，可使用布尔逻辑运算符 and（与）、or（或）、not（非）对多个检索词或检索项进行组配。在发明名称及文摘中检索短语或词组时，检索词作为字符串可使用双引号。

③ 专利号检索（Number Search）。

如已知专利文献的专利号，检索时，首先选择专利数据库，然后输入专利号即可，一次最多可以同时检索 4 个专利号，专利号之间可以用"or"连接。如果选中专利号输入框下方的"including family"可选框，检索结果中则包括与该专利属于同族的其他专利。

④ 专利分类号检索（Classification Search）。

esp@cenet 的世界数据库（Wordwide）可以使用欧洲专利局分类号（EC Classification，ECLA）进行主题检索。ECLA 分类系统是欧洲专利局对专利申请分类和进行检索的重要工具。利用专利分类号检索方式，用户既可通过输入关键词（Keywords）检索相应的 ECLA 分类号及其含义，也可以通过浏览 ECLA 分类表，确定所查找技术主题的 ECLA 分类号。

（2）检索技术。

在 esp@cenet 中可以使用逻辑算符：and（与）、or（或）、not（非）。截词中用"*"代替任意多个字符；用"？"代替 0 至 1 个字符；"#"仅代替一个字符。用括号（）改变运算顺序；如果想检索一个词组，应该用半角双引号""将词组括上。

（3）结果显示。

检索执行后，直接进入检索结果的题录，点击题录屏右上方的顺序号进入相应的页码。点击上方的"print"按钮可以打印题录。点击题录屏上的专利题目可以查看文摘。点击题录和文摘上方的"description"，将显示该篇专利的说明书；点击"claims"将显示该篇文献的主权性。点击"original document"将显示该篇专利的全文。查看全文需要安装 Acrobat Reader 浏览器。

（4）检索实例。查找关于"digital computer"的日本专利文献。

① 分析课题。确定需要检索的是"日本专利"，拟定检索词：digital computer。

② 选择检索方法。选择高级检索（Advanced Search）。

③ 选择数据库。根据课题选择世界范围专利数据库。

④ 输入检索词。在“Key words in title or abstract”中输入：digital and computer 或 digital computer；在 Publication Number 中输入日本的国别代码：JP。

⑤ 执行检索。执行检索，得到检索结果，并根据需要对检索结果进行处理。

8.6.3.5 美国专利商标局网上专利检索数据库

（1）数据库检索方式

美国专利商标局（http://www.uspto.gov/patft/index.html）授予专利检索和申请专利检索，都提供了三种检索方式，即快速检索、高级检索和专利号检索。

① 快速检索（Quick Search）。

快速检索模式又称布尔逻辑检索（Boolean Search）模式。该检索模式提供了两个检索词输入框（Term1、Term2）以及两个对应的字段选择下拉列表框。检索时，用户如不需要特别指定某一字段，就选择“All Fields”选项在所有字段中检索。各个检索字段代码和含义见表 8.2。两个检索框中可以使用布尔逻辑算符。输入框下方设有检索年代范围选择（Select Years）下拉列表框，年代范围包括 1970 年 to present、1976 年 to present、1970—1975 年三个年代区间。其中 1970—1975 年的专利只能以专利号和当前的美国专利分类号进行检索。

表 8.2　USPTO 字段代码和含义

字段代码	字段名	字段代码	字段名
PN	patent number（专利号）	IN	inventor name（发明人名字）
ISD	issue date（公开日期）	IC	inventor city（发明人所在城市）
TTL	title（题名）	IS	inventor state（发明人所在州）
ABST	abstract（文摘）	ICN	inventor country（发明人所在国家）
ACLM	claim（s）（权利要求）	LREP	attorney or agent（法定代理人）
SPEC	description/specification（详细说明）	AN	assignee name（专利权人）
CCL	current US classification（当前美国专利分类号）	AC	assignee city（专利权人所在城市）
ICL	international classification（国际专利分类号）	AS	assignee state（专利权人所在州）
APN	application serial number（申请号）	ACN	assignee country（专利权人所在国家）
APD	application date（申请日期）	EXP	primary examiner（首席审查人）
PARN	parent case information（先前专利信息）	EXA	assistant examiner（助理审查人）
RLAP	related US app.data（相关美国专利申请数据）	REF	referenced by（参考专利）
REIS	reissue data（重新公开数据）	FREF	foreign references（参考国外专利）
PRIR	foreign priority（外国人优先权）	OREF	other references（其他参考文献）
PCT	PCT information（国外参考专利）	GOVT	government interest（政府所有权）
APT	application type（申请类型）		

② 高级检索（Advanced Search）。

高级检索方式又称指南检索（Manual Search）。该检索模式提供检索提问输入框、“检索年代范围选择”下拉菜单和数据字段代码与字段名称对应表。检索时，用户可使用命令行检索语法在检索提问框中输入一个复杂的检索提问式。这些命令语法包括布尔逻辑关系式、字段限定检索、词组检索、截词检索等。在检索提问框下有各字段的代码和含义，供用户在构建检索式时参考使用，点击字段名，会列出该字段的详细说明及使用帮助。高级检索时，首先要从“Select Years”下拉菜单中选择所要检索的年代范围；接着在“Query”提问输入框中输入检索提问表达式。然后点击“Search”按钮，进行检索。

③ 专利号检索（Patent Number Search）。

在用户已知所要检索的专利号时，可直接在专利号检索框中输入专利号进行检索。在输入框，用户可以一次输入一个专利号，也可以一次输入多个专利号进行检索。一次输入多个专利号时，两个号码之间要用一个空格隔开。号码中有无逗号及号码中的字母是否大小写均不影响检索结果。

（2）检索技术。

① 布尔逻辑检索。

USPTO 检索系统提供了三种逻辑算符：and、or、not。在快速检索方式中，三种逻辑算符以下拉菜单形式位于两个检索词输入框之间。在高级检索方式中，用户可以使用布尔逻辑算符构建复杂的检索式。在该数据库系统中，检索表达式中含有多个逻辑算符时，所有逻辑算符按照从左到右的顺序执行。使用优先算符，可以改变逻辑算符的执行次序。

例如，intumescent and（retardant or retardancy）表示先执行“or”，再执行“and”。

② 字段限定检索。

在 USPTO 的快速检索方式和高级检索方式中均可使用指定字段进行检索，但在两种检索模式中指定字段检索的用法有不同的地方。在快速检索方式中，字段表是以下拉菜单的方式位于检索词输入框右边，用户通过下拉菜单选择所要指定的检索字段。在高级检索方式中，用户可用字段代码对检索词进行限制，字段检索输入格式为：字段代码/检索词，如 APD/1/1/1995。如果不采用字段限定检索，则系统将在整个专利文本中查找输入。具体的字段代码和含义如表 8.2 所示。

③ 截词检索。

高级检索支持右截词技术。在检索词右边使用截词符号“$”可以检索出同根词后的所有变化词。在限定字段中使用截词检索，词根至少应有 3 个字符；不作字段限定使用截词检索时，词根至少应有 4 个字符。在有引号括住的短语中不能使用截词，如 AN/“generalmot $”会导致检索错误。

④ 短语检索。

使用双引号“”括住的词组，将被系统处理成一个单独的检索词。用这种方法可以检索多词短语的固定形式。

⑤ 日期字段检索。

用户可以指定一个自己感兴趣的日期段以缩小检索范围。该功能只限于日期字段，如公开日期（Issue Date）和申请日期（Application Date）。两个日期之间用右箭头“→”连接。例如，z ISD/11/1/1997→5/12/1998，表示可检索出 1997 年 11 月 1 日到 1998 年 5 月 12 日期间公布的所有专利。

（3）检索结果。

执行检索命令后，显示检索结果篇名列表。点击专利号或专利篇名，可以显示该专利的文本格式的全记录，包括著录项、摘要、参考专利文献（可链接到原文）、权利要求、说明书全文。

点击全文显示页面上方或下方的"Images"按钮，可以显示 TIFF 图像格式的专利全文，这种格式是将专利的原始说明书扫描而形成，可以看到专利的附图，但必须安装"alterna-tiff"浏览器插件。除了提供文本格式的专利全文显示，还可以通过浏览器的保存功能将专利全文进行保存；图像格式的专利全文可利用"alterna-tiff"浏览器插件的保存功能进行保存，但需要一页一页保存。

8.6.3.6 案例检索

（1）建筑防水涂料的制备。

以查找中国专利为例，首先登录到中国专利数据库（http://www.sipo.gov.cn）。

① 确定检索词：建筑；防水；涂料 or 涂层。

② 确定检索途径和检索表达式。本次检索只选用"发明专利"子数据库。在名称字段输入框中输入检索表达式："建筑 and 防水"；在摘要字段输入框中输入检索式"涂料 or 涂层"。

③ 点击"检索"，进入检索结果页面。检索结果页面中显示检索结果总数（发明专利 52 条）、每条专利的序号、申请号及专利名称。如果要查阅某一条记录详细信息，可以点击专利申请号或者专利名称进行链接。链接后可查看该专利的详细列表内容，即申请（专利）号、申请公开说明书页数、审定授权说明书页数、申请号、申请日、专利名称、公开（公告）号、公开（公告）日、主分类号、分类号、申请（专利权）人、地址、发明（设计）人及专利摘要等，点击该页面列表左上方的"申请公开说明书"，可以浏览、下载该专利的说明书。

（2）检索专利号为 US 20060090647 的专利说明书。

由专利号得知是美国专利，利用美国专利商标局网上专利检索数据库检索专利说明书。

① 登录到 http://www.uspto.gov/patft/index.html。

② US 20060090647 是申请专利号，应该在申请专利数据库中检索。点击窗口右侧"AppFT:Applications"中的"Number Search"进入申请专利号检索界面。

③ 在检索输入框中输入专利号，点击"检索"，得到 1 条检索结果。点击结果页面中的"NO."或"Title"即可查看该专利说明书具体内容。

9 标准信息利用

9.1 标准信息界定

标准是对重复性事物和概念所作的统一规定。它以科学、技术和实践经验的综合成果为基础，经有关方面协商一致，由主管机构批准，以特定形式发布，作为共同遵守的准则和依据，具有通用性和指导性。

目前，世界上有 90 多个国家和地区建立了标准化机构。我国于 1978 年 5 月成立了国家标准局。

一个国家或地区的标准往往反映了这个国家的技术经济政策、生产加工工艺和标准化水平等情况。因而，标准信息不仅对促进科学发展和最新科研成果的推广应用、提高产品的质量和生产水平、改进科学管理有重要的意义，而且对于预测未来的发展同样具有参考价值，它为整个社会提供了协调统一的标准规范，起到了解决混乱和矛盾的整序作用。广义的标准信息还包括与标准化工作有关的一切机构、标准化专著、标准化法规、条例、计划等。

标准信息常以标准、规范、规程、建议等名称出现。国外标准文献常以 Standard（标准），Specification（规格、规范），Rules、Instruction（规则），Practice（工艺），Bulletin（公报）等命名。

9.2 标准信息概况

9.2.1 标准信息的类型

1. 按标准的使用范围划分[115]

（1）国际标准。国际标准是由国际标准化团体批准的标准，或经国际标准组织认可的各种国际专业学会、协会等组织制定的标准，是国际间通用的标准，如国际标准化组织的标准（ISO 标准）、国际电信联盟的标准（ITU 标准）、国际电工委员会的标准（IEC 标准）等。

（2）区域标准。又称地区标准，泛指经该地区若干国家标准化机构协商一致颁布的标准，如全欧标准（CEN）。

（3）国家标准。国家标准是指各国的标准化机构制定的在本国范围内使用的标准，如中国国家标准（GB）、美国国家标准（ANSI）。

（4）行业标准。行业标准是指行业主管部门或一些著名学术团体制定的一些适用于本行业、本专业的标准。在我国，行业标准也叫部颁标准，其代号由国务院标准化行政主管部门审定确定，如林业标准代号“LY”，农业标准代号“NY”，机械标准代号“JB”，化工标准代号“HB”。

（5）地方标准。是由地方各级行政机构批准并适用于该行政区的一种标准。我国地方标准代号为“DB”。

（6）企业标准。由企业或其行业主管部门批准并适用于某企业（系统）的标准。我国企业标准代号为“QB”。

2. 按照标准的性质划分

（1）基础标准。基础标准[116]指在现代工业生产和技术活动中，对最基本的、具有广泛指导意义或作为统一依据的技术规定。它涉及名词术语、符号、代号、计量单位、机械制图、命名标志、结构要素等。此类标准的有效期较长。

（2）产品标准。产品标准是对产品的质量和规格所作的统一规定，是衡量产品质量的依据，如对某类产品的形状、尺寸、质量、性能、检验、维修、包装、运输、储存等方面制订的各项规定。

（3）方法标准。方法标准是为试验、分析、检验、抽样、测定等操作方法和程序而制订的标准。

（4）安全与环境保护标准。安全与环境保护标准是以保护人、物、环境的安全和利用而制订的标准。

3. 按照标准的成熟程度划分

（1）法定标准。法定标准是国家以法律条文或国际组织之间以缔结条约的形式而颁布的一种标准。

（2）推荐标准。推荐标准是行业协会或国际组织为适应某种趋势或发展而推荐使用的标准。我国推荐标准的代号为“TB”。

（3）试行标准。由于标准内容本身存在缺陷，为慎重起见而暂时使用的标准。

9.2.2 标准信息的特点

（1）有固定的代号和专门的编写格式。

按照我国管理标准的有关部门的规定，我国标准的代号一般用两个大写汉语拼音字母表示。企业标准则在大写拼音字母“Q”后加斜线“/”加企业代码表示。标准的编号结构采用标准代号+发布顺序号+发布年代号（即发布年份的后两位数字）的形式。

（2）时效性强。

标准文献的时间性很强，它将随着技术水平的不断发展而不断地弃旧更新。因此国际标准化组织规定每5年重新审订一次所有标准，个别情况下可以提前修订，以保证标准的先进性。所以标准文献对于了解一个国家的工业发展情况和科学技术水平有很大的参考价值。

（3）法律约束性。

各国颁布的标准文献，分强制性和非强制性两种，具有一定的法律约束力。

（4）交叉重复、相互引用。

从企业标准到行业标准直至国际标准之间并不意味着级别依次上升，在制定标准时它们经常是相互引用或交叉重复。判断标准的水平应视具体的技术参数和具体内容为依据。

（5）新陈代谢频繁。

为适应需要，各种标准一般经过 3～5 年就要进行修改，以便保持其先进性。使用标准时应选择最新标准文献，要注意标准的制定时间，不能采用过时、作废的陈旧标准。

9.2.3 标准信息资源分布

9.2.3.1 中国标准信息类型[117]

（1）国家标准。

根据我国“国家标准管理办法”规定，强制性国家标准用“GB”为代号，推荐性国家标准用“GB/T”为代号。如 GB/T 11197—2003 为海上船舶无线电通话标准用语。

（2）部（行业、专业）标准。

根据我国“行业标准管理办法”规定，强制性行业标准的代号，用行业名称的两个汉语拼音字母表示。推荐性行业标准的代号，则在该拼音字母后加斜线“/”加“T”表示。

（3）指导性技术文件。

用部（行业、专业）标准代号为分子，以“z”为分母表示。

（4）企业标准。

根据我国“企业标准管理办法”规定，企业标准的代号，用“Q”加斜线“/”加企业的数字代号表示。如京 Q/JB1—89 为北京机械工业局 1989 年颁布的企业标准。

（5）地方标准。

自从我国“地方标准管理办法”颁布后，强制性地方标准的代号用“DB”加省、市、自治区代码前两位数加斜线“/”表示，推荐性地方标准的代号在斜线后再加上“T”表示。此前，地方标准的代号用“Q”前加省、市、自治区简称汉字表示。如 DB31/T 208—2002 为小包装蔬菜（上海市质量技术监督局）。

9.2.3.2 中国标准主要信息源

1. 中国标准文献印刷型检索工具

（1）《中国国家标准汇编》。

它是一部大型综合性国家标准全集。自 1983 年起，由中国标准出版社按国家标准顺序号编排，以精装和平装两种形式陆续分册汇编出版，自 1996 年起，仅出版精装本。它收集了我国正式发布的全部现行国家标准，在一定程度上反映了新中国成立以来标准化事业发展的基本情况和主要成就，是查阅国家标准汇编（原件）的重要检索工具。

（2）《中国标准化年鉴》。

该年鉴由国家技术监督局编撰，中国标准出版社出版，1985 年创刊，每年出版 1 册。其主要内容是以《中国标准文献分类法》分类编辑的国家标准目录。该年鉴主要有说明和目录两大部分及标准号索引。“说明部分”包括中国标准化发展概况、标准化工作、标准化学术活动和有关的统计数字等，用中英文对照排印，每年增加新内容；“目录部分”即为国家标准分类目录，按专业分类，每个专业内再按国家标准顺序号排列，最后附有以顺序号标识的国家标准索引。著录项目有标准编号、标准名称、制定日期、修订日期和实施日期，标准专业分类号。标准名称采用中英文对照排印，每年增加最新发布的国家标准，建构成了一套完整的中国国家标准目录。

（3）《中国标准文献分类法》（Chinese Classification for Standards，CCS）。

“中国标准文献分类法”的类目设置以专业划分为主，适当结合科学分类。序列采取从总到分，从一般到具体的逻辑系统。本分类法采用二级分类，一级主类的设置主要以专业划分为主，二级类目设置采取非严格等级制的列类方法；一级分类由24个大类组成，每个大类有100个二级类目；一级分类由单个拉丁字母组成，二级分类由双数字组成。

注：“中国标准文献分类法”中“通用标准”与“专用标准”的划分：所谓“通用标准”，是指两个以上专业共同使用的标准，而“专用标准”是指某一专业特殊用途的标准。在中国标准文献分类法中对这两类标准是采取通用标准相对集中、专用标准适当分散的原则处理的。例如，通用紧固件标准入“J 机械类”，航空用特殊紧固件标准入“V 航空、航天类”。但对各类有关基本建设、环境保护、金属与非金属材料等方面的标准文献采取相对集中列类的方法，如水利电力工程、原材料工业工程、机电制造业工程等入“P 工程建设类”等。

（4）《中华人民共和国国家标准目录总汇》。

由国家质量技术监督局编，中国标准出版社每年出版一次。自 1999 年版起，每年上半年出版新版，载入截止到上一年度批准发布的全部现行国家标准信息，同时补充载入国家标准清理整顿、复审、补充、修改和更正等相关信息。在其出版之前，国家质量技术监督局决定同时废止 81 项国家标准，已一并在本目录中删除。使用时，请关注所查阅标准的最新修订信息。

（5）《中华人民共和国国家标准目录及信息汇总》。

它由国家标准化管理委员会编，由中国标准出版社出版。内容包括：国家标准专业分类目录，被废止的国家标准目录，国家标准修改、更正、勘误通知信息以及索引。

（6）《世界标准信息》。

由中国标准信息中心编辑出版，月刊。该刊以题录形式介绍最新国家标准、行业标准、台湾地区标准、国际和国外先进标准以及国内外标准化动态。

2. 中国标准信息主要数据库

（1）万方数据资源系统（http://c.g.wanfangdata.com.cn/standard.aspx）。

万方数据资源系统中的“中外标准数据库”收录国内外的大量标准，包括中国国家发布的全部标准、某些行业的行业标准以及电气和电子工程师技术标准；收录国际标准数据库、美英德等的国家标准，以及国际电工标准；还收录某些国家的行业标准。其中中国标准数据库由国家技术监督局等单位提供，收录自 1964 年至今全部国家标准和行业标准。涉及工程技术等各行各业，并建成中国国家标准库、中国行业标准、中国建设标准等数据库。其全文数据库可获取相关标准的全文。

（2）中国标准服务网（http://www.cssn.net.cn）。

该网站是国家级标准信息服务门户，是世界标准服务网（http://www.wssn.net.cn）的中国站点。中国标准化研究院标准馆负责网站的日常维护。

该网站的标准信息主要依托于国家标准化管理委员会、中国标准化研究院标准馆及院属科研部门、地方标准化研究院（所）及国内外相关标准化机构。中国标准化研究院标准馆收藏有60多个国家、70多个国际和区域性标准化组织、450多个专业学（协）会的标准以及全部中国国家标准和行业标准共计约60多万件。此外，还收集了160多种国内外标准化期刊和7 000多册标准化专著。

网站提供用户检索的数据库有：中国国家标准、国家建设标准、中国 70 余个行业标准、台湾地区标准、技术法规；ISO、IEC 以及其他国际组织的标准；德国标准（DIN）、英国标准（BS）、法国标准（NF）、日本工业标准（JIS）、美国标准（ANSI）、澳大利亚国家标准（AS）、加拿大标准协会标准（CSA）、加拿大通用标准局标准（CGSB）；美国行业标准等。

（3）中国标准咨询网（http://www.chinastandard.com.cn）。

该网站是由中国技术监督情报协会、北京中工技术开发公司与北京超星信息技术发展有限责任公司于 2001 年 4 月 1 日正式开通运行的标准信息检索网站，设有标准数据库、标准信息、国家监督质量抽查信息、法规信息等栏目。有着丰富的信息资源，国内包括国家标准库、行业标准库、军用标准库、地方标准库等，国外包括国际标准化组织标准（ISO）、德国标准（DIN）、法国标准（NF）、日本工业标准（JIS）、美国各种专业标准等。其检索途径有：中英文标准名称、标准号、发布日期、发布单位、实施日期、中国标准文献分类号等。

（4）中国标准网（http://www.standardcn.com/）。

由北京科技发展有限公司创办，是检索中国标准信息的专业网站，设有在线查询、行业动态、标准公告、标准计划、标准信息查询、标准书市、标准知识等栏目。在线查询栏目提供国家标准和行业标准检索，以标准编号和标准名称为检索项，还提供图书查询和国家标准详细分类查询。

（5）中国国家标准咨询服务网（http://www.chinagb.org）。

由中国标准出版社与西安大东国际数据股份有限公司共同主办，已成为国内专业门户网站。网站始终立足专业化宣传，以报道国际、国内技术标准方面重大事态和标准修订动态为主要宗旨。栏目有标准查询、标准动态、标准法规、标准统计、WTO 资讯、标准论坛、标准知识等。

在"标准查询"中，有大量的数据库供读者查询，但必须注册成为本站的会员才能使用。会员分为 A 类和 B 类，A 类会员为收费会员，注册后可以查到国标、行标、世界标准题录等信息；B 类会员为免费会员，注册后可以查到国标题录等信息。

（6）国家标准化管理委员会（http://www.sac.gov.cn/）。

本网站由中国国家标准化管理委员会和 ISO/IEC 中国国家委员会秘书处主办，其宗旨是：快速、准确地为社会和企业提供国内外标准化信息服务。

本网站设有标准化新闻、国际标准化工作、国家标准公告、国标计划公告、行业标准备案公告、地方标准备案公告、国家标准修改通知、标准化管理、技术委员会、标准化科研、国家标准目录、国标计划查询、强标全文阅读、公众留言、法律法规等栏目。

在"国家标准目录"中可检索中国国家标准目录、中国国家建筑标准目录、中国国家标准样品目录、备案的中国行业标准目录、备案的中国地方标准目录、国际标准目录、国外先进标准目录。

（7）中国标准化研究院（http://www.cnis.gov.cn/）。

中国标准化研究院是 1999 年 7 月 13 日经中央机构编制委员会办公室批准，由原中国标准化与信息分类编码研究所、中国技术监督情报研究所和国家质量技术监督局管理研究所合并组建而成的。中国标准化研究院是国家级社会公益类科研单位，是国家质量监督检验检疫总局直属事业单位。组建中国标准化研究院是为了加强我国标准化的科学研究、标准制定和管理工作，促进标准化事业的发展，以适应社会主义市场经济建设的要求。

该网站设有新闻动态、科研工作、咨询服务、标准审查、标准战略、国际合作等栏目。在"标准查询"中，可检索国家标准目录和国家强制性标准的摘要。

（8）中国标准化信息网（http://www.china-cas.org）。

该网站是国家质量监督检验检疫总局和中国标准化协会授权北京华标伟业科技发展有限

公司经营管理的国际性标准化网站，通过互联网 24 小时不断地发布最新、最全、最具权威性的国内外标准化信息，为国内外企事业单位和个人用户提供有关标准的信息查询、信息订阅、信息采购等方面的服务，促进中国与其他国的标准化合作与交流，推动中国的标准化进程。该网站有国家标准委、中国标协、协会动态、标准与标准化、法律法规、标准查询和会员之家等栏目。其中“标准查询”系统目前免费提供目录查询和标准摘要查询两种服务[118]。

（9）机械工业标准服务网（http://www.jb.ac.cn/）。

该网站旨在满足广大用户的工作需要，逐步实现标准出版、发行工作的自动化，为广大标准使用单位查找、购买标准资料，提供一条方便、快捷的方式，使广大用户足不出户就能及时得到所需的标准资料，最大限度地节约时间和辛苦，特别是给边远地区用户了解标准批准、发布和出版信息、购买标准资料提供了极大的便利；同时，将为国内外企事业和个人用户提供有关标准化工作的信息查询、信息咨询等服务。

9.2.3.3 国际标准及国外标准主要信息源

1. 国际标准化组织[119]

（1）国际标准化组织（International Organization for Standardization，ISO）。

该组织成立于 1947 年 2 月，是目前世界上最大、最有权威性的标准化机构，有 100 多个成员，任务是制定国际标准，协调世界范围内的标准化工作，促进标准的开发及有关活动。1978 年我国以中国标准化协会（CAS）的名义重新进入该组织。ISO 负责除电子领域外的一切国际标准化工作，它的标准化工作具体由其下设的技术委员会（TC）和分技术委员会（SC）负责制订。ISO 标准每隔 5 年就要重新修订和审定一次。

国际标准的类型有正式标准（ISO）、推荐标准（ISO/R）、技术报告（ISO/TR）、技术数据（ISO/DATA）、建议草案（ISO/DRAFT）、标准草案（ISO/DIS）等。

（2）国际电工委员会（International Electrotechnical Commission，IEC）。

IEC 是世界上最早的非政府性国际电工标准化机构，是联合国经济理事会（ECOSOC）的甲级咨询组织。成立于 1906 年，IEC 的工作涉及电工技术的各个领域，负责电气和电子领域中标准化组织的协调工作，制定电子、电力、电信及原子能学领域的国际标准。

IEC 制定标准的范围大致分为名词术语、电路用的图形、符号、单位、文字符号等。在实验方法方面制定产品质量或性能标准，以及有关人身安全的技术标准。1975 年前，IEC 以推荐标准形式发布，1975 年以后改为 IEC 国际标准。

（3）国际电信联盟（International Telecommunication Union，ITU）。

该国际组织成立于 1865 年 5 月 17 日，是联合国的一个专门机构，也是联合国机构中历史最长的一个国际组织，简称“国际电联”、“电联”或“ITU”。1972 年 12 月，国际电信联盟落实其实质性工作由三大部门承担，即国际电信联盟标准化部门（TU-T）、国际电信联盟无线电通信部门和国际电信联盟电信发展部门。其中电信标准化部门由原来的国际电报电话咨询委员会（CCITT）和国际无线电咨询委员会（CCIR）的标准化工作部门合并而成，主要职责是完成国际电信联盟有关电信标准化的目标，使全世界的电信标准化。

2. 国际标准文献印刷型检索工具

（1）《ISO 标准目录》（*ISO Catalogue*）。

由国际标准化组织编辑出版，每年 2 月出版，英、法文对照，报道上一年度的全部现行标准，是检索 ISO 标准的主要工具。1994 年后采用国际标准分类法，每年还有 4 期补充目录，以查找最新标准。目录的正文部分是分类目录，刊登 186 个技术委员会（ISO/TC）制定的标准题录，1988 年以前，正文按 TC 代号排列，其下再按标准号排列。1988 年后，正文按《国际十进分类法》的类号编排，每条记录包括：ISO 标准号、标准名称、版次、页数、原件定价代码及 TC 代号。该目录由主题索引、分类目录、标准序号索引、作废标准、国际十进制分类号（UDC）——ISO 技术委员会（TC）序号对照表共 5 部分组成：

① 主题索引：英、法文对照，分别按英、法文字母顺序排列，主题词后列有 TC 类号和标准号；

② 分类目录：其编排次序为 TC 类号、标准号、标准名称、出版情况、页数及标准名；

③ 标准序号索引：按 ISO 标准号顺序排列；

④ 作废标准：按作废标准号排列，在其后列出所属的 TC 类号；

⑤ 国际十进制分类号（UDC）——ISO 技术委员会（TC）序号对照表：按国际十进制分类号顺序排列，在前面列出相应的 TC 类号。

该目录检索途径有：分类途径、主题途径、标准号途径和技术委员会代号途径。

（2）《国际电工委员会标准目录》。

检索 IEC 标准的工具为《国际电工委员会标准目录》（*IEC Catalogue of IEC Publications*）。该目录为年刊，以英文、法文对照的形式编辑出版，其内容包括按标准顺序排列的“标准号目录”（Numerical-List of IEC Publications）和按主题词词序排列的“主题索引”（Index by Subject Matter）两部分。可从顺序号和主题途径查找所需 IEC 标准的名称、页数、价格、简介、版次等内容。

“*IEC Catalogue of IEC Publications*”有对应的中文版，名为《IEC 国际电工标准目录》，该目录正文按 IEC 技术委员会（TC）号排列，后附有标准序号索引[120]。

（3）《IEC 年鉴》。

《IEC 年鉴》将 IEC 标准按技术委员会（TC）序号编排，以方便熟悉 IEC/TC 分类方法的读者检索标准。年鉴中还附有 IEC 技术委员会（TC）主题词索引，IEC 其他出版物以及提交给成员投票表决的 IEC 标准草案目录等，可供读者参考。查找 IEC 标准一般有三种途径：TC 分类号检索、主题检索和 IEC 标准号检索途径。

3. 国际及国外标准信息主要数据库

（1）国际标准化组织（http://www.iso.org）。

该网站是世界上最大的非政府性标准化机构，它涉及除电工和电子工程领域外的所有技术领域，在国际标准化活动中占主导地位，负责制定国际标准。ISO 提供各种关于该组织标准化活动的背景及最新信息，各技术委员会及分委会的目录及活动，国际标准目录等，还设有对其他标准化组织机构的链接及多种信息服务。可从关键词、标准名称、文献号、国际标准分类法等途径进行检索。提供标准号、标准名称、版次、页数、编制机构、价格等信息。在 ISO 的主页上可搜索到 ISO 的活动、标准工作进展、新标准的制定、标准文献、有关管理和质量保证的 ISO9000 标准和有关环境保护管理的 ISO14000 标准系列。

（2）国际电工委员会（http://www.iec.ch）。

国际电工委员会（IEC）是世界上最早成立的非政府性国际电工标准化机构，它与 ISO 并列为两大国际性标准化组织，主要负责制定电气、电子、电讯等电子工程领域中的国际标准。该网站提供新闻、公共信息、标准信息查询、标准及文件订购等服务，IEC 标准的检索主要通过标准号、主题词和 TC 分类号途径进行。

（3）美国国家标准学会（http://web.ansi.org）。

美国国家标准学会（American National Standards Institute，ANSI）是非赢利性质的民间标准化团体，但它实际上已成为美国国家标准化中心，美国各界标准化活动都围绕它进行。通过它，使政府有关系统和民间系统相互配合，起到了政府和民间标准化系统之间的桥梁作用。ANSI 协调并指导美国全国的标准化活动，给予标准制定、研究和使用单位以帮助，提供国内外标准化情报，同时，又起着行政管理机关的作用。该网站提供美国国家标准的检索，可从关键词、标准号、标准制定者的缩写等途径进行检索。

（4）英国标准学会（http://www.bsi-global.com 或 http://www.bsigroup.com/）。

英国标准学会（British Standards Institution，BSI）是世界上最早的全国性标准化机构，它不受政府控制，但得到了政府的大力支持。BSI 制定和修订英国标准，并促进其贯彻执行。BSI 不断发展自己的工作队伍，完善自己的工作机构和体制，把标准化和质量管理以及对外贸易紧密结合起来开展工作。其宗旨是：为增产节约努力协调生产者和用户之间的关系，促进生产，达到标准化（包括简化）；制定和修订英国标准，并促进其贯彻执行；以学会名义，对各种标准进行登记，并颁发许可证；必要时采取各种行动，保护学会利益。BSI 收集标准的类型有英国标准（BS）、汽车专业标准、船舶专业标准、航天专业标准、发展草案、英国公用标准和实用规程等。另外设有 ISO 标准和 IEC 标准同 BS 标准对照表，也可以通过标准号进行检索。该网站主要提供标准目录、标准检索、英国标准在线、管理系统登记、产品试验和证明等服务，提供快速检索和扩展检索，可从标准号、关键词、题目等途径进行检索。

（5）德国标准化学会（http://www.din.de）。

德国标准化学会（DIN）是德国标准化的主管机关，作为全国性标准化机构参加国际和区域的非政府性标准化机构，负责起草标准和代表德国标准化学会批准及公布标准。德国标准类型有：正式标准、暂时标准、标准草案、标准附页、标准更改单、等同标准等。该网站提供从标准号、主题词和分类号途径进行检索。

（6）万方数据提供的国外标准（http://c.g.wanfangdata.com.cn/standard.aspx）。

提供英国国家标准库、国际标准库（ISO）、欧洲标准库、国际电工标准库（IEC）、美国机械工程师协会标准数据库、美国电子电气工程师标准、德国国家标准库、日本工业标准库、美国国家标准库、法国国家标准库、美国材料试验协会标准、美国保险商实验室标准数据库的检索。

9.3 标准信息利用

9.3.1 标准信息的检索步骤

（1）明确检索要求和目的，确定所要查找的标准信息的内容范围和标志范围。

（2）根据内容范围和标志范围确定检索工具。从文献的出版形式上分，检索标准文献的工具主要有印刷型、光盘型和网络型三种。从报道内容上分，主要有两种形式：一种是报道标准全文的标准文献汇编，如国内出版的《中国国家标准汇编》、《中国国家标准分类汇编》，美国出版的《ASTM 标准年鉴》等；另一类是题录、目录形式的检索工具，即标准目录，仅提供标准的部分信息，如果需要全文，可以根据标准号查找全文检索工具或向收藏单位索取。

（3）根据分类途径、主题途径、颁布标准单位的途径或号码索引途径来查找标准文献。

① 分类途径。利用分类号或分类索引来查找标准文献。如果想了解某一专业或某一学科制订了哪些标准，或只知道标准内容而不知道标准号和标准名称，可按此途径检索。

② 主题途径。即按照主题词来查找主题索引。主题索引是按主题词字顺编排的，根据主题索引中的排列关系找出对应的标准号码，再根据标准号码去阅读标准文献。

③ 颁布单位途径。一般先根据所需标准的内容初步确定颁布标准的单位，然后根据卡片目录找到该单位馆藏标准目录的情况，最后根据标准目录查找标准文献。

④ 号码索引途径。即通过已知的标准文献的标准号查阅号码索引，在号码索引上找到标准的最小子类，然后根据最小子类去阅读标准正文。

9.3.2 国内标准数据库利用简介

9.3.2.1 中国标准服务网（http://www.cssn.net.cn）

1. 检索方式

（1）标准模糊检索。

此种检索是简单的模糊检索方式，提供用户按“标准号”和“关键词”两个检索入口检索。按“标准号”检索仅对标准号一个字段进行查询，按“关键词”检索可同时对中文标题、英文标题、中文关键词、英文关键词等字段进行查询。检索条件可以是单个词或多个词，不区分大小写，多个词之间以空格分隔表示逻辑与关系。检索示例如下：

例 1，按标准号检索。

如已知标准号“GB/T 1.1—2000”，检索条件可输入“GB 1.1”、“gb 1.1”、“gb/t 1.1”、“GB/T 1.1—2000”等均可查询到该标准。检索条件输入时按标准号的一般写法顺序输入，不清楚的可以以空格分隔，不可以反向输入标准号，如输入“1.1 gb”、“1.1 gb/t”则查不到该标准。

例 2，按关键词检索。

如查询“婴儿食品”或“Baby foods”，检索条件输入“婴儿食品”，则可在中文标题及中文关键词中检索出包含“婴儿食品”的标准。输入“婴儿　食品”，则可在中文标题及中文关键词中检索出同时包含“婴儿”和“食品”的标准。输入“Baby　foods”，则可在英文标题及英文关键词中检索出同时包含“Baby”和“foods”的标准。

注意：输入的多个检索关键词必须同是中文或同是英文，如果中英文混输，如输入“婴儿 foods”，一般无法检索到想要的标准。

（2）标准分类检索。

点击“资源检索”栏目或其子栏目，在窗口左上方提供标准分类功能。标准分类检索分为“国际标准分类”和“中国标准分类”两种。点击某一种分类后页面会显示当前类别下的明细分类，直到显示该分类下的所有标准列表。

（3）标准高级检索。

高级检索提供单字段检索和多字段检索途径，可提高检索效率。多个检索条件之间以半角空格分隔。它提供了标准号（如：GB/T 19000）、中文标题（如：婴儿 食品）、英文标题（如：baby foods）、中文关键词（如：婴儿 食品）、英文关键词（如：baby foods）、被代替标准（如：

ISO 9000）、采用关系（如：ISO）、中标分类号和国际分类号等多种检索途径，各个检索字段间支持布尔逻辑“与”和逻辑“或”两种算符。检索示例如下：

例 1，通过标准号查询某个标准的最新情况。

如想知道 ISO 9000 标准的最新情况，首先在数据库种类中选择 ISO，在标准号中输入“9000”，然后点击“检索”按钮。如果只在标准号中输入“9000”，那么检索结果将是所有数据库中标准号包含“9000”的全部标准，如：ASTM/ISO 9000—2000，BS EN ISO 9000—1—1994 等。

例 2，通过中文信息检索与幼儿有关的标准。

在“中文标题”中输入“幼儿”，可检索出中文标题中包括“幼儿”一词的全部标准。输入“婴幼儿 食品”，则查询出中文标题中同时包括“婴幼儿”和“食品”两个词的标准。为提高查全率，在“中文标题”中输入“幼儿”一词时，同时在“中文关键词”中再输入“幼儿”，选择逻辑或关系，可检索出在“中文标题”或“中文关键词”中包括“幼儿”的标准。如要提高查准率，字段间关系选择逻辑与。

例 3，通过中文信息和采用关系了解中国国家标准采用国际标准或其他发达国家标准的情况。

首先在数据库种类中选择“中国国家标准”，然后在“采用关系”中输入相应的代码：日本（JIS）、俄罗斯（GOST）、德国（DIN）、英国（BS）、法国（NF）、美国（ANSI）、国际电工委员会（IEC）、国际标准化组织（ISO）。

例 4，通过中文信息、国际分类和中标分类，检索某一类标准。

如想检索与公路、水路运输有关的标准，首先点击“国际分类号”与“中标分类号后的“请选择”，在弹出窗口中选择“公路、水路运输”即可。

2. 检索结果

通过标准模糊检索和标准高级检索得到的检索结果均为现行有效标准，出现在标题中的检索词以红色表示。字段间的关系选择逻辑与，检索结果页面右边将显示该结果按标准品种进行聚类统计的信息列表（简称“聚类列表”），用户可选择多个品种，再按“刷新纪录”按钮，即可检索到所需品种的标准列表。在列表中选择“包含作废标准”，按“刷新纪录”后显示现行和作废的标准列表。作废标准的标题为红色，在其后有“[作废]”字样。此功能相当于根据品种进行的二次检索。

3. 检索结果的详细信息

点击检索结果中的标准标题，显示该标准的详细信息（用户只有登录后才能查看）。在详细信息中字体为蓝色并带有下划线的内容可超链接到相关内容的标准列表。

4. 二次检索

在检索结果列表中按标准号或关键词再输入条件，点击“在结果中找”按钮，进行二次检索。

9.3.2.2 中国标准化信息网（http://www.china-cas.org）

该网站提供国内强制性标准目录和标准摘要查询、标准样品和协会标准查询等几种检索方式，点击“标准查询”即进入查询界面。

1. 检索方法

（1）国家强制性标准目录查询。

国家强制性标准目录查询检索提供类别、类号、标准编号、标准名称、采标情况、代替标准六种检索途径。其中类号指 CCS 分类号，即《中国标准文献分类法》的分类号；采标情况指采用国际标准和国外先进标准的代号，其中 idt（等同采用），eqv（等效采用），neq（非等效采用）；代替标准中的国家标准，强制性与推荐性的标准代号均用“GB”表示。

国家强制性标准目录查询可在标准查询页面中的“信息查询”栏目进行，也可点击标准查询栏目中的“国内标准”进入查询界面进行，输入检索词，点击“查询”即可进行检索。

（2）国家强制性标准摘要查询。

这种查询必须是系统的高级会员才有权限使用，输入标准名称可进行查询。

（3）标准样品。

标准样品是比较特别的标准目录，它提供部分标准样品的标准值，目录中包含有标样编号、标样名称和发布日期。标准样品检索在“标准查询”栏目中点击“标准样品”就进入到标准样品目录，浏览该目录，点击所需标样的“标样名称”，则可显示该样品的标准值和用途。

（4）协会标准查询。

协会标准查询是该网站的特别之处。我国加入世界贸易组织后，企业面临着更加激烈的市场竞争，现有的国家标准、行业标准虽然满足了生产、检验、贸易等的基本需要，但各专业龙头企业的产品质量和服务质量的优势没能利用标准体现。为配合《中华人民共和国标准化法》的修改工作，为了体现龙头企业产品在质量、技术、性能、服务等方面的领先优势，发挥高水准技术标准，促进企业和产品市场竞争优势的作用，经征得有关部门同意，中国标准化协会制定了中国标准化协会标准，该标准为自愿性标准。

协会标准查询提供了中文名称、索引号（即标协标准编号）、发布日期、标准类别、国际标准分类号、中国标准分类号和关键词 7 种检索途径。在标准查询栏目中点击“协会标准”，输入检索词，点击“提交”即可显示该标协标准的基本信息（索引号、标准名称和发布日期）；点击“标准名称”则可显示该标准的详细信息（包含中英文名称、中英文简介、中英文索引号、发布日期、ICS 和中标分类号、中英文关键词等，并提供了订购信息。）

2. 检索实例

检索有关“羊绒针织品”的中国标准化协会标准的有关情况：

（1）分析课题。根据课题分析出该课题的主题为羊绒针织品，标准类型为中国标准化协会标准。

（2）选择检索方法。根据课题分析选择简单检索。

（3）选择检索范围。根据课题在中国标准化协会标准中进行检索。

（4）输入检索词。在中文关键词检索栏中输入“羊绒针织品”。

（5）执行检索。命中记录提供比较详细的信息。若需标准的全文则需要购买。

9.3.2.3 工科万方科技信息子系统——中外标准（http://www.wanfangdata.com.cn）

（1）登录方式。进入万方数据知识服务平台（http://www.wanfangdata.com.cn/），选择“中外标准”库进入中外标准 ——万方数据知识服务平台(http://c.wanfangdata.com.cn /standard.aspx)。西昌学院图书馆主页上万方数据资源系统访问网址为 http://g.wanfangdata.com.cn（远程访问）、http://172.22.7.16:8000（本地镜像）。

（2）检索方式。在检索界面中，提供了两种检索方式：简单检索与高级检索。在高级检索查询界面中提供了高级检索、经典检索、专业检索三种检索方式及多个检索入口。

① 高级检索方式中提供了标准类型、标准编号、任意字段、标题、关键词、国别、发布单位、起草单位、中国标准分类号、国际标准分类号、发布日期、实施日期、确认日期、废止日期等检索字段。排序可选择“相关度优先”或“发布日期优先”。

② 经典检索提供了任意字段、标准名称、标准编号、发布单位、起草单位、关键词、中国标准分类号、国别代码 8 个检索字段。字段之间默认为逻辑“与（and）”关系。

③ 专业检索采用 CQL 检索语言，支持布尔检索、相邻检索、截断检索、同字段检索、同句检索和位置检索等全文检索技术，具有较高的查全率和查准率。

提供检索的字段：标准编号（StanCode）；标准名称（Title）；发布单位（IssueComp）；发布日期（IssueDate）；中国标准分类号（ChClass）；关键词（Keywords）；国别代码（StateCode）。

可排序字段：发布日期（IssueDate）；相关度（relevance）。

例如：加工 or IssueComp=SBTS；Title All“电子政务”；中国标准 and Keywords=食品。

（3）检索实例。查找“文后参考文献著录规则”：

① 分析课题。根据课题主要内容分析并提取出检索词为“文后参考文献”、“著录”等。

② 检索方法。选择高级检索，在“标准类型”下拉菜单列表中选择“全部”。

③ 输入检索词。在“标题”入口输入检索式：“文后参考文献 and 著录”，点击“检索”，共找到 1 篇符合条件的标准检索结果详细列表。其信息包括标准名称、标准编号、发布日期等。在条目列表页面左侧可利用标准名称、标准类型、国别、关键词、发表日期等字段进行缩小检索范围再次检索，以提高检索效率。

④ 查看详细内容。点击结果页面详细列表中“查看详细信息”可查看中英文对照的标准名称、标准编号（GB/T 7714—2005）、标准类型（TJ）、发布单位（CN-GB）、发布日期（2005/1/1）、实施日期（2005/1/1）、采用关系（ISO 690—1987，NEQ）、中图分类号、中国标准分类号（A14）、国际标准分类号（01.140.20）、国别（中国）、开本页数、中英文关键词等详细内容。

⑤ 获取全文。如需要查看全文或下载全文，可通过文献传递或付费等方式获取。

9.3.2.4　超星读秀学术搜索

（1）登录方式。登录超星读秀学术搜索（http://www.duxiu.com）首页，选择“标准”[illegible]索频道。标准检索界面提供了检索标准的字段选项，即全部字段、标准号、标准中文名、标[illegible]英文名。系统默认是“全部字段”。文献类型提供中文文献与外文文献两种。

（2）检索方式。在检索界面中输入检索词，可输入检索式进行组配检索。

例如，要查找“学位论文编写规则”，首先在超星读秀学术搜索数据库中选择“标准”频道，然后选择检索字段“全部字段”，在检索词输入框中输入检索词：“学位论文编写规则”，点击“中文文献搜索”，得到检索结果题录列表。题录列表内包括标准名称、标准号、生效日期等；点击标准名称，得到标准详细信息：标准号（GB/T 7713.1—2006）、替代情况（GB/T 7713—1987 部分）、实施日期（2007.05.01）、中标分类号（A14）、ICS 分类号（35.240.30）、引用标准（ISO 7144—1986，NEQ）、页数（23）和获取全文方式（文献传递→图书馆文献传递中心；互助平台→文献互助）。如需查看全文，可通过图书馆文献传递中心进行文献传递等方式获取全文。

9.3.2.5　国际标准化组织（ISO）（http://www.iso.ch）[121]

（1）检索方法。

① 基本检索（Predefined Search）　在其主页上部的“Search”前的检索框内输入检索词，

选择检索范围标准（Standards）、站点（Site）或 Publications & e-products 进行检索。

② 分类检索（Classification Search）。

a. 检索特点。这是一种通过国际标准分类号来进行浏览检索的方式。

b. 检索步骤。在 ISO 主页上部选择 ISO Store 进入该栏目，再点击“Browse, search and purchase ISO Standards”则进入了分类检索界面。该页面列出了 ICS 的全部 97 个大类，通过层层点击分类号，最后就可检索出该类所有标准的名称和标准号，点击标准号，即可看到该项标准的题录信息和订购标准全文的价格。

③ 高级检索（Advanced Search）。高级检索能支持多个检索条件的复合检索。检索区内设置的检索字段有 Keyword or phrase（关键词或短语）、ISO number（国际标准号）、ISO part number（ISO 部分号码）、Document type（文献类型）、Supplement type（补充类型）、ICS（国际标准分类号）、Stage code（阶段代码）、Date stage reached（截止日期）、Other date（其他日期）、Committee（标准化技术委员会）和 Subcommittee（分委会）共 11 个。用户可检索其中某个字段，也可进行多字段组合检索，此时系统默认在字段间作“逻辑与”运算。

a. 关键词或短语字段。该字段供用户输入单词或短语进行检索，而短语必须置于双引号（“”）中；如果在该字段中一次输入 2 个或以上检索词，系统默认各词之间以“or”算符相连；若希望检索结果中同时含有所输入的全部检索词，应在检索词之间加上“and”；如果在输入的某个检索词使用了“not”算符，则检索结果中不会出现含有这个检索词的记录。

该字段支持截词检索，采用“*”为截词符，如输入 electroplat*，则可检出含有 electroplated、electroplating 等词的标准文献。

选中该字段下方“Titles”、“Abstracts”、“Full text of standards”前面方框中的 1 个或多个，可指定在标准名称、摘要或全文中进行检索。

b. 标准号字段。按标准号检索时，输入标准顺序号即可。若检索标准中的某一部分，如 ISO 90[illegible]第 4 部分，可在 ISO Number 后输入 9000，再在 ISO part number 中输入 4，也可直接在 ISO Nu[illegible]ber 中输入 9000-4。需要一次检出多项标准时，应分别处理：如待检标准号是连续的，可输[illegible]起止标准号，中间以“:”相连，如 1:20；如标准号是间断的，应将待检标准号分别输入，中[illegible]以“,”分隔，如 9000，14001，14004；如标准号既有连续的，又有间断的，则应将上述方[illegible]结合使用，如 1:20，9000，14001。

c. 文献类型字段。点击该字段的下拉菜单，可以选择检索的文献类型，如 All by default（全选，默认）、Guide（指南）、IS（国际标准）和 ISP（国际标准文号）等类型。

（2）检索结果处理。

ISO 系统执行用户的检索指令后，将反馈包括标准号和标准名称的检索结果的清单，单击标准号，则会显示标准的详细信息和订购信息，点选电子（PDF 格式）文档或文献的语种（英文或法文等），便可获得所需标准的全文。

（3）检索实例。检索有关茶叶检测方面的国际标准。

① 分析课题。根据课题可以分析出该课题的主题为茶叶检测“tea and determination”。

② 选择检索方法。根据课题分析选择高级检索。

③ 选择检索范围。

④ 选择检索项，输入检索词。

⑤ 执行检索。

10 馆藏特色文献数据库建设与利用

10.1 馆藏特色文献数据库建设概述

特色文献是图书馆具有相对馆藏优势的某种范围特征的文献集合。一方面，它是一个文献的集合，具有某一范围内容的特征，或某一时间范围、或某一地域范围、或某种载体形态等；另一方面，它和其他馆藏相比，是具有馆藏优势和服务优势的一类文献[122]。

由于信息技术的高速发展，新的科研成果层出不穷，知识信息迅猛增多，各个学科相互交叉发展，文献量因而大幅度增长。任何一个图书馆都不可能收集所有的出版物以满足不同用户的不同需求。同时，用户对信息的需求也不再仅仅满足于单一的文献资源，而是要了解国内外有关学科研究的新成果、新动向、新进展，了解市场供求、竞争等信息，即用户对信息的需求由单项性向广泛性转变，从需要文献信息初级产品转为需要经过深加工、具有高附加值的文献信息产品，对信息的实效性也提出了更高要求。传统的文献信息服务已经不能满足用户的这种需求，图书馆只有在充分利用馆藏的基础上，建设具有自己特色的数据库，为用户提供高层次、高效率的信息服务，才能在竞争激烈的信息社会中求得生存与发展。目前，计算机技术、信息存储技术、现代通信技术以及网络的快速发展为特色文献数据库的建设创造了更多便利条件。

特色文献数据库建设即是依托馆藏信息资源，针对用户的信息需求，对某一学科或某一专题有利用价值的信息进行收集、分析、评价、加工、存储，按照一定标准和规范数字化并组织起来以满足用户个性化需求及充分反映文献馆藏信息资源和数据资源特色[123]。

迄今为止，许多图书馆都开发了本馆的特色文献数据库，如国家图书馆建设的中国年鉴数据库、中国博士论文数据库、方志类数据库，上海图书馆的家谱数据库、中文报刊数据库，中国农业大学图书馆的棉花文献文摘库，中山大学图书馆的教育文献数据库。

10.1.1 馆藏特色文献数据库建设的意义

特色文献数据库建设是图书馆在数字环境下文献信息资源建设的一项重要内容。它不仅为学科建设提供了充足的信息资源保障服务，也是使图书馆这一信息资源系统发挥最大价值的关键环节。

特色文献数据库是数字图书馆建设的基础。教育部颁发的《普通高等学校图书馆规程》中规定“高等学校图书馆应根据学校教学、科学研究的需要，根据馆藏特色及地区或系统文献保障体系建设的分工，开展特色数字资源建设和网络虚拟资源建设”。其中特色数字资源建设就是一项最根本的工作。因此，建设特色数据库是图书馆义不容辞的责任，是图书馆数字化建设的基础。

建设馆藏特色文献数据库具有如下意义：

（1）能更好地为高校各学科专业提供理论依据。高校图书馆在文献资源建设方面始终是围绕着教学科研服务的，建立特色文献数据库则是更加完整、专业、权威地帮助读者提供翔实的文献资源，更好地为教学科研服务。

（2）能更好地为地方经济建设提供帮助。高校图书馆特别是地方高校图书馆建设的特色文献数据库要突出的特点不仅能为本校的教学科研服务，还要突出为地方经济建设的特点来做好数据库建设。

（3）有利于收集、整理特色文献资源，实现信息资源共享。建设特色文献数据库可以使分散无序的特色文献资源系统化、有序化和进行深层次加工，将传统文献资源转变为数字化资源，并通过网络传播等手段，使传统文献在网络环境下重新体现其知识价值，让自身的特色资源被积极有效地利用，实现资源共享，更好地为读者提供深层次的特色服务。

10.1.2 特色文献数据库建设的特点

1. 专业性强

特色文献数据库在某一学科里是围绕着它的专业或专题文献进行建设，这是特色文献数据的基本特点和要求。如果把握不好它的专业性，也就把握不住它的权威性，就会失去竞争能力，优势难以显现，便不能发挥最大的社会效益。

2. 完整性

特色文献数据库的系统性、完整性也是它的特色条件之一。随着文献资源载体多样化的出现，除了原始的纸质文献外，还有磁带、光盘和胶片，也有来自互联网的免费信息以及本馆购置的电子资源等。因此，建库前要使资料搜索尽可能全，尽量完善。

3. 权威性

在文献资源建设中往往出现一个专题或内容有许多不同的版本，出处也不尽相同，甚至有时在理解或者是观点上也不尽一致，这在学术上属正常之事，但如何把握好它的代表性、权威性是非常必要的，除做到精选其中较为完整的版本外，还要保证其数据准确无误，以保证真正意义上的权威性。

4. 独特性

在建设特色数据库的过程中，着重要在“特色”二字上下工夫。特色数据库建设的主要目的是为了资源共享，因此，特色数据库的建设重心应放在“人无我有，人有我优，人有我精”上。这就要求在数据库内容选择上应具有鲜明的特色，能体现出馆藏特色、地方特色、专业学科特色、行业特色等，不能与现有的数据库重复，各馆之间也要互通有无、避免重复。在现实中，一些图书馆为了应付诸如图书馆评估、自动化建设水平评估等检查，随意选择一个课题就开始建设特色数据库，其结果是特色数据库无特色，失去了其应有的价值。因此，特色数据库的建设必须本着从本单位实际出发，建设具有鲜明特色、能够取得显著使用效益的数据库。一般而言，图书馆经过长时间文献积累后，会在某一方面、某一学科或某一研究领域形成具有一定规模、结构完整、内容丰富的文献优势，对它们进行全面、系统、有组织的开发、整理和加工，从而形成馆内文献资源特色。此外，特色数据库在数据加工上也应具有鲜明的特色或独创性。

10.1.3 特色文献数据库建设原则

1. 标准化、规范化原则

标准化和规范化是特色文献数据库建设的生命，它是实现数字资源共享的前提，是数字资源长期保存和使用的基本保证，也是系统扩展的基础，因此，它在特色文献数据库建设中起着非常重要的作用。规范数据库建设的标准，是建设高质量数据库的重要保障之一，只有标准化的数据库系统才具有真正的活力，它不仅保证了可靠性、系统性、完整性、兼容性，而且有利于实现真正意义上的馆际之间网络资源共建共享。因此，在数据库建设过程中，应制定和遵循有利于长远发展的国际、国内通用的数据著录标准、数据格式标准、数据标引标准、规范控制标准及协议，主要包括：通信标准（TCP / IP）、字符编码标准、标准通信置标语言/可扩展置标语言（SGML /XML）、元数据（Metadata）标准、检索语言标准、安全标准等。另外，2002 年发布的《数字资源加工标准规范与操作指南》也是指导特色资源建设的重要参考资料。对于图书馆来说，如果采用相同的标准，就不必额外开发软件来实现与其他系统的数据库之间的转换，可以集中精力建设有特色的数据库。对于用户来说，在检索不同系统的数据库时，由于采用了相同的标准，用户可以很快熟悉新系统，这样可以节约检索的时间和费用，提高检索效率。

2. 联合建库与实用性原则

数据库的建设要耗费大量的人力、财力、物力，单个部门建库必然会受到技术、人才、资金及信息资源的制约，很难保证建库质量，与数据库建设的规模化发展也不相适应。因此图书馆之间以及图书馆与政府机关、科研团体、学校、企业之间应该打破界限，从推进网络资源共享的要求出发，实现各单位人力、财力、物力的优势互补，发挥群体的力量，走联合共建之路。比如文化部立项的“潮汕地方文献数据库”就是由汕头市图书馆、揭阳市榕城区图书馆、潮州谢慧如图书馆共同承建，广东省中山图书馆和中山大学图书馆参与建设的。特色文献数据库建立的最终目的是为了更好地发挥特色化信息资源的功能，最大限度地满足用户的需求等。因此，建库时应遵循“用户至上”的原则，充分调查研究用户的信息需求，全面分析数据库的实用价值以及社会效益和经济效益，保证所建数据库能面向读者、面向社会需要，能进行深层次开发，实现增值效应。

3. 质量原则

特色数据库的质量是整个数据库生命力的体现，是为资源共享提供充分保障的关键。首先，特色文献数据库的建设是一个系统工程，包含着规划、论证、收集、整理、加工、分类、网页建设与维护等环节，同时还包含一些技术问题。在这个系统工程建设中，首先应该从源头开始严格把关，即在建库之初的规划、论证阶段要有科学严谨的态度，在全面了解特色文献数据库建设总体情况的基础上，提出可行性报告。其次，在数据库建设过程中，对软件平台的选择、标准和规范的制定、数据加工、数据库的集成等阶段都要严格实行规范操作和质量控制，从而保证数据库的整体质量。此外，建库人员的素质也是一项重要的影响因素。最后，数据库的质量控制是一项集管理和技术于一体的综合性工作，它贯穿于数据库建设的整个过程。数据库在使用过程中是否便于检索、读者检索到的数据是否新颖、是否能尽早获取最新信息等是考察一个数据库质量的很重要的因素。

10.1.4 我国图书馆特色文献数据库建设的类型

1. 按建库方式分

可分为本馆自建和联合开发的数据库。例如，北京大学图书馆主页上的“热点话题”特色服务，就是以馆藏报纸为基础，从中提炼出时下国内外最引人注目的话题，并将挑选出的相关文章提供给读者，从而方便读者抓住热点，掌握社会动态，并更加充分地利用馆藏。国家图书馆主页上的“知识经济文萃”专栏是将国内外有关知识经济的文献收集、组织起来，以供读者及时、广泛地了解知识经济的发展、研究状况，给读者一些思考和启发。这两个特色资源库都是图书馆深层次开发信息资源的成果，向用户提供全文、文摘或文献索引等服务。

建立特色文献数据库是一项较大的工程，单靠一馆之力是很难完成的，还需要跨地区、跨行业、跨部门的广泛协作，发挥各种优势，共同建设。而且性质、功能相似的图书馆在其特色文献资源建设时总会有相互交叉的部分，如果各自去开发，则会造成大量人力、物力的浪费，因而联合建库是避免资源重复建设的最佳选择，这在地方文献数据库建设中比较常见。

2. 按数据库存储描述方式分

可分为全文型、数值型、事实型等源数据库及目录、题录、文摘等书目线索型参考数据库，又称二次文献信息数据库。由 CALIS 资助，各馆承建的 20 多个特色数据库中，西安电子科技大学图书馆的通信电子系统与信息科学数据库、厦门大学图书馆的东南亚研究与华侨华人研究题录数据库为书目索引型数据库，为用户指引了查找该主题文献的线索。天津大学图书馆的环境科学与工程文献信息数据库、华中科技大学图书馆的机械制造及自动化数据库、吉林大学图书馆的东北亚文献数据库、华东石油大学图书馆的石油大学重点学科数据库、中南工业大学的有色金属文摘库、中国矿业大学图书馆的岩层控制数据库以及北京农业大学图书馆的棉花文献文摘数据库等均为文摘型数据库，不仅为用户指示文献线索，还收录了文摘。厦门大学图书馆的法学学术数据库、武汉大学图书馆的长江数据库、西安交通大学图书馆的钱学森特色数据库、中国人民大学图书馆的经济学学科资源库、上海财经大学图书馆的世界银行出版物全文检索数据库、中国资讯行开发的数据库、南开数学研究所数学图书馆的数学文献信息资源集成系统以及兰州大学图书馆的敦煌学数据库等为源数据库，提供各专题的全文、声音、图像等信息。

3. 按数据库的内容特色分

可分为地方特色、民族特色、学科特色以及其他专题数据库。专题特色数据库指关于某特定学科、特定主题或者某一专门问题的数据和数字化资源的集合体。专题是其生存的空间，特色是其存在的价值。

广东省的特色数据库建设规模十分庞大，在地方文献建设方面也已取得不少成果。已建成或正在建设中的有亚热带海洋经济文献数据库、潮汕美食数据库、潮汕地方文献数据库、特区文献数据库、珠三角房地产数据库、佛山石湾陶瓷世界数据库等，为促进资源共建共享打下了良好的基础。另外，四川联合大学的巴蜀文化数据库、兰州大学图书馆的敦煌学数据库、武汉大学图书馆的长江数据库等也均带有明显的地方特色。

民族特色数据库中有代表性的如内蒙古大学图书馆的蒙古学文献信息特色库；吉林省延边

大学图书馆已建成了全国一流的“朝鲜-韩国学”文献资料中心，并逐步建成东北亚开发研究成果资料中心；还有贵州民族学院图书馆的傩戏傩文化文献资料中心；西藏民族学院图书馆的藏学文献资料中心；广西民族学院图书馆的壮学文献研究和协调中心；等等。

由 CALIS 资助，根据各校重点学科专业建设，由各校图书馆承建的专业特色数据库涵盖了农、工、医、教育、经济、法律、数学、环境科学、邮电通信及信息科学等各专业的特色文献资源。

其他专题数据库如孙中山全文数据库由广东省中山图书馆牵头建立；由深圳图书馆承担的法律图书馆，已成为一个专业的法律文献中心和普法基地。

10.1.5 特色文献数据库建设存在的误区[124]

在特色文献数据库建设中，对于数据库“特色”的界定以及在数据库的利用上，都出现了一些糊涂认识或者误区，必须加以澄清和改正，才能使特色文献数据库建设健康发展。

（1）认识模糊之误。

不少图书馆为了寻找自己的所谓“特色”而煞费心机，如同高等学校寻思怎样突出办学特色但对何为“特色”却吃不准一样，甚至走入死胡同。所以，出现了五花八门名为特色而实际上并无特色的特色文献数据库。所谓“特色”，首先是具有特殊性，也就是具有个性特征；其次是区别于其他。就我国目前的数据库而言，以专业性、行业性数据库居多，真正的大型综合性数据库还不是很多。那种认为特色数据库就必须与现在所有的数据库完全不同才是特色的思想是片面的。我们认为：①“特色”不是独一无二。信息时代，资源是共享的，绝不可能有完全属于某个人独享的信息。建设特色数据库就是根据社会或个人某些特定的需要，把相关的信息科学地组织起来，有序地揭示出来，迅速地提供给用户，使散乱的信息变成有序的、能被用户直接利用或者有效使用的信息。至于信息源自何处，是不是也被别人所拥有则不是关键。②“特色”不是猎奇。“人无我有”在文献资源建设学上是一种最理想的模式，但在实际上是做不到的。特色文献数据库建设只能做到“人有我优，人有我精”。然而，在实际工作中的确有人因为一味追求“奇”，脱离了数据库为用户提供信息和满足需求的本意。我们已经见到，有的图书馆耗资、耗力，花费几年时间建成了本馆“善本书数据库”、“样本书数据库”，因利用率不高而束之高阁。③“特色”不是拾佚。有的图书馆为了寻找自己的所谓特色，挖空心思，把馆内早已过时的文献数字化，还有的甚至把早已舍弃的馆藏目录重新输入。在信息网络高度发达的今天，这种无用劳动完全没有必要。

（2）重建轻用之误。

任何数据库的建设都应该以最大限度地被用户利用为出发点，并以满足了多少用户需要作为衡量其质量的重要标准。但是，这种美好的初衷在建库过程中往往被忽视。就目前我国所使用的数据库而言，用户受益最多的要算清华同方公司的 CNKI 中文期刊全文数据库、重庆维普公司的中文科技期刊数据库、中国数图公司的中文图书数据库和一些较为大型的专业数据库。而一些图书馆自己建立的特色数据库要么打不开，要么信息少，要么残缺不全，而无法利用或很少利用。所以，图书馆如果要建设数据库，首先是要考虑值不值，有无必要。其次才是考虑本馆性质、服务对象、社会责任、用户需求等因素。经过认真分析、反复论证，甚至通过用户调查之后方可实施。决不能图新鲜、拍脑袋、盲目攀比和一哄而起，一定要遵循“用户至上、需求第一”的原则，做到有目的、有方向、有选择，既可以自建，也可以下载，还可以引进。还要不断地对数据库进行补充完善，通过用户利用对其进行检验，邀请专家对其评估。使之一直保持实用性、先进性、可发展性。要坚决摈弃“深闺不嫁、孤芳自赏”的弊病。特色数据库不属于私有财产，必须使之成为社会的财富。

（3）急功近利之误。

特色文献数据库的建设必须以信息资源共享为手段。只有实现信息资源共享方能体现特色文献数据库的内在价值。然而，在过去几年的实践中，这方面所做的工作太少。学术界一提出建设特色数据库就草率上马跟风，理论界一提出个性化服务就怀疑书库图书还要不要借还。这种行为存在过度活跃的激情，缺乏冷静科学的态度。各为一体，孤军作战，闭门造车，求奇求全，自娱自乐者不乏其人。有的甚至把它当成一种自我炫耀的装饰，或者作为示范性的教材供人观瞻，不与人沟通，不与人交流，使之成了镜中之花。除此之外，特色文献数据库的建设缺乏统一的标准，缺乏权威的评估体系，不仅直接影响特色数据库的质量，而且造成特色数据库网上共享困难的被动局面[125]。

10.1.6 建设特色文献数据库注意事项

（1）检索功能要完善。

特色数据库最大的功用在于检索，检索点越多越便于使用，特色数据库的质量也就越高。因此要建立功能强大的检索系统，就要完善检索系统的功能；创造良好的网上检索界面，人机对话尽可能简捷方便；根据文献信息的内容及形式，选取最能反映其特征、最有可能被利用的检索途径，设置丰富有效的检索点；既能提供包括书名、责任者等外部特征检索和全文检索，又能提供分类和主题词检索；既能实现各项之间的“与”、“或”、“非”的逻辑组配检索，又能实现标引词的位置算符检索，并在一次检索结果的基础上实现多次循环检索[126]。

（2）要加强宣传、培训以及用户反馈信息的收集。

特色数据库建设的最终归宿是数据库的使用，而了解是使用的前提。因此，数据库发布后，必须开展宣传和推广，使更多的人认识和了解该数据库。可通过开展讲座、在图书馆主页发布“用户使用说明”以及发放数据库简介宣传单等方式，广泛开展数据库的宣传和推广，使之“家喻户晓”，并有目的、有选择地开展读者培训工作，从而达到“建与用”的统一。此外，数据库的利用率如何，用户对数据库建设和使用有什么意见和建议，也是我们追求特色数据库效益最大化的关注点。因此，应及时收集用户使用的反馈信息，建库小组根据用户的需求、意见和建议不断改进工作，努力使特色数据库建设更加专业和实用。

（3）必须高度重视知识产权问题。

特色数据库建设的数据来源一般有三方面：一是网络资源；二是利用已有的数据库获得的资源；三是自己所独有的资源。这几种数据来源在加工整理时大部分涉及知识产权问题，尤其是期刊论文，享有双重著作权保护，在将其纳入数据库时更容易涉及知识产权问题。因此，必须对作者的知识产权特别加以保护。虽然版权法赋予了图书馆对受知识产权保护的信息资源合理使用的权利，但必须遵守版权法所限定的范围。

（4）要合理组建建库团队。

合理组建建库团队是建设高质量特色数据库的保证。建设高质量的特色数据库要求建库人员要有团结协作精神和敬业精神，有一定图书情报专业知识、外语水平，知识面广博并精通所需方面的专业知识，熟悉馆藏，懂得文献标引，有一定的检索和编辑能力，并掌握必要的计算机操作和现代信息处理等方面技术。如条件具备，还可邀请知名的学科专家担任顾问，对数据库建设的学术方向进行把关和指导。

（5）应及时修正、更新和维护数据，以确保数据库的可持续发展。

特色数据库除了权威性、特色性、实用性、科学性、共享性等作为其评估指标外，“可持续性”也应作为一项重要的评估指标。而做好数据的修正、更新和维护工作，是数据库保持其生命力，促进其可持续发展的关键所在。通过修正数据错误，可确保数据库质量；通过数据的更新，可保持所含信息的新颖性和有效性。因此，要确定合理的更新周期，保持数据的新颖性，使读者尽早获取最新信息；通过数据的维护，可保证和提高系统运行的安全性、协调性和运行效率。为了保证数据的安全，图书馆应派专业技术人员对服务器进行维护，并建立严格的操作规程和详细的备份制度，定期对系统和数据进行硬盘、光盘和磁带等多介质的备份，经常进行病毒查杀、系统优化等维护工作[127]。

（6）应设立相应的协调组织机构。

目前，我国数据库产业还处于各自为政、自由开发和无序竞争的局面。数据库盲目开发、重复建设、文献资源布局不合理状况依然存在。因此，需要有一个组织机构来规划、协调、资助各个特色数据库的建设。这样，既可保证数据库的质量，又能避免重复建设的浪费，使资源布局更趋合理，而且也能够突出整体的品牌效益。例如，在 CALIS 的建设中，就对特色数据库建设进行了统一协调与宏观管理，即由各高校图书馆根据自己的特色馆藏、地区专业特色申报特色数据库，经过审查批准，分 A、B、C 三级资助建设特色数据库，最后组织专家进行评审验收，才可上网使用。

10.1.7　特色文献数据库建设的流程

特色文献数据库建设流程主要围绕“确定选题—数据收集—数据加工整理规范—数据发布”展开。

1. 确定选题

建设特色数据库首先要选好题，把好立项论证关，强调特色、避免重复及资源的浪费。特色文献数据库建设在选题上主要应在以下几方面加以论证：① 对所选的学科专题在建好后是否有用户需要。建设特色数据库既要为学校的教学、科研服务，又要为地方经济发展服务。② 选题是否突出自身优势，即所选的学科专题是否适合于本单位的开发建设。每个学校都有自己的办学特色和不同的重点学科，长期以来它所收藏的文献在学科特点、学术价值和专业范围方面形成一定优势，各高校应针对自身文献收藏特点及所处的自然、地理、经济等状况及用户的需求情况，结合当地社会经济发展热点、趋势来建设特色专题数据库。③ 能否获取足够的信息源以满足此选题的建设需要。如果缺乏相应的信息源，查全率、查准率就难以得到保证，这样必然导致所建数据库产品质量的落差。④ 是否具备学科专业背景的建库人员。上述几个决策点需要在建库前进行充分的调查研究、仔细的论证。只有这样，才能扬长避短，确立最有效的选题。

2. 数据的收集

数据是数据库的核心，数据收集是数据库建设的基础。特色数据库的建设要求其数据收集要确保完整性和权威性。为此，在数据收集时需要确定合理的收集范围，包括学科范围、时限范围、地域范围、文种范围等；确定数据源的类型，包括图书、期刊、会议录、论文集、网上信息；确定收录数据的形式，包括文字、表格、图片、动画、音乐及多媒体信息；确定收集的渠道；确定数据库的类型，包括书目型、题录型、文摘型、全文型；等等。

在数据收集过程中，我们掌握以下原则：在数据源类型上，追求一个“全”字。在收集的渠道上，拓展一个“广”字，为了获取足够的可用信息源，我们贯彻两条腿走路的方针，即在最大限度地挖掘馆藏文献资源（将馆藏印刷型特色文献资源进行数字化加工，并筛选本馆已购买的电子全文数据库，将其中与所建学科专业相关的内容进行下载并加工、重组，充实到自建特色数据库中，以达到有效利用资源、节省费用的目的）的同时，进行必要的外部调查（到本地区，乃至全国各高校、科研院所及行业协会收集有关该学科的信息资源），并努力挖掘网络资源，总之，我们作出最大努力保证文献信息的收全率。在数据标准上，突出一个“专”字，收录数据与数据库的专题定位一致，杜绝因追求数量造成冗余和繁杂信息。在数据时间上，遵循一个“宽”字，文献信息的收录范围越早越好，越全越好；而时效性又是衡量数据库水平的一个重要指标，为此，在建设过程中，我们采用先近后远的原则，一旦条件允许，尽可能对早期的文献进行回溯。

3. 数据加工整理规范

特色数据库建设，首先需要对收集到的数据进行认真的审核筛选，去粗取精，去伪存真。其次，应注重对文献资源的深加工，不能停留在单纯地将一次文献数字化，而是要逐步深入地对数据进行组织、加工、整理规范，可通过题名、作者、日期、关键词、文摘等对文献资源作深层次的揭示。例如，为方便读者使用，对于格式有所不同的数据应进行相应的处理。

（1）筛选。并不是收集到的所有信息都有必要入库，一定要进行认真的审核筛选，去掉重复的、不准确的及价值不大的信息，最终确定哪些数据被收录进数据库。

（2）标引。标引结果的好坏影响数据库的质量，决定数据库的检索效率。因此，应根据实际情况，选择合适的标引方式，制订标引细则，具体规定标引的深度、分类的集中与分散、主题词和关键词的选用规则等，提高标引质量。TPI4.5 元数据标引工具能标引的文件类型包括*.KDH 文件、*.NH 文件、*.PDF 文件、*.TXT 文件、*.HTML 文件和*.doc 文件等 6 种。在标引的过程中只需要对标引的字段进行鼠标框选、拖拽即可完成，非常方便。

（3）录入。数据录入也是不可忽视的重要环节。有了完整的数据源，进行了高质量的标引，可是，如果录入的时候错误百出，还是前功尽弃。因此，为了确保输入数据准确无误，要制订严格的质量管理制度，选择责任心强的工作人员。

（4）审校。数据审校绝对不是可有可无的。避免标引错误，提高标引的一致性，减少数据录入中的失误，保证每一条记录的准确性，要全面、认真、细致地做好审校工作。可以采取人工审校加程序控制的双审制，确保数据库的质量。

（5）更新维护。数据库建成后并不意味着大功告成，还要进行经常性的更新和维护，才能保持生命力。要收集数据在使用过程中的反馈信息，及时对数据进行替换、删除、修改和整理。要确定合理的更新周期，保持新颖性，使用户尽早获取最新信息。

4. 数据发布

特色数据库的建设必须依赖一定的软件平台，对于每个图书馆来说选择一款好的建库软件是一件非常重要的工作。一般来说，选择软件必须考虑以下几点：一是自己所建库的容量规模需要什么软件支持；二是读者对所使用的软件的界面及检索方法的熟悉程度；三是要与本单位建立交换关系和共享单位的软件保持一致，这样给数据交换下载和利用都会带来很多方便。

10.2 图书馆数字化建设与未来发展

10.2.1 数字图书馆的内涵

数字图书馆是超大规模的、可以跨库检索的海量数字化信息资源库[128]。图书馆数字化是图书馆自动化发展的高级阶段，它是一个无限的、开放的、有组织的信息资源庞大系统，本地和远程用户可以在网络化的环境中，对系统内信息资源进行一致性访问，获得自己所需的最终信息，从而使人们对图书馆的利用不再有时空的限制，用户不论在任何时间和地点，只要通过其联网的电脑，便可纵览天下群书，实现真正意义上的资源共享。

数字图书馆作为一种数字化、网络化和系统化的图书馆发展模式，主要包含以下几个层面[129]。第一，性质层面。数字图书馆是搜集、整理、存储和传递各种知识信息的重要社会设施，是国家信息基础的核心，是一个国家乃至整个人类社会的信息平台、文化平台、教育平台和数字信息资源中心。第二，基础层面。数字图书馆应拥有规模宏大、相对独立的馆藏数字化文献信息资源，它是实现信息资源共享的基础。第三，技术层面。数字图书馆必须集成计算机技术、网络技术、通信技术、数据库技术和多媒体技术等多种技术，以计算机为主的各种硬件设备作为管理文献信息资源的基本手段，拥有一套先进的制作、存储、发布和维护数字化文献信息资源的软件系统。第四，结构层面。数字图书馆应拥有分布式信息资源库群，并有有序化组织和结构化存储信息的能力，通过网络系统有效地连接用户与各个图书馆、信息服务中心和数据库等，实现信息资源传递的网络化和存取的自由化。第五，目标层面。数字图书馆要通过千家骨干通信网和因特网，实施全方位、多元化和高效能的数字化信息服务，实现对全国及全球的数字图书馆访问、检索和利用。

10.2.2 数字图书馆建设概述

10.2.2.1 数字图书馆建设的意义

（1）由于数字图书馆是虚拟与现实相结合，大量的数字化信息存储在无数个磁盘存储器中，所占空间远远小于传统文献，不仅大大节省存储空间，还方便管理与使用。

（2）有利于促进国际间的交流与合作。大科学研究离不开国际大合作，数字图书馆建设为此创造了良好的条件。信息网络把整个世界变成了“地球村”，使信息知识的扩展具有全球性，可达互联网联结的所有国家和地区。全世界各个国家都能不受时空和地域的限制，充分享用互联网上的数字化信息资源。互联网的信息交流具有开放性、实时性、交互性、无中介性、费用低廉等特点，解决了一些发展中国家研究资源有限的困难，促进了国际间的交流与合作。

（3）数字图书馆可实现资源共享。资源共享是数字图书馆建设的根本目的和发展方向。数字化信息凭借高新技术进入互联网，可以经济、快速地为人们所利用，从而不断地激发人们的智能开发和创新能力，推动整个社会经济的发展。

（4）数字图书馆由于资源的数字化特征，为信息的查询与检索提供了良好的条件，可检索的信息资源更丰富，从单一媒体信息发展到多媒体信息；检索类型更广，从传统书目检索扩展到文摘检索、全文检索；检索范围更大，从本馆、本地区资源扩展到全球资源，能充分适应和满足教学和科研的多种检索需求。

（5）可以保存好国家的宝藏珍本、善本等古籍。数字图书馆将这些珍贵文献数字化，方便人们使用。可在网上查询，不必再去查找原始文献。古籍书得到了很好的保护，原始文献也得到了很好的利用。

（6）满足用户需求是数字图书馆建设的最终目的。数字化图书馆工程的实施，不仅给图书馆事业带来了一场革命性的变化，而且也为文献信息资源快速传播开辟了新的道路，满足了多层次用户的各种不同需求。

10.2.2.2 数字图书馆的特征[130]

（1）数字图书馆是一个分布式的图书馆群体。

数字图书馆通过宽带高速互联的计算机网络，把大量分布在一个地域或一个国家的众多图书馆或信息资源单位组成联合体，把不同地理位置上及不同类型的信息按统一标准加以有效存储、管理，并通过易于使用的方式提供给读者，超越空间和时间的约束，使读者在任何时候、任何地方都可以在网上远程跨库获取任何所需的信息资源，达到高度的资源共享。

（2）数字图书馆是面向对象的数字化多媒体信息库。

数字图书馆的存储介质已不限于印刷体，它具有文本、声、光、图像、影视等多种媒体，其存储的载体也相应地有光盘、录音带以及各种类型的数字化、电子化装置。它通过多媒体、超文本、超媒体等技术，提供智能化的信息检索手段，向读者展示各种生动、具体、形象、逼真的信息。

（3）数字图书馆是与平台无关的数字化资源集合。

数字图书馆可实现异种数据库之间、服务之间、工作站之间的可互操作性，并正在探索深层语义上的可互操作性。它采用一种联合式或协调性软件，从类型相似的数据对象和服务中，取得一致性和连贯性检索内容。目前在网上查资料，需逐个站点地查询，实现数字图书馆以后，读者只要提供某个检索点，计算机就会按统一的用户界面提供所需的全部资料。

（4）数字图书馆具有强大的信息传播与发布功能。

数字图书馆的服务方式与传统图书馆有着重大的差别，它变传统图书馆的被动式服务为主动服务。它可以通过网络随时发布和传播各种文献资源的信息，对读者进行“引导”或“导航”，向读者提供多种语言兼容的多媒体远程数字信息服务。

10.2.2.3 数字图书馆构成要素

（1）海量数字化信息资源。

数字图书馆的数字化信息资源来源主要有两种：馆藏资源数字化和购买电子文献资源，这些信息资源以二进制形式存储在计算机内，并按一定的逻辑方式进行排列。拥有海量化数字资源是数字图书馆开展服务的基础，并直接关系到数字图书馆的信息服务质量。因此，海量化数字资源是数字图书馆构成的基础部分。

（2）高效的数据库管理系统。

数字图书馆的数据资源由对象数据库和元数据库构成，元数据库中的数据主要对对象数据库中的数据属性进行标引和说明。元数据相对集中存放，对象数据分布存放。大规模的数字存储管理系统实现对所有数据资源的存储管理，维护元数据和数字对象的完整性和统一性，以及在分布式网络环境下为大规模数字资源快速有效的存取提供支持。因此，数字图书馆要求其数据库管理系统具备快速高效地组织、查询各种信息资源的能力和性能。

（3）数据封装系统。

数据封装系统主要实现对文本、图像、音频、视频等信息进行数字化采集加工和处理，实现对资源的一次加工多次使用。它能对异构数据库里的数据进行统一封装，将基于各种不同软硬件平台的数据库整合到数字图书馆系统中来，极大地丰富数字图书馆的内容。

（4）资源调度系统。

调度系统通过用一个特定的标志来建立一个对所有数字资源进行管理的资源系统，它相当于建一个指向特定资源的指针，当资源环境发生变化时只需要把指针做调整，即将这个特定的标志进行相应的变化，就能够保证整个系统的正常运行。

（5）畅通的计算机通信网络。

数字图书馆要通过全国或全世界范围内的网络和通信系统为分布在全球各地的用户进行服务。因此，畅通的计算机通信网络将为其正常运转提供强大的技术保障，是其有机组成部分。

10.2.2.4 数字图书馆建设应遵循的原则[131]

（1）整体性原则。数字图书馆建设是一个庞大的系统工程，图书馆在将资源数字化的过程中，要协调一致，分工协作，以避免不必要的人力、物力、时间上的浪费。

（2）系统性原则。有两层含义：一是系统地、连续地收集资源，保持资源系统、连贯与完整；二是各个图书馆系统是整个数字图书馆大系统中的子系统，要能通融，互相连接，资源共享。

（3）实用性原则。数字图书馆建设目的在于使用，如脱离实际，便是无本之木、空中楼阁。

（4）科学性原则。这是一切科学工作都必须坚持的原则，包括：用科学方法研究网络信息的分布规律，用科学的态度鉴别信息质量的优劣和系统的完善程度。

10.2.2.5 数字图书馆的基本服务功能及服务形式

数字图书馆的基本服务功能包括：

（1）查询功能。通过联机目录系统指引用户使用未实现数字化转换的馆藏文献，查询结果是书目清单。

（2）电子信息服务功能。提供本馆电子出版物、传统馆藏的数字化转换信息，连接外部信息源。

（3）网络服务功能。用户通过图书馆的通讯服务器和服务工作站与其他网络相互联结，除提供一般的通讯服务外，还提供访问相关信息数据库的服务。

此外，数字图书馆还应具有以下功能：

（1）图书馆内部系统的高度集成化和多种信息源的深层次连接；

（2）迅速获取外部信息并向外界开放本地资源，使虚拟图书馆成为现实；

（3）友好的用户界面以消除用户与信息之间的任何障碍；

（4）容纳多种信息类型的多媒体数据库。

数字图书馆服务形式[132]大致有：

（1）以参考咨询为基础的网络化数字参考咨询服务。

该服务以按专业分工的咨询专家为后盾，以集成化的馆内外知识资源和技术交流系统为核心，以强有力的分析组织技术工具为保障，以现代通信技术为交流平台。其工作机制一般是首先接受用户提问，系统对提问进行分析并查询已有的问题或有答案的问题。若无现成答案，则将提问分派给最合适的专家。专家根据自身知识和可获取资源生成答案，并反馈给用户；同时将答案保存到系统的问题和答案文档中，形成知识库，以备日后查询。

（2）以专业门户网站形式提供的学科知识门户服务。

该服务是按照不同专业建设相应专业的网站，将专业信息资源导航、专业化网络检索工具、图书馆资源检索、专业论坛、专业研究和会议动态、专题文献报导、专业咨询频道等集成在这个网站上，为用户提供高质量的知识服务。有的网站还定期报道专业化信息资源更新情况，报道专业领域学术动态，组织开发专业化的资源评价，提供专业分类导航和基于语义的知识搜索引擎，以满足用户的知识需求。目前英国通过其数字图书馆已经建立了包括医学、管理、法律、工程、数学、计算机、物理等专题门户站点。

（3）以学科馆员为主的专业领域的跟踪导引式服务。

该服务是在图书馆内设立以学科或专业服务领域的学科馆员。每个学科馆员负责一个或几个专业，通过定期或不定期地与用户联系，深入了解用户需求、信息行为以及反馈意见，提出系统的专业信息意见，并反馈给图书馆管理部门，从而提高信息服务对用户需求和用户任务的支持力度。中国科学院国家科学图书馆已建立了专门的学科馆员制度，通过学科馆员与中国科学院所属研究所联系，并为他们提供专业而有深度的服务。清华大学图书馆面向 34 个院系学科专业设置了 9 个学科馆员，负责与该院有关的信息需求分析、信息资源建设、信息检索与咨询服务、用户教育、用户信息系统建设咨询等工作。不少图书馆还以课题信息服务顾问的方式，为重要用户和重要任务分配专门的信息服务顾问，保障个性化联系、一站式服务以及服务的预期性和智能化。

（4）以情报研究为主的定期服务。

该服务是根据一定范围内的用户对某领域的知识需求，确定服务主题，然后围绕主题形成一个或多个知识产品或解决方案。该服务往往需要依靠多方面人员形成团队，依靠团队力量来组织或提供服务。中国科学院国家科学图书馆内设情报研究部，为领导部门提供各类决策研究报告、领域情报研究报告、以情报研究为基础的专报信息和科学情报研究专题信息快报等。上海图书馆设立信息咨询与战略研究中心，围绕信息收集、分析、加工，形成了多层次、多品种的信息服务产品。主要服务项目为内参和简报服务，宏观政策、趋势分析、发展战略咨询、产业政策和产业规划，行业调研、市场调查、产品定位、商业机会分析以及竞争情报服务。10 多年来，该中心已经形成了自己的服务产品和品牌，在各级政府和社会上具有了一定的认知度。

目前，国外一些先进图书馆不仅已经开展了以上 4 个方面的业务，而且有了向纵深方向发展的趋势，其具体做法为我们更加深刻地理解数字图书馆内涵，提供了一些带有启发性的实例。例如，美国和德国的一些数字化图书馆设立了开放获取的专门机构，希望开放获取能够从根本上打破知识产权法律的局限，真正让公众能够免费获得公共投资所产生的公共知识资产。又如，美国不少大学的图书馆都建立了机构知识库系统，帮助师生把自己的电子化学术与教学资源（论文、科技报告、研究数据、教学资料等）放到知识库中，积极建立规范的存放流程、管理机制和技术程序，积极推进这些资源的开放获取，主动承担对这些数据进行长期保存的责任。因此成为学校的知识资产组织者、管理者和保存者[133]。

10.2.2.6 国内外数字图书馆的研究与开发

1. 我国数字图书馆的研究与开发

我国的数字图书馆理论研究于20世纪90年代初开始随着技术条件的逐步成熟和一些数字化产品的出现而出现，理论研究和数字化建设也有了一定的进展。1996年5月，国家图书馆提出了中国试验型数字图书馆项目，于1997年获得批准立项。该项目以国家图书馆为组长单位，有上海图书馆、辽宁省图书馆、南京图书馆、广东省中山图书馆和深圳图书馆等单位参加。1998年7月20日，国家图书馆向文化部提出申请，建议在国家立项实施"中国数字图书馆工程"。1998年10月李岚清副总理视察国家图书馆，指出未来图书馆的模式，就是"数字图书馆"。1998年12月，江泽民同志视察国家图书馆，听取了中国数字图书馆工程的汇报。在我国政府有关领导的高度重视下，文化部与国家图书馆经过长期的准备和努力终于启动了中国数字图书馆工程。中国数字图书馆工程是跨地区、跨部门、跨行业的宏大系统工程，它的建设原则是：坚持以公益性为主、资源建设为核心，统一标准，开放建设与利益共享，开发与引进相结合等。它的指导思想是：统筹规划、需求牵引、科技创新、滚动发展。它的建设目标是：在互联网上形成超大规模的、高质量的中文资源群，并通过国家骨干通信网向全国及全球提供服务，总体技术与国际主流技术接轨。该工程将完成中华文化史资源库、中华人民共和国国史资源库、中国国情资源库、中国教育资源库、中国民族文化资源库、中国共产党历史资源库、中国发明创造资源库、中国法制资源库、中国名人资源库、中国旅游资源库、中国艺术资源库、中国经济信息资源库、中国软件资源库、科技资源库以及面向青少年的一个百科全书式的知识宝库资源库的建设。中国数字图书馆工程（CDLP）在技术实现途径上采取与国际同类主流技术有接轨前景的方案，如标准通用置标语言（SGML）、统一资源名称（URN）、公共对象请求代理结构（Common Object Request Broker Architecture，CORBA）。国家教育部数字图书馆的"九五"攻关项目由北京大学、清华大学、华南理工大学、上海交通大学承担，主要研究数字图书馆的结构、检索机制以及相应的标准规范，图文信息联合检索导读学习系统，数字音乐图书馆雏形和一个小型视频数据库示范系统。中国高等教育文献保障系统（China Academic Library & Information System，CALIS；http://www.calis.edu.cn）是经国务院批准的我国高等教育"211"工程总体建设规划中公共服务体系之一。CALIS在"九五"期间的总体目标是：为"211"工程立项高校和其他院校提供丰富的文献信息资源、先进的技术手段和便利的服务体系。

我国当前几个主要的数字图书馆[134]有：

（1）中国数字图书馆。

这是以国家巨额财政投入建立的国家数字图书馆工程为基础，充分依托中国国家图书馆丰富的馆藏资源和国家数字图书馆工程资源建设联盟成员的特色资源，借助遍布全国的信息组织与服务网络，建立起来的目前我国规模最大的数字图书馆。

（2）CNKI中国知识基础设施工程。

由清华大学、清华同方发起，始建于 1999 年 6 月。CNKI 工程集团经过多年努力，采用自主开发并具有国际领先水平的数字图书馆技术，建成了世界上全文信息量规模最大的“CNKI 数字图书馆”，并正式启动建设《中国知识资源总库》及 CNKI 网络资源共享平台。

（3）超星数字图书馆。

由广东省立中山图书馆与北京时代超星公司共同建立的有偿借阅网站。超星公司开发了易用经济的数字图书格式，拥有自主知识产权的图文资料数字化技术和专用阅读软件（超星图书阅览器），形成了一整套数字图书馆解决方案，并成功应用于中山图书馆等国内外 500 多家单位。

（4）书生之家数字图书馆。

由北京书生科技有限公司投资，建立在中国信息资源平台基础上的综合性数字图书馆。其使用方式分为 3 种：① 购买单机光盘；② 将书生之家数字图书馆托管到设立镜像站点的单位；③ 包库用户。

2. 国外数字图书馆的研究与开发

国外数字图书馆的研究起步较早，1994 年美国国家科学基金会等单位正式实施的一项数字图书馆创始计划中首次提出了数字图书馆（Digital Library）的概念。1995 年初美国 IBM 公司又发起全球数字图书馆研究的倡议，并成立了数字图书馆学会。数字图书馆一词开始在全世界范围内被使用和流传开来。随后英、法、日、加拿大、新西兰、新加坡、俄罗斯等国家和地区紧随其后，投入巨额研发资金，提出各自的数字图书馆计划加以实施。其中较具代表性的有美国数字图书馆启动计划（DLI）、数字图书馆联盟计划、英国存取创新计划、日本关西图书馆计划。其中，美国的数字图书馆建设走在世界前列，代表着当今世界先进水平，受到人们普遍关注。1995 年秋，美国国会图书馆在第 104 界国会的支持下，正式启动国家数字图书馆项目（National Digital Library Program，NDLP）。其目的为：将其所有的馆藏（包括图书、期刊、地图、照片、手稿等）全部进行数字化处理，以高质量数字产品的形式，丰富和集中美国的历史、文化收藏，要让所有的学校、图书馆、家庭同那些公共阅览室的长期读者一样，能够任意从自己所在的地点接触到这些对他们来说崭新而重要的资料，并按个人的要求来理解、重新整理和使用这些资料。在 1995 年于华盛顿召开的网络信息联盟（Coalition for Networked Information）会议上，包括美国主要研究图书馆的 6 个图书馆宣布成立国家数字图书馆联盟（National Digital Library Federation），其主要目的是：在 Internet 上建立分布式的开放图书馆，用数字化与动态的形式来保存美国的文化遗产，并与全球互联网用户共同分享。美国数字图书馆的发展概括起来有以下几个方面：① 将数字图书馆研究及建设作为国家信息基础建设（NII）的重要组成部分。② 建设了一批有代表性的数字图书馆试验基地。如卡内基梅隆大学的 Informedia 视频数字图书馆（http://www.informedia.cs.cmu.edu/）、加州大学伯克利分校的环境数字图书馆（http://elib.cs.berkeley.edu）。③ 建立各种资源共享网络，如美国国家图书馆联机中心 OCLC（Online Computer Library Center，http://www.oclc.org）、美国研究图书馆信息网络 RLIN（http://www.rlin.org/）。

10.2.3 数字图书馆未来发展趋势

（1）从基于数字化资源向基于集成服务和用户信息活动的范式发展。

数字图书馆发展重点经历了几个阶段[135]。第一代数字图书馆主要在特定文献资源数字化的基础上建立数字信息资源系统，它们往往作为独立系统嵌入传统图书馆系统或上层机构信息系统中，将跨时空检索和传递特定数字化资源作为其主要任务，可称为基于数字化资源的数字图书馆。第二代数字图书馆致力于支持分布的数字信息系统间的互操作，支持这些系统间无缝交换和共享信息资源与服务，由此构造集成信息服务机制，形成基于集成信息服务的数字图书馆。不再以文献数字化和具体数字资源库建设为核心，而主要是面向分布和多样化数字信息资源，通过服务集成构造统一的信息服务系统，形成与传统图书馆不同的新系统形态和组织形态，是目前数字图书馆研究、开发和应用试验的主要形态。第三代数字图书馆将围绕用户信息活动和用户信息系统来组织、集成、嵌入数字信息资源和信息服务，从而更直接、深入、有效地支持用户检索、处理、利用信息来解决问题的全过程。因此，以用户信息活动为基础的第三代数字图书馆是今后的发展方向。

（2）数字信息存储的全息化。

随着数字图书馆建设的不断进展，资源数据量越来越大，存储空间将成为影响数字图书馆应用的主要因素[136]。数字图书馆涉及的是海量的多媒体信息资源，在将它们保存到数据库之前必须进行压缩，以降低数据库成本，使数据库规模保持在可管理的范围内，所以需要着重研究能够适应快速访问的海量存储技术。从世界范围来看，凡是称为“数字图书馆计划”的，其存储的数据总量必然达到了海量规模。全息数字化技术的广泛应用以及新的压缩技术的出现，使数字化资源所占的空间大大降低，使存储设备的投入也大大减少。全息数据存储由于同时具有巨大的存储容量、高速的数据传输速率和短暂的访问响应时间等特点，能够满足提供网上服务的要求，将成为21世纪数字图书馆的主流数字化技术。全息数字化技术所生成的数字化资源都是全息的，取代了简单扫描技术生成的资源，既保持了文献资源的信息完整，又增加了检索等功能，是未来数字图书馆资源的主要组成部分。

（3）多种资源的高度集成，易用性更强。

多种资源的深度融合也是数字图书馆发展的一个基本特征，目前的数字图书馆资源种类绝大多数仍然以传统的书籍报刊等印刷版资源数字化为主，将来会扩展到声像制品、多媒体等资源。这些资源不只是简单地堆积到一起，而是进行了高度的集成和深度的融合。读者输入一个检索词，可以将各种各样的资源全部检索出来，阅读器是能够浏览、播放各种资源的超级阅读器，数字图书馆更具人性化和更加易用。信息导航技术、知识管理技术、全文检索技术、跨平台技术、智能检索代理技术以及推送技术的广泛应用都促使数字图书馆更加贴近用户，更加方便利用。

（4）数字化技术进一步完善。

数字图书馆建设涉及计算机、网络通信等多领域、多技术的综合集成，而计算机和网络通信技术发展十分迅猛，新技术层出不穷。数字图书馆需要网络通信、多媒体信息处理、信息的压缩与解压缩、分布式信息处理、信息安全、数据仓库、基于内容的智能检索、超大规模数据计算、用户界面等多种技术。目前亟待解决的关键技术包括：软件重用技术、多语言处理技术、自动识别技术、因特网人工智能技术。数字图书馆的一个基本特征是传输网络化，这就要求数字图书馆具有高速信息传输通道，以便用户快速获取所需信息。目前数字化技术正在不断完善。

（5）标准化建设取得较大进展。

标准化和规范化是实现数字图书馆资源共享的前提和根本保障。数字图书馆建设管理的信息和知识包括了所有学科，数量极其巨大，类型特别繁多，而且包括了文字、表格、图像、音频等多种媒体的数字化表达，组织极其复杂，同时各单位所使用的软硬件规格不一、品牌庞杂。如何将众多的力量协调组织起来，实现网络的互联互通，资源的共建共享，管理的井然有序，从技术管理的角度考虑，关键在于标准化。有了标准化可把各单位开发出来的信息资源按统一的格式组织起来，既能和国际网络接轨，更能为各单位所共享，形成整体性信息资源；才能用统一的检索标准建立起分布式的存储和检索系统，使信息资源能为广大用户方便利用。

（6）社会化和国际化趋势。

数字图书馆将向着社会化、国际化方向发展。美国目前已有众多的科学、技术研究机构和多所著名大学组成合作小组，协同完成了数字化资源及数字图书馆技术的研究与开发，美国国家图书馆联盟就是一个组织全国 15 个大型图书馆及国家档案记录局的合作机构。此外，有些联盟还有著名的大公司加盟。1995 年法、日、英、德、意、美、加七国的国家图书馆在法国成立了 G7 全球数字图书馆联盟，俄罗斯加入后又扩展为 G8 联盟，致力于数字图书馆的建设和发展工作。1997 年环太平洋数字图书馆联盟成立，由太平洋地区的知名大学图书馆和国家图书馆共同实施（其中包括了我国的北京大学图书馆和中山大学图书馆），开展数字图书馆的合作研究计划，致力于合作开发多语种在线图书存取系统及多语种文档传输系统，形成大型分布式多语种数字图书馆。

10.3 西昌学院馆藏重点特色文献数据库概况

10.3.1 凉山地方文献数据库

凉山位于中国四川省西南部凉山彝族自治州境内，凉山地区少数民族特色文献是凉山历史的沉淀和缩影。有史以来，用文字、图表、声音、图像等记录和反映凉山的地理位置、地形地貌、山川河流、建置沿革、政治、经济、文化、科技、教育等方面的历史和现状的文献不计其数。

目前，西昌学院图书馆基本建成的"凉山地区地方特色文献数据库"，是西昌学院图书馆利用计算机技术，在畅想之星非书资源管理平台创建的。是通过利用自己的地域优势、地方文献收藏优势以及对本地区科技发展与经济动态等信息的采集优势，而建立形成的一个具有凉山特色、人文历史、民族文化、旅游资源等方面的特色数据库。其内容包括凉山地方志书图书馆、文史资料数据库、凉山地方连续出版物数据库、凉山地方特色音像出版多媒体数据库、民俗风情数据库等 5 个数据库。该数据库是为了深层次、多角度地揭示本地方多文化资料，促进地方特色资源的对外开放的一项基础性工程。

"凉山地区地方特色文献数据库"建设通过多种形式来实现联合本地区信息机构、科研院所、本地区公共图书馆、政府部门，进行信息交流、数据共享，以充分利用和挖掘本地区优势资源与特色文化、建立特色文献数据库。其次，是借鉴其他地区高校图书馆数据库建设的先进经验，引进与西部大开发密切相关的文献信息以充实自身数据库。因此，"凉山地区地方特色文献数据库"共分为四大模块库：① 凉山州地方志题录数据库，现有 366 篇文献，主要收录了新中国成立以来凉山各县的地方志书。这个库由凉山地方通志和专志两个部分组成，分别有 23 篇文献和 343 篇文献。② 凉山州年鉴题录数据库。该库主要收录了 1990—1999 年和 2000—2009

年的年鉴，共有 29 篇文献。③ 凉山州彝族文献题录数据库，共 38 篇文献。主要收录了凉山彝族的宗教文化、民俗风情、历史、医学、艺术等文献。该库又分为宗教、教育、文化、文学、医学及艺术等 6 个子库。其中以宗教库最为突出凉山彝族的地方特色。这个库中收录了具有凉山地方特色的毕摩经书 17 篇文献、图片 100 多卷。④ 凉山州连续出版物全文数据库，共有 2 034 篇[137]。

10.3.2 攀西特色农业文献资源数据库

攀西地区位于四川省西南边陲，与云南省接壤，辖 3 区 1 市 18 县，面积 6.78 万 km^2，地形地貌以高山峡谷为主，是典型的农业大区。境内特色生物物种资源丰富，有高等植物 200 余科 5 000 多种，脊椎动物 114 科 626 种，直接为农业生产利用的动植物资源达 3 000 多种。以特色农业生物资源开发为主形成的特色农业产业是攀西区域经济发展最具比较优势的产业之一，也是增加农民收入、发展农村经济的基础，更是提升农业生产力水平的关键[138]。

西昌学院图书馆利用计算机技术，结合自己的地域优势，依托学院特色专业，利用攀西独特的生态环境孕育的富集而又独具特色的农业资源，围绕“学科性”、“地方性”和“民族性”搜集、挖掘、整理、加工、建库，在畅想之星非书资源管理平台建设了“攀西特色农业文献资源数据库”。该库分四大模块：① 攀西特色农业全文库，现有 5 168 篇文献。② 科研成果库，现有 110 篇，主要收录攀西特色农业图片、攀西特色农业公司信息、攀西特色农业产品信息、攀西特色农业标准、专家信息等。③ 攀西特色农业会议文献，现有 12 篇。④ 攀西特色农业图书库，现有 6 条。

10.4 馆藏特色文献数据库利用方式

10.4.1 清华 TPI4.5 数字图书馆建库系统

1. TPI4.5 简介

TPI4.5[139]是由清华同方知网（北京）技术有限公司开发的专业数据库制作、管理系统和应用平台，是一套基于网络平台上用于知识仓库创建、生产、管理、维护和发布的工具软件系统，采用流行的 B/S 浏览器的检索方式和先进的三层 C/S 架构，能够同时管理文字、图片、多媒体等信息，并提供全文检索服务，支持网页的动态发布，是一个面向内容管理的应用、管理和信息发布工具。它包括全文检索服务器程序、电子图书制作、元数据加工、内容发布系统、数据转换、远程教育等子系统。

TPI4.5 系统主要性能和突出的特点：全文检索基于分词策略，提供中英文混合检索、渐进检索，支持 SDK 二次开发。提供灵活的内容发布平台，可依用户需要的形式将数据发布到 Internet 上。提供异构统一检索平台，在统一的检索界面中，可以同时检索多个异构的数据库。提供自动关联功能，用户可以指定库与库之间、记录与库之间、记录与记录之间的关联。提供智能化的电子图书加工工具，具有自动倾斜校正、自动噪声去除、自动二值化、灰度图像页自动搜索与智能二值化等自动图像处理功能。提供了订阅推送功能，每个用户都有自己的特定需求，系统根据用户的需求过滤信息，主动发送用户需要的信息。兼容现阶段图书馆普遍使用的CNMARC 标准和 DublinCore 标准，支持 Z39.50 协议标准和 XML 文件格式，并且支持最新的OAI 协议和 METS 协议、支持 11 种 CALIS 元数据模板。

2. TPI 数据检索

采用 IR（Information Retrieval）技术和元搜索（Metasearch）技术，有全文和分布式检索功能。

（1）全文检索采用基于分词的策略，可以同时对词和非词进行检索，其功能主要包括数据库单库检索、跨库检索、视图检索、二次检索、高级检索等检索方式，提供 and、or、not 逻辑操作。在检索项上，分别有题名、关键词、作者、信息来源、日期以及文摘等，各库检索项的多少由数据发布风格以及发布设置来决定。

（2）分布式检索是把分布在不同地理位置的独立自主的多个 TPI 数据库服务器联结成为一个集群系统，这个集群系统中的数据库在逻辑上是一个数据库，对用户是透明的。分布式检索提供跨服务器、跨平台的分布检索形式，用户通过该系统可以最大限度地共享整个集群数据库中的信息，实现分布式、多层次、多类型、特色性的资源共享。

高级检索可选多个字段，支持字段内和字段之间的布尔逻辑检索。单库检索为每个库的所有可检字段，跨库检索为所选各库的共有可检字段，快速检索为所有单库的共有字段。

10.4.2 方正德赛（DESI）数据库

1. 数据库主要功能

（1）将扫描获得的电子文件和已有的电子文档（如 Word、Excel、Txt 等可打印的电子文档格式）等多种格式的特色资源制作成统一的格式并进行深度数据加工；

（2）功能强大的加密入库、安全管理引擎及重点推荐和读者身份注册等人性化服务；

（3）支持电子资源的全文检索和网络发布并进行各种统计；

（4）为授权的相关读者通过网络方便使用数字化特色资源；

（5）内容加密，读者无法随意拷贝、打印、散发，既实现特色资源的共享再利用，又保护了特色资源的“特色性”、“唯一性”与知识产权[140]。

2. 数据库主要特色

（1）采用 168 位和 1 024 位高强度加密技术，保护信息安全发布和特色资源知识产权；

（2）全面支持多种格式，并可以统一成符合国际标准的文件格式；

（3）领先的曲线显示技术、高保真、原版式，越放大越清晰；

（4）先进的文件压缩技术，占用系统空间少，节约硬件成本。

3. 数据库使用流程

（1）将已有的电子文档及扫描后的图像文件制作成统一的格式；

（2）加密、入库统一格式的资源；

（3）后台进行资源、读者权限管理；

（4）前台提供读者下载使用特色资源：下载阅读器→注册、权限认证→选择资源下载→本地离线阅读、使用→资源到期自动归还或续借。

10.4.3 畅想之星非书资源管理平台

1. 管理平台简介

畅想之星非书资源管理平台，是针对图书馆、档案馆、电子阅览室等部门的非书资料管理的平台，该平台把各种媒体资源加工、发布、浏览等功能高度融合一起，对非书资料进行高效的管理和利用。主要功能有：资源的分类浏览、资源总览、资源检索、对各种资源可以直接利用（在线运行、收看、收听、阅读、下载、请求光盘资源等）。注意事项见首页中的使用帮助。

为了顺利访问畅想之星多媒体资源管理平台，需要读者下载安装畅想之星客户端工具，该工具主要包括畅想网碟（实现远程插盘）、P2SP 下载引擎、基于 P2SP 的视频播放器（支持大用户量并发、局域网即拖即放、多字幕多语音的动态切换、视频片段的动态截取等）、Opac 适配器等。

客户端工具安装的注意事项：客户端安装过程中由于要修改注册表和注册服务程序，会遇到杀毒软件或防火墙软件的拦截请允许通过并加入信任区。

2. 资源的查找与使用

（1）浏览方式。

① 分类浏览：根据中图分类法进行导航。采用类似 Windows 资源管理器的模式，用鼠标点击左边资源树的带“+”的类别节点时会自动展开下级类别，同时右边出现当前节点下的资源列表，当节点前面是“-”号表示没有下级类别。

② 资源总览：浏览所有资源。

③ 最新增加：最新收录的资源。

④ 点击排行：读者点击最多的资源。

（2）资源列表的附件操作。

① 数据类型为虚拟光盘 ISO 时操作选项有：“运行”、“P2SP 下载”、“普通下载”。

a.“运行”是指无需下载直接在线浏览运行光盘，插盘时不要选择正在被占用的盘符。

b.“P2SP 下载”指的将文件通过畅想之星的 P2SP 下载引擎下载到本地，然后通过畅想之星网碟进行本地装载或用其他的虚拟光驱软件（Daemon Tools）进行本地装载。下载引擎采用先进的 P2SP 技术，可以充分共享网络资源，支持超大文件（大于 4 G）的下载，支持断点自动续传。

c.“普通下载”通过浏览器直接下载，不支持超过 2 G 的文件，用户只能通过迅雷等下载工具下载。

② 数据类型为视频（WMV/RMVB/MKV/FLV）时操作选项：“收看”、“P2SP 下载”、“普通下载”。

③ 数据类型为音频（MP3/WMA/RM）时操作选项有：“收听”、“P2SP 下载”、“普通下载”。

④ 数据类型为电子文档（PDF/DOC/TXT）时操作选项：“阅读”、“P2SP 下载”、“普通下载”。

⑤ 其他数据类型系统会相应显示不同操作。

⑥ 附件包含多个文件时显示“明细”，点击明细进入详细列表页面，可以进行相应的操作。

⑦ 没有附件时显示“申请开放”，读者可以请求管理员上传该资料。

注：无论通过哪种途径找到的非书资源，可以通过网络直接浏览，特殊类型的文件类型需要安装第三方软件（PDF 阅读器、CSF 课件播放器、Office 等）。

3. 西昌学院图书馆畅想之星非书资源管理平台利用方式

（1）登录平台。登录西昌学院图书馆非书资源管理平台（http://172.22.7.13/emlib4/）首页。在首页界面中提供了分类浏览、资源总览、高级检索、光盘请求、客户端下载、使用帮助等功能菜单，点击各菜单命令可实现其各自的功能。另外在首页上部提供了简单检索方式。

（2）检索方式。非书资源管理平台界面中提供了简单检索和高级检索两种检索方式。

① 简单检索。

在检索界面中选择检索字段（全面检索、题名、作者/导演、主演、出版者、索书号、分类号、ISBN/ISSN 号、主题词等）；在检索框中输入所提取的与主题密切相关的关键字；选择资源范围、排序方式和匹配模式（精确、前方一致、模糊），最后点击“检索”按钮。

例如，查找“花腰彝文化”的相关文献：首先在平台界面中选择检索字段为“全面检索”；在关键词输入框中输入“花腰彝文化”；选择资源范围为“全部”，排序方式“标题升序”，匹配模式“前方一致”；点击“检索”，得到检索结果。结果包括题名、作者、出版者、日期、点击次数、制作时间、附件操作等；点击所查出的题名，得到详细信息（题名、作者、出版者、日期、语种、主题、点击次数、描述、附件明细）；点击界面中的“在线阅读”或下载可查看全文。

② 高级检索。

在西昌学院图书馆非书资源管理平台界面中点击“高级检索”进入高级检索界面，可进行多字段逻辑组配检索。首先选择资源类型（全部、期刊、影视、图书等），选择检索字段（题名、作者、出版者、主题、中图法分类号、ISBN、索取号、描述等），选择检索关系（并且、或者），设置检索限制条件：选择资源范围、选择资源来源、结果排序方式、结果显示方式，最后点击“检索”按钮。

例如，查找“花腰彝文化”的相关文献：在高级检索界面中选择资源类型为“全部”；选择检索字段为“题名、作者、出版者”，在题名输入框中输入“送马经”，在作者与出版者字段输入框中输入“花腰彝文化与教育研究中心”；选择逻辑检索关系“并且”，资源范围“西昌学院重点学科导航库”，资源来源“全部”，结果排序方式“时间降序”，结果显示方式“模糊”；点击“检索”，得到检索结果。结果包括题名、作者、出版者、日期、点击次数、制作时间、附件操作等内容；点击所查出的题名，得到详细信息；点击界面中的“在线阅读”或下载可查看全文。

整理篇

如同传统学术研究中持之以恒的学术资料整理一样，利用数字化学术信息资源的进程中，为学习、研究、利用图书、期刊、学位论文以及报纸、专利、标准和特色文献收集到的各种类型信息资源，需要通过一定的方式加以整理后，才能发挥出应有的作用。对于普通高校学生来讲，学术信息资源整理方式中最为常见的是写作信息检索报告，并在此基础上结合自身学习、研究中的实践活动经验，撰写毕业论文。

11 信息检索报告写作

11.1 信息检索报告概述

（1）信息检索报告界定。

信息检索报告是描述、记录某一研究课题的信息检索过程与检索结果的书面材料，是信息检索者向用户公布自己的检索成果的一种文字材料。广义上信息检索报告的写作包括为保证信息检索的查全率和查准率，达到用户的信息需求，信息检索之前拟定的检索策略，包括明确信息检索的目的、对象、方式、手段、日程安排等。从本义上讲，信息检索报告的写作应在检索信息之后，它的基本功能是向用户汇报信息检索的进展情况、经验和问题，以及取得的结果。它是一种信息交流的工具。

（2）信息检索报告写作目的和意义。

信息用户对其所研究课题，往往需先选用检索工具全面地进行检索，才能大体知道所研究课题通常涉及的文献类型。而只有对文献信息进行系统搜集和整理，才能更好地利用信息资源，保障科学研究活动。撰写信息检索报告是提高信息检索质量和水平的重要环节，它将课题信息检索的过程与结果清楚地展现出来，从而促使信息用户与检索者理清研究思路，完善研究设计。

11.2 信息检索报告写作的关键环节

（1）准确确定检索课题名称，使其规范。

课题名称要简明扼要，通俗易懂（一般不超过20个字），并和研究的内容相一致。但要尽可能表明三点：研究对象、研究问题和研究方法。例如“小学生心理健康教育实验研究”，其研究的对象是小学生，研究的问题是心理健康教育，研究的主要方法是实验法。规范是指所用的词语、句型要规范、科学，似是而非的词不能用，口号式、结论式的句型不要用，例如，“培养学生自主学习能力，提高课堂教学效率”，可作为经验性论文或者研究报告的题目，但作为课题的名称就不是很好。

（2）分析研究课题，明确检索要求。

分析课题，是实施检索最重要的一步，也是检索效率高低或成败的关键。课题分析中，要注意如下三点：① 弄清课题研究的目的性和重要性，明确课题所属的学科范围；② 掌握与课题有关的专业知识；③ 明确课题的检索范围和要求，检索范围包括学科范围和年代范围等，检索要求则指对文献水平、类型、语种等方面的要求。

（3）确定信息需求与信息来源。

① 信息需求的确定。充分了解信息利用对象的信息需求，是人们索取信息的出发点，也是信息检索中选择数据库、确定检索提问标识和具体检索途径，以及判断检索效果的依据。可针对普查型、攻关性、探索型三种不同信息利用对象确定所查信息是否需要查准、查全、查新，确定信息的形式需求和内容需求。

② 信息来源的确定。在信息社会里，信息来源可谓多种多样。书刊、杂志、电视、光盘、网络、朋友、亲戚、活动场所、实物实事等都可以为人们提供各种各样的信息。信息来源的渠道越多、越可靠，收集到的信息就越丰富、越真实。

按承载信息的载体的不同，信息来源可分为四大类：纸质媒介、电子媒介、人和事物，如表 11.1 所示[141]。

表 11.1　不同信息来源的优缺点

纸质媒介	电子媒介	人	事　物
辞典 百科全书 报纸、杂志 专业文献 日志、传记 电话簿黄页 …	广播、电视 电子百科全书 网站 光盘（DVD、VCD、CD） 录像带、录音带 …	专业人士 知情人 当事人 朋友 老师 同学 …	公共场所 各类活动、会议 事件现场 感官直接接触到的具体事物 …
优点：全面、系统 不足：查找费力	优点：生动、直观 不足：需要设备	优点：灵活、方便 不足：主观、片面	优点：直观、真切 不足：表面、零散

为防止获取的信息主观、片面、零散、虚假，在选择信息来源时，要注意信息来源的代表性、典型性和多样化，避免只从单一渠道获取信息。为了提高解决问题的效率，一般需要从可利用的所有信息来源中，挑选出最合适、最有效、最可靠的信息来源。例如，新闻信息的来源以电视、广播、报刊和网络为佳；而要获取与健康有关的信息，最好查看医学书刊，咨询医学专业人士或访问医疗保健方面的网站。

（4）选择检索工具或检索系统。

检索工具或检索系统选择是否恰当，将直接影响检索质量。应根据已确定的检索范围和要求来选择检索工具或检索系统。一般来说，应从本单位、本地区现有的检索工具或系统的实际出发，选择专业对口、质量高的检索工具或检索系统。而检索工具或检索系统的质量主要由以下指标来确定：文献的收录量，文献的摘录和标引质量，文献报道的时效，使用的难易程度等。在选择检索工具或系统时一般先选择综合性，然后选择专业性的加以补充。在语种方面应先考虑选用中文的检索工具或系统，然后再考虑英文语种，最后使用其他语种的。

（5）构造检索策略。

① 选择检索方式。

检索工具或系统的检索方式具体到不同的库有不同的类型，一般有分类检索、初级检索、高级检索及其他形式的检索。分类检索也被称为浏览（Brows），初级检索也被称为传统检索、基本检索、一般检索（General Search）和快速检索（Quick Search）等，高级检索（Advanced Search）也被称为专家检索（Expert Search）等，其他检索包括一些辞典式检索、和专业结合紧密的检索等。

如果检索目标不是很明确，或者只是通过对按学科进行分类的大量资料进行阅读，可以选择分类检索。如果想对某一主题的资料进行快速的查找，可以选择初级检索。如果进行较深的专业性查找，可以选择高级检索。

② 选择检索途径。

在利用检索工具或检索系统查找信息时，要确定检索的入口，即通过哪种检索途径来查找文献的线索。常用的检索途径有分类途径、主题途径、著者途径、序号途径及专科途径。分类途径是按照学科分类体系和事物性质作为检索标识来检索信息的一种途径。主题途径是以代表文献内容实质的、经过规范化的名词或词组作为检索标识来检索信息的一种途径。通常利用主题索引或者关键词索引进行的检索，关键是确定主题词或关键词。著者途径是根据已知著者姓名来查找该著者发表的信息的一种途径。号码途径是以文献信息特有编号特征，并按编号顺序编排和检索信息的途径。专科途径是根据学科特点特别设置的便于专科性检索的一种途径。一般来说，如果对要检索文献信息的专业学科分类比较明确，常使用分类途径；若对所查专业学科分类不了解或涉及多个学科，则多使用主题途径；在已知著者的名称的情况下，著者途径是最佳的选择；若已知文献信息的序号，包括专利号、ISBN 号、ISSN 号、登记号等，则选择序号途径。

③ 确定检索词。

检索词可以是一个单元词，表达一个单一概念；也可以是一个或多个词组，表达多个概念。检索词可以由检索用户提出，也可以在数据库中的受控词表（主题词表、分类表等）中选择，在人工检索语言和自然检索语言并用的数据库中，最好先浏览一下主题词表、叙词表和分类表，二者并用，以保证查全查准。

a. 从课题字面选择。从课题字面选择的检索词，其相互间的关系多为限定关系，即利用布尔逻辑“与”进行组配，可提高查准率。例如，课题“汽车尾气的排放控制新技术”从字面选出检索词：汽车、尾气、排放、控制、技术。至于“新技术”的“新”不能做检索词，而是应当体现在检索年代上。

b. 从课题内涵选择。一个课题如果仅从字面选择检索词，则会影响查全率。还应当从课题的内在含义中选择，多为同义词、近义词、上下位词，当然，也有限定词（用于进一步提高查准率）。例如，上述课题选出下列同义词：机动车、废气、治理、污染、净化、装置。并补充了限定词：标准、对策、措施。例如，“废气”与“尾气”互为同义词，在检索式中用布尔逻辑“或”进行组配。

④ 利用检索技术。

用布尔逻辑检索技术、位置逻辑检索技术、截词检索技术和限制检索技术等来组配检索词，构造检索式。

⑤ 索取信息。

利用检索工具或系统查出了有关文献信息线索（通过检索系统进行全文检索可直接得到原文信息，则不用索取原始文献信息），进而了解到所需信息的题目、作者、类型等，由此可知出处及收藏地点，从而通过借阅或复印获得信息。

⑥ 信息搜集与分析整理。

要充分利用各种检索手段和数据库，全面系统地采集科研课题的有关资料。搜集的信息是形成检索报告的素材。搜集资料应特别注意以下几方面的内容：在方法上沿用前人的或在前人的基础上加以改进的；在理论认识上支持本文观点的；前人研究的结论与自己文章所述不同，需要加以说明的；前人对本文所研究的问题存在争议和正在探讨的。

信息的分析是指对获取的信息进行分析与综合的过程。它是根据特定的需要，对信息进行定向选择和科学抽象的一种研究活动。信息分析的目的是从繁杂的原始相关文献信息中提取共性的、方向性的或者特征性的内容，为进一步的研究或决策提供佐证和依据。经过信息分析，由检索、收集和整理而得的信息变成了某一个专题的信息精华，因此，信息的分析过程是一个由粗而精、由低级而高级的信息提炼过程。

信息分析一般包括以下六个步骤：

选择课题→搜集课题相关的信息→鉴别、筛选所得信息的可靠性、先进性和适用性，并剔除不可靠或不需要的资料→分类整理，对筛选后的资料进行形式和内容上的整理→利用各种信息分析研究方法进行全面的分析与综合研究→成果表达，即根据课题要求和研究深度，撰写检索报告等。

整理内容包括：

a. 期刊论文：整理论文标题、著者姓名、著者单位及通信地址、刊名、出版年、卷期号、页码等；

b. 图书：整理章节名、著者名、单位名称和地址、书名、出版社、出版地、出版年、文章所在页码等；

c. 科技报告：整理标题、报告号、出版年、页数；

d. 专利说明书：整理专利名称、专利申请人（专利权人）姓名、专利号、国际专利分类号、申请日期、申请国家、申请号。

最后将整理好的文献信息有条不紊地填写在信息检索报告中，使检索报告中的信息有事实、有分析、有观点、有建议、有调查。

11.3　信息检索报告结构要素及格式

信息检索报告结构要素一般包括：课题名称、课题分析、检索词、检索过程描述、检索结果综述、文献摘录等。

附：信息检索综合检索报告格式（表 11.2）。

表 11.2　信息检索综合检索报告

<table>
<tr><td>姓名</td><td colspan="2"></td><td>专业</td><td></td><td>检索时间</td><td></td></tr>
<tr><td rowspan="3">检索课题</td><td colspan="2">课题名称</td><td colspan="4">准确、规范</td></tr>
<tr><td colspan="2">课题分析</td><td colspan="4">分析研究课题，明确检索要求</td></tr>
<tr><td colspan="2">检索词</td><td colspan="4">可注明检索词的性质，如主题词/副主题词、关键词等，可提供中英文</td></tr>
<tr><td>检索过程</td><td colspan="2">分别列出所选检索工具或检索系统的名称</td><td colspan="4">检索过程描述为综合检索报告的主体部分，包括对所选用的数据库、检索词、检索途径、检索策略、根据检索结果对检索策略的修改步骤以及检索结果等检索全过程的详细描述
一般包括：
1. 馆藏书目检索情况</td></tr>
</table>

续表 11.2

检索过程	分别列出所选检索工具或检索系统的名称	围绕课题查找的参考书籍，如词典、年鉴、最新教科书以及相关的新书进展等，列出所参考的书目及简要内容。参考书目格式为：作者.书名.地点：出版社，年份。如：焦玉英.信息检索进展[M].北京：科学出版社，2003:131-132. 2. 检索馆藏数据库系统 分别说明所利用的数据库名称（全称）及简要概况、数据库主页网址、检索年限、检索词、检索途径和检索方法（如分类途径、题名途径、关键词途径、摘要途径、刊名途径、全文途径、代码途径等）、逻辑检索表达式、检出文献总数以及检索策略调整（即检索出来的条目数量过多或过少时的再处理策略）等 3. 检索网络文献信息的情况 主要是通过搜索引擎及本专业免费资源站点进行检索。说明搜索引擎和本专业免费资源站点名称、具体网址、检索途径和检索模式、逻辑检索表达式、检出文献总数以及检索策略调整等
检索结果综述	根据实际检索情况，对上述检索结果进行归纳总结，阐明自己的观点或展望等。即可对所检数据库、检索效果（从结果的质量、查全率、查准率的角度来评价）、检索过程进行简要评价。内容可以是关于检索工具的对比分析及应用体会；检索过程中遇到了哪些困难和问题，通过什么办法解决的或充分运用所查找的相关信息，有理有据，充满逻辑性地阐明自己对该课题的独特见解等	
文献摘录	摘录检出文献信息的题录、相关段落或全文内容等。“题录”：只含著录项而无摘要的文献款目（注：题录要按各检索工具或检索系统的文献著录格式抄录）。每种摘录方式均须列出文献题名、作者、出处（书刊名、年、卷期、起止页码）、文献标识码等。	

12 毕业论文（设计）写作

12.1 毕业（学位）论文概述

12.1.1 毕业（学位）论文界定

毕业（学位）论文是培养学生综合能力的一个重要教学环节，是检验毕业生的专业理论基础知识、操作技能以及独立工作能力的一种手段，也是衡量学生是否达到培养目标的重要依据。完成毕业（学位）论文是高校学生获得毕业证和学位证不可或缺的重要环节。它是在教师指导下，学生运用所学的基础理论、专业知识和基本技能，对本专业的某一课题进行独立研究后，为表述研究过程和研究成果而撰写的习作性的学术论文，不是一般性的学习总结，具有一定的学术价值，但其更突出的作用还是为授予学位提供依据。

学士、硕士、博士三种学位论文的深度、广度有较大差异，篇幅也相差悬殊，但其写作方法和论文结构差别不大。

学生撰写毕业（学位）论文必须熟悉和掌握写作毕业论文所必需的资料，对所研究的课题进行比较全面、深入、系统的分析和阐述；合理地设计研究方案，提出一定的独立见解；论文要理论联系实际，论点明确，论据充分，逻辑清楚，文字简练通顺；学士学位论文字数一般 3 000 字以上，硕士学位论文字数一般 5 000 字以上，博士学位论文以 10 000 字左右为宜[142]。

12.1.2 毕业论文评价

毕业论文是对毕业生综合应用所学专业知识的能力、科学研究能力、认识和分析问题能力及写作能力的训练和评价，也是对教师教学效果的综合性检验。因此，客观、公正地评价一个学生的毕业论文极为重要。另外，学生要写好毕业论文也必须先明确优秀的毕业论文是如何评价的。

按照国家学位条例，学士论文、硕士论文和博士论文的要求各不相同，对它们的评价方法也不一样。下面主要介绍学士论文的评价指标和评价方法。

毕业论文的质量评价由导师评分和答辩评分两部分组成，其比例可根据具体情况确定，一般为 40∶60 比较合适。也可由导师评分、答辩评分、评阅评分三部分构成，答辩评分、评阅评分的评价指标和权重相同，三者的比例可根据具体情况确定。

导师评分主要侧重于对学生工作态度、学生实际投入论文工作的时间和工作量、工作态度与协作精神、工作能力、论文完成情况、工作价值和能力的提高等不易在论文中和答辩过程中表现出来的那部分能力进行评价和考察。具体评价指标和权重包括以下 10 项：严肃认真的工作态度（1）；文献检索与利用技能（0.5）；科技阅读与翻译能力（0.5）；扎实的专业基础知识（0.5）；一般科研工作方法（0.5）；综合分析能力（1）；创新意识或创新思维（1）；实验动手能力、计算机处理能力或理论分析能力等工作能力（1）；工作量及完成情况（1）；论文结果与论文总体质量评价（1）。

答辩小组评分和论文评阅人评分从“学会如何开展工作”、“论文质量评价”和“基础知识与表达能力”三个方面进行评价。具体评价指标和权重如下：

（1）学会如何开展工作（5）。

① 掌握有效的检索方法，能够较熟练地使用检索工具查阅文献资料（1）。

② 学会分析文献，在文献基础上展开工作（1.5）。

③ 在文献分析的基础上对进一步工作有合理化新思路（0.5）。

④ 善于分析总结，思路开阔（1）。

⑤ 具备较强的动手能力或运用新技术手段和新成果的能力（1）。

（2）论文质量评价（4）。

① 论文总体质量印象（1.5）。

② 具有创新意识或创新思路（0.5）。

③ 具有新的结果或工作思路：重在考查通过进行工作取得结果的训练，而不强调结果的实际意义（0.5）。

④ 论文结果实际价值评价：侧重于论文结果的科研或教研价值评价（0.5）。

⑤ 工作量饱满度（0.5）。

⑥ 有超过本科学士论文要求的独立工作能力和工作量（0.5）。

（3）基础知识与表达（3）。

① 基础知识及外语水平综合评价（1.5）。

② 论文组织表达能力（逻辑清晰、概念准确；文笔简洁、推导正确；论文书写格式正确）（1）。

③ 语言表达能力（答辩表述清晰、回答问题正确）（0.5）。

12.2 毕业（学位）论文写作规范

12.2.1 毕业（学位）论文要素注解

1. 题名（Title）

题名又称题目或标题，是以最恰当、最简明的词语反映论文中最重要的特定内容的逻辑组合。

论文题名是一篇论文给出的涉及论文范围与水平的第一个重要信息。

论文题名的要求是：准确，简明，规范，醒目。准确是要求论文题名能准确表达论文内容，恰当反映所研究的范围和深度，做到题文紧扣。简明是要求论文题名要简洁明快，字数要少，用词要精，一般不超过 20 字。醒目是要求题名所用字句及所表现的内容要醒目，从而激发读者的阅读兴趣。

论文题名的主要作用：揭示主题或事物的实质，表明作者的观点、立场。类型有以下几种：① 直截了当地点明论文的主题；② 用比喻和象征性的词句来提示主题；③ 点明论文所说明的问题是什么；④ 有副标题和小标题。副标题是用来对标题加以补充，一般说明论文写作的原因、内容和范围等。论文的小标题用在篇幅较长、内容较丰富的论文中。

2. 摘要（Abstract）

学位论文一般应有摘要，摘要是论文内容不加注释和评论的简短陈述，具有相对独立性。摘要使读者不用阅读全文就能获得必要的信息。摘要应有数据、结论，是一篇完整的短文，应说明研究目的、实验方法、结果和最终结论等，重点是结果和结论。

一篇完整的摘要一般应包含以下内容：研究工作的内容、目的及其重要性；描述所使用的实验与研究方法；获得的基本结论和研究成果，突出论文的新见解；阐明研究结论及其意义。

根据国家标准 GB6447—86《文摘编写规则》的要求，文摘的编写有以下几点要求：

（1）内容浓缩。文摘的内容主要为研究目的、研究方法、研究结果和结论等。研究目的指研究和调查的前提、目的和任务，所涉及的主题范围；研究方法指所应用的原理、理论、条件、对象、材料、工艺、设备、程序等；研究结果指实验、研究的结果、数据、得到的效果、性能等；结论指结果的分析、研究、比较、评价、应用，以及提出的问题、今后的建议和预测等。

（2）短小精悍。一般报道性文摘要求不超过 300 字，指示性文摘不超过 100 字。

（3）文字为主。文中的图、表、公式等一般不列入。

（4）独立成段。文摘为论文的高度概括浓缩，故不再分段。

（5）第三人称。为增强客观效果，排除主观因素，一般采用第三人称方式。

为方便国际交流，学位论文还应有外文（多用英文）摘要。与中文摘要一样，英文摘要的内容也是包括目的、方法、结果、结论和建议等。在实际编写时，应注意以下几点：

（1）题目。除虚词外，每个单词的首字母均采用大写。

（2）作者姓名。将汉语拼音译成英文时，应遵照国务院文字改革委员会于 1974 年公布的《中国人名汉语拼音字母拼写法》的规定书写。

（3）人称。编写英文摘要时，一般采用第三人称，以使其内容更加令人信服。

（4）语态。一般情况下，谓语动词使用被动语态。

3. 引言（Introduction）

引言又称前言，属于整篇论文的绪论部分。引言主要包括四个方面的内容：

（1）本文研究的目的和意义：这一部分要写得简洁，一定要避免像作文那样，用很长的篇幅写自己的心情与感受，不厌其烦地讲选定这个课题的思考过程。

（2）前人研究结果的分析并提出问题：这是引言的核心部分，问题的提出要明确、具体。要做一些历史的回顾，关于这个课题，谁进行了哪些研究，作者本人将有哪些补充、纠正或发展。

（3）采用的研究方法和途径：说明作者论证这一问题将要使用的方法。

（4）如果是一篇较长的论文，在绪论中还有必要对本论部分加以简明、概括地介绍，或提示论述问题的结论。这便于读者阅读、理解本论。

总之，引言只能简要地交代上述各项内容，引言可长可短，因题而异，其篇幅在整篇论文中所占的比例要小。

4. 正文（Text）

正文是一篇论文的本论，属于论文的主体，这是展开论题，表达作者个人研究成果的部分。它占论文的主要篇幅。有些毕业论文，引言中提出的问题很新颖、有见地，但是正文部分写得很单薄，论证不够充分，勉强引出的结论也难以站住脚。这样的毕业论文是缺乏科学价值的，所以一定要全力把正文部分写好。

正文部分表述的主要内容包括：调查对象、实验和观测方法、仪器设备、材料原料、实验和观测结果、计算方法和编程原理、数据资料、经加工整理的图表、形成的论点和导出的结论等。

论文正文的写作必须做到实事求是、客观真切、合乎逻辑、层次分明、简练可读。

由于研究工作涉及的学科很多，在选题、研究方法、工作进程、结果表达方式等方面有很大的差异，对正文内容不能作统一规定，但正文的结构安排却有一定的形式。

学术论文的结构可以概括为：直线推论（又称为递进式结构，即提出一个论点之后，一步步深入，一层层展开论述。论点，由一点到另一点，循着一个逻辑线索直线移动）和并列分论（又称为并列式结构，即把从属于基本论点的下面几个论点并列起来，一个一个分别加以论述），以及两者结合起来运用的混合型。

由于毕业论文论述的是比较复杂的理论问题，一般篇幅又较长，所以常常使用直线推论与并列分论两者相结合的方法，而且往往是直线推论中包含有并列分论，而并列分论下又有直线推论，有时下面还有更下位的并列分论。毕业论文中的直线推论与并列分论是多重结合的，其他一些篇幅较长、论述问题比较复杂的论文也多采用这种方式[143]。

5. 结论（Conclusion）

结论是论文的结束部分，论文的结论部分是最终的、总体的结论，不是正文中各段的小结之简单重复。结论应该准确、完整、明确、精练。结论部分的写作内容一般应包括以下几个方面：

（1）论证得到的结果。这一部分要对正文分析、论证的问题加以综合概括，引出基本论点，这是课题解决的答案。这部分要写得简要具体，使读者能明确了解作者独到见解之所在。提醒注意的是：结论必须是绪论中提出的、本论中论证的、自然得出的结果。毕业论文最忌论证不充分而妄下结论，要首尾贯一，形成一个严谨、完善的逻辑体系。具体要写明：本文研究结果说明了什么问题，得出了什么规律，解决了什么理论或实际问题，对前人有关的看法作了那些修正、补充、发展、证实或否定。

（2）对课题研究的展望。个人的精力是有限的，尤其是作为学生对某项课题的研究所能取得的成果也只能达到一定程度，而不可能是顶点。所以，在结论中最好还能提出本课题研究工作中的不足之处或尚未解决的问题，以及解决这些问题的可能关键点和方向等。

6. 参考文献

学位论文后列出参考文献的目的是：尊重别人的学术成果，反映真实的科学依据，指明引用资料的出处以便于检索利用[144]。

国家标准 GB7714—2005《文后参考文献著录规则》对各种参考文献的著录方法和著录格式作出了规定。

7. 引文和注释

如果引用的别人的原话，就要加引号；如果引的别人的原意，则不加引号而用冒号。但是，要特别注意不要将“原意”同自己的话说在一起。特别重要的引文要提行自成一段，叫提行引文。提行引文书写时要比正文缩两格，第一行开头比正文缩四格。注释可作为脚注在页下分散著录，但切忌在文中注释（从2008年开始执行）。

8. 附录（后记）

附录是作为论文主体的补充项目，不是必需的。附录内容大致有以下几种情况：

（1）为了整篇论文材料的完整，但编入正文又有损于编排的条理和逻辑性，这些材料包括比正文更为详尽的信息、研究方法和技术更深入的叙述，建议可以阅读的参考文献题录，对了解正文内容有用的补充信息等。

（2）由于篇幅过大或取材于复制品而不便于编入正文的材料。

（3）不便于编入正文的罕见珍贵资料。

（4）对一般读者并非必要阅读，但对本专业同行有参考价值的资料。

（5）某些重要的原始数据、数学推导、计算程序、框图、结构图、注释、统计表、计算机打印输出件等。

12.2.2 本科毕业（学位）论文写作要求

本科毕业（学位）论文不同于一般的学术论文，它的要求更多、更为严谨；而且毕业（学位）论文的写作已经形成一套完整的、规范化的操作程序。写作中应注意结构、观点、措辞等诸多方面。毕业（学位）论文的写作要求可概括为以下几点：

（1）具备一定的规模与学术性。毕业（学位）论文属于学术论文的范畴。它是以学术问题为论题，把学术成果作为描述对象，以学术见解为内容核心，具有系统性和鲜明的专业特色。论文内容与本专业无关的，必须退回重写。文章篇幅一般在3 000 ~ 6 000字。

（2）具有创新性。创新性是论文的灵魂所在。创造性是指发现或发明前所未有的事物，其中包括观点、论点和理论。新颖性是指有新意，如建立新的理论，提出新的见解。

（3）具有科学性。科学性表现在内容的真实、可靠、具有可重复性；分析论证实事求是，观点明确、符合逻辑；科研设计科学合理，方法严谨，数据、资料充分、确凿[145]。要求作者的论述系统而完整，不能零碎和片面，做到首尾一贯而不能前后矛盾，要实事求是而不能主观臆造。

（4）具有规范性。主要包括论文结构的规范化、论文语言的规范化和论文符号的规范化三部分。可参考国家标准《GB7713—87 科学技术报告、学位论文和学术论文的编写格式》。

（5）独立完成，严禁抄袭他人文章。一旦发现抄袭或内容雷同（30%以上）的论文会被取消资格。如果认错态度良好（书面检讨）可给予重写的机会。重写的论文若能通过，成绩也只能打及格。毕业论文成绩按优、良、中、及格、不及格五级评定。抄袭他人文章，一律按不及格论处。论文成绩不及格者，不予毕业。论文成绩在及格以下（含及格）者，不得申请学士学位。

12.2.3 毕业论文的类型

根据学生毕业论文选题类型的不同，毕业论文可分为如下几种[146]：

（1）理论性问题研究论文。

学生在校期间，学习了多门公共基础课、专业基础课和专业课，涉及大量的基础理论和原理性问题。学生可在指导教师的指导下，选择自己比较熟悉并有较深理解的某一理论问题，进行探讨和研究。要求学生有较好的理论基础，对某一理论掌握比较扎实，逻辑思维及分析问题能力强，同时能够做到理论联系实际，用所掌握的理论原理分析、解决实践问题。学生应当围绕所选定的理论问题，在广泛收集资料、大量阅读有关文献的基础上，总结前人的成就，分析前人的观点，找出以往研究的薄弱之处，提出自己的见解，也可对基本理论原理的应用进行更深层次的研究和探讨，寻求更合理的成果和结论。

（2）应用性问题研究论文。

无论哪一类专业，都有大量的应用性课程和专题，甚至专业本身就属于应用性很强的专业。特别是管理学科的各类专业，学生可就不同管理领域的实际问题，运用在校期间所学的各种原理、方法和技术研究解决实际问题。这是对学生素质能力的考核和锻炼。撰写应用性问题的研究论文，要求学生具有较扎实的理论和原理基础，较熟练地掌握所学技术和方法，熟悉所掌握原理、技术和方法的应用环境和问题，能够把握该应用领域的发展变化趋势，并能提出该原理、技术和方法的应用难点、问题和措施保证。

（3）实践问题研究论文。

学生可就自己熟悉并能运用所学原理和方法提出合理解决方案的实践问题进行研究和探讨。对这类问题的研究实践性强，实用性高，要求学生对所研究的问题有透彻的了解和深刻认识，能够清楚问题的症结所在，并能在自己所学习和掌握的原理和方法中找到解决的方法和答案。实践性问题研究论文与应用性问题研究论文的最大区别在于从实践中寻找问题撰写论文。有些学生的论文选题就直接来源于自身的社会实践和毕业实习。

（4）指定性问题研究论文。

有些学生的毕业论文选题来源于某些部门或企业对学校的委托项目或调研任务，有的来源于指导教师的科研课题和咨询策划项目。围绕这些问题撰写毕业论文，对学生来讲属于指定性问题，有些问题并不一定是学生最有基础和研究兴趣的问题。但对这些问题的研究，老师的专项研究能力强，对学生的指导性强，也更有针对性。选择参与这些问题研究并以此为题撰写毕业论文的学生，也要具备一定的知识和能力基础，再加上老师的言传身教和悉心指导，对问题的研究深度较深，实践性强，有助于学生研究问题和分析、解决问题能力的培养。

12.2.4 章节标题的编号与排列规则

采用阿拉伯数字分级编号，不同层次的 2 个数字之间用下圆点（.）分隔开，末位数字后面不加点号[147]。例如：

1 信息检索概述

1.1 信息资源的概念与类型

1.1.1 信息与信息资源的概念

1.1.2 信息资源的类型

1.2 信息检索的概念与类型

……

12.3 毕业论文写作程序

毕业论文的写作程序包括选题、材料的收集与整理、确立主题、拟定写作提纲、撰写初稿、修改定稿等步骤。

1. 选　题

选题是论文写作的起点。所谓选题是指选定学术研究中所要研究或讨论的主要问题。选题不等于论文的题目，也不等于论文的论点。一般来说，选题的外延要比论文的题目或论点内涵宽广。

写论文不外乎有两个问题：一是写什么，二是怎么写。选题就是解决写什么的问题。人们常说，“好的开头意味着成功的一半”。选题的好坏决定了论文成功与否。一个人能否独立地进行学术研究，重要的标志就是能否选择一个合适的、经过一定努力能解决的课题。选题时，应该遵循以下原则：

（1）题目小、范围窄，具有专业优势。

学位论文的题目不易过大，否则必然因涉及的范围太大，时间有限，难以进行详细的研究而可能失败。如果能抓住一个重要的小题目，找出其难点和症结所在，经过研究给予圆满解决，从中学会分析问题和解决问题的科学方法，培养科研能力，目的就基本达到了；如果能具有一定的理论或应用价值，其意义将更大。具体的选题方向有：亟待解决的课题；科学上的新发现、新创造；学科上短缺或空白的填补；通行说法的纠正；前人理论的补充；等等。

同时，专业知识和专业语言是正确选题和写好论文的重要前提条件。大学生多年积累的知识和形成的能力带有较强的专业倾向性，抛开自己的专业优势，选择与自己所学专业没有关系、跨度很大的其他领域的问题来研究，虽然有可能写出好的论文，但由于论文写作时间有限，其困难是相当大的。毕业论文的专业性也表现在论文选题的要求上。相对来讲，有关自然科学类专业毕业论文选题及内容，要遵循自然规律，符合事物的内在运动规律；而社会科学论文选题及内容，必须符合人类社会活动的客观规律要求，反映人类生产力和生产关系的特殊要求，无疑其政策性也比较强。

（2）熟悉而又胜任。

任何研究都必须建立在一定的主观和客观条件基础上，主观条件包括个人知识、技能、特长、兴趣、爱好等，客观条件包括人员、资金、设备、材料、期限等。大学生的毕业论文选题时间短，又属于初步科研训练，更要考虑可能性问题。所选课题应尽可能与所学知识结合起来，符合个人兴趣爱好。另外，所选课题应在指导老师所从事的科研范围内，否则可能半途而废。选题要体现、发挥自己的综合能力。综合能力受自己的知识储备、理论水平、实践经验、信息资料搜集处理能力等多方面因素的影响。选题不能体现自己的综合能力，会极大地影响写作过程及论文的质量。而积极发挥自己的综合能力，就能敏锐地捕捉到问题，从而确定有价值的论文选题。

（3）具有创造性。

学位论文应把继承性和创造性结合起来，力求突出新见解，即突出新思想、新观点、新方法和新结果。如果在选题上没有创新，那么整个论文的后续写作可能就是重复前人的劳动，或是简单的知识和信息堆砌，论文的实际价值就会大打折扣。论文选题的创新，要求在前人的基础上有所突破，有独立见解。如选择前人没有探索过的新领域、前人没有做过的新题目；对旧主题独辟蹊径，选择新角度探索新问题；在前人成果的基础上进行深入研究，得出自己新的观点或发现等。

（4）社会客观需要。

在满足教学要求的前提下，学位论文应根据专业实际情况，尽可能结合当前的生产实际、科研实际进行。大学生毕业论文的价值就在于通过科学探讨，推进人类对自然和社会发展规律的认识，正确指导人类的实践活动。科学技术活动和国家经济建设的实践是毕业论文的选题基础，科学探讨是毕业论文选题的精神要求。有些学生论文选题的指导思想是，哪个资料最多就选哪个，哪个最容易写就写哪个。这样的选题以及最后写就的论文就可能是拾人牙慧，充其量只能是一个“文献集”。

在以上原则的指导下，毕业论文选题的方法基本可以分为[148]：

（1）浏览捕捉选题法。

通过对占有的文献资料快速、大量地阅读，在比较中来确定题目的方法。浏览，一般是在资料占有达到一定数量时集中一段时间进行，这样便于对资料作集中的比较和鉴别。浏览的目的是在咀嚼消化已有资料的过程中，提出问题，寻找自己的研究课题。这就需要对收集到的材料作全面的阅读研究，主要的、次要的、不同角度的、不同观点的都应了解，不能看了一些资料，有了一点看法，就到此为止，急于动笔。也不能“先入为主”，以自己头脑中原有的观点或看了第一篇资料后得到的看法去决定取舍。而应冷静、客观地对所有资料作认真的分析思考，从浩如烟海、内容丰富的资料中吸取营养，反复思考琢磨之后，必然会有所发现。这是搞科学研究的人时常会碰到的情形。浏览捕捉法一般可按以下步骤进行：

① 广泛地浏览资料。在浏览中要注意勤作笔录，随时记下资料的纲目，记下资料中对自己影响最深刻的观点、论据、论证方法等，记下脑海中涌现的点滴体会。当然，手抄笔录并不等于有言必录、有文必录，而是要进行细心的选择，有目的、有重点地摘录，当详则详，当略则略，一些相同的或类似的观点和材料则不必重复摘录，只需记下资料来源及页码就行，以避免浪费时间和精力。

② 将阅读所得到的方方面面的内容，进行分类、排列、组合，从中寻找问题、发现问题。材料可按纲目分类，如分成：系统介绍有关问题研究发展概况的资料、某一个问题研究情况的资料、对同一问题几种不同观点的资料、某一问题研究最新的资料和成果等。

③ 将自己在研究中的体会与资料分别加以比较。找出哪些体会在资料中没有或部分没有；哪些体会虽然资料已有，但自己对此有不同看法；哪些体会和资料是基本一致的；哪些体会是在资料基础上的深化和发挥；等等。经过几番深思熟虑的思考过程，就容易萌生自己的想法。把这种想法及时捕捉住，再作进一步的思考，选题的目标就会渐渐明确起来。

（2）追溯验证选题法。

它是一种先有某种拟想，而后再阅读相关资料加以验证来确定论文选题的方法。这种选题方法必须先有一定的想法，即根据自己平时的积累，初步确定准备研究的方向、题目或选题范围，但这种想法是否真正可行，心中没有太大的把握，故还需按照拟想的研究方向，跟踪追溯。

看自己的“拟想”是否对别人的观点有补充作用，自己的“拟想”别人是否没有论及或者论及得较少。如果得到肯定的答复，再具体分析一下主客观条件，只要通过努力，能够对这一题目作出比较圆满的问答，则可以把“拟想”确定下来，作为毕业论文的题目。如果自己的“拟想”虽然别人还没有谈到、但自己尚缺乏足够的理论依据来加以论证，那就应该中止，再重新构思。

看“拟想”是否与别人重复。如自己的想法与别人完全一致，应立即改变“拟想”，再作考虑；如想法只是部分与别人的研究成果重复，应再缩小范围，在非重复方面深入研究。

要善于捕捉一闪之念，抓住不放、深入研究。在阅读文献资料或调查研究中，有时会突然产生一些思想火花。尽管这种想法很简单、很朦胧，也未成型，但千万不可轻易放弃。因为这种思想火花往往是在对某一问题进行了大量研究之后的理性升华，如果能及时捕捉，并顺势追溯下去，最终形成自己的观点，是很有价值的。

追溯验证的选题方法，是以主观的“拟想”为出发点，沿着一定方向对已有研究成果步步紧跟，一追到底，从中获得“一己之见”的方法。但这种主观的“拟想”绝不是“凭空想象”，必须以客观事实、客观需要作为依据。

（3）教学启发选题法。

学生一般要学习许多基础课和专业课，要听许多的专题报告。教师在授课和报告中，往往会提出许多问题，有些就是实践亟待解决的问题。这些问题就是同学们论文可以选题的重要焦点。这种选题法的优点是：问题明确，与之相关的理论和实践有了老师的阐述，运用起来也比较准确到位、流畅、充分，对推动学科发展和指导实践有一定的参考价值。

教学启发选题法应用的关键是，同学们在学习过程中要做有心人。关心教师就某一问题进行的论证、提出的观点、采用的依据、运用的方法等。将课堂所关心的问题与课外阅读结合起来，开拓思路，由此及彼，提炼出自己论文的选题。

2. 资料的收集与整理

达尔文认为：“科学就是整理事实，以便从中得出普遍规律或结论”[149]。资料是构成学术论文的一个重要因素，论文的质量如何，取决于资料是否充实、准确、可靠。写作前，资料是形成学术论文观点和提炼主题的基础，写作中，资料是支撑观点、表现主题的依托。所以，资料在学术论文的写作中有着十分重要的作用。资料的搜集是如此重要，要写出高质量的学术论文，就必须广泛搜集与课题相关的文献资料，也就是搜集材料要“博览广度，兼收并蓄”。

（1）资料的收集。

学术论文的资料按不同获取方式可以分成直接资料、间接资料和发展资料三种：

① 直接资料。直接资料是作者在科学研究中获得的第一手资料。来源于科学观察、实地调查和科学试验，是作者亲自进行科学研究或考察，把观察到的现象与测量到的数据详细记录下来而得到的资料。

② 间接资料。间接资料是指从文献信息资料（包括机读数据库）中搜集到并转录下来的他人实践和研究成果的资料。其主要方法是通过信息检索去查找所需的各种载体类型的文献信息资料。

③ 发展资料。发展资料是指作者在收集到的直接资料和间接资料的基础上，经过认真的分析、综合、研究后获得的新资料。

另外，按照资料的内容来划分，论文资料还可分为以下四方面：

① 理论准备和知识准备资料。要进行一项研究工作，必须有必要的专业理论和专业知识。理论是工具和武器，知识和资料都是观点，结论是赖以成立的基础。缺少了它们，科学研究就无法进行。

② 别人已有的论述资料。这方面的资料要尽量收集，因为别人已经解决的问题，就不必

花力气去做劳而无功的事。充分吸收别人已有的经验，了解别人未解决的问题、疑难的焦点等，才能进行比较鉴别，使研究少走弯路，使自己在科研方面获得更高更新的成果。

③ 对立的和有关的资料。一个事物的特点，往往总是在它近似事物的相互影响以及对立事物的相互斗争中形成发展起来的。如果缺乏这些映照、比较的资料，那么，我们所要研究对象本身的面貌特点及作用、意义，也可能因此而显得模糊不清或难以把握、开掘、延伸。

④ 背景和条件资料。这是指一切能够影响研究对象的生成和发展变化的社会背景、历史条件以及主客体方面的精神、物质因素。只有尽可能全面地掌握这些资料，才能更好地把握研究对象的特殊性和普遍性。

（2）资料的整理。

学术论文写作中一项不可缺少的重要工作，就是对收集来的文献资料进行比较、鉴别、整理、归类，认清资料的性质、判明资料的真伪、估价资料的意义、掂量资料的作用。要善于独立思考，深入分析研究，舍弃那些非本质的、虚假的、无用的资料，保留那些本质的、真实的、有用的资料。要紧密结合课题研究和论文写作的需要，对资料按性质和用途分别归类，有次序地加以排列，以备写作时使用。对选好的资料，则要认真思考，反复斟酌，挖掘其内在的意蕴，促使在认识上不断深化，并在撰写论文时灵活地加以应用。资料的整理分三步进行：

① 阅读资料。

资料的整理从阅读开始。阅读资料首先可以快速略读检索到的文献资料，大致了解一下每篇文献的内容，然后选读部分内容重要、资料新颖的文献，最后研读少数重要文献，直至充分理解文献内容，并将文献的主要论点、论据或对学术论文写作有用的内容予以摘录。

② 鉴别资料。

鉴别资料就是分析研究资料，寻找科学研究和写作所需要的具有科学性、创新性、典型性的资料。即对作者的论点、论据、事实资料、推理方法、语言的准确性等进行分析研究，看其是否正确。其主要目的是去伪存真。

鉴别资料的主要方法是比较法，即把内容相关的文献资料进行比较，把资料本身的论点和论据进行比较，区分哪些资料是真实可靠的，哪些是含有水分或虚假的。对于一时不能判定的资料，最好的办法是继续收集同类资料，待资料充足时再作判断，或通过实验进行验证。

③ 占有资料。

经过鉴别的资料，我们可以利用各种技术手段，如复印、缩微、摄像、摘录等，将所需的资料“占为己有”，以供写作之用。在这里要提醒大家特别注意的是，对于在研究有关资料的过程中产生的某些想法要及时记录下来，尤其是一些瞬间思维和想法，因为它们往往具有极大的创造性，对于我们的学术论文写作和以后的科学研究有着很高的价值。

总之，要博采、严鉴、精选、活用，每个环节紧密相连、环环紧扣，使所占有的资料更好地为表现论文的主题服务。

3. 确立主题

一般来说，组成一篇学术论文有两大要素，即主题和资料。两者缺一不可。若无主题，文中资料只能是机械性的、凌乱的堆砌，让读者不知所云；若无资料，显露主题的话只能是空洞之言。

主题是作者在一篇论文中提出的基本观点或中心论点。在一篇学术论文中只能有一个主题，并要求不论其长短，该主题必须贯穿始终。

主题不等于题目（论文的标题）。题目是在研究课题选定之后，在对课题进行研究的基础上，以整个科研成果或其中的某一部分作为论文的题目。一项科研课题可以写成一篇论文，也可以写成若干篇论文。论文题目的内涵和外延均不可能超过课题的内涵和外延。

主题需要经过提炼后才能确立。提炼主题的一般方法是：

（1）通过资料的研究所得出的结论，证实了与原来选题时的设想一致，这个被证实的设想就是主题。

（2）在整理、研究资料时得出的结论，全部或部分否定了原来选题时的设想，从而得出新的结论，这个新的结论就是主题。

（3）通过资料的分析、概括、比较、提炼之后，形成了一种观点，这种观点就是主题。

主题一经形成便起到统率全篇的作用。资料的取舍、论证方法的选择、层次段落的安排，都要根据主题的需要加以考虑。因此，主题的确立是论文写作中的一个重要环节。

4. 拟定写作提纲

古人说："意在笔先"，意思是写文章之前先立意，在此即指拟定写作提纲。写作学术论文首先要有一个清晰的提纲。即用简洁明了的语言安排出论文的篇章结构，把文章的逻辑关系视觉化。写作提纲是文章整体布局和层次安排的设计图，是全篇论文的框架。它起到疏通思路、安排资料、形成结构的作用。写作提纲使论文骨架、轮廓视觉化，便于研究全篇文章的论点、资料的组合关系、局部与整体的逻辑构成是否均衡、严谨。如不重视，容易下笔千言，离题万里。写作提纲一般包括如下项目：题目、基本论点或中心论点、内容纲要、大项目（上位论点，大段段旨）、中项目（下位论点，段旨）、小项目（段中的一个资料）。

根据国家标准 GB7713—87，论文中项目的表示应采用国际上惯用的点系统，如表 12.1 所示。

表 12.1 论文中项目表示的点系统

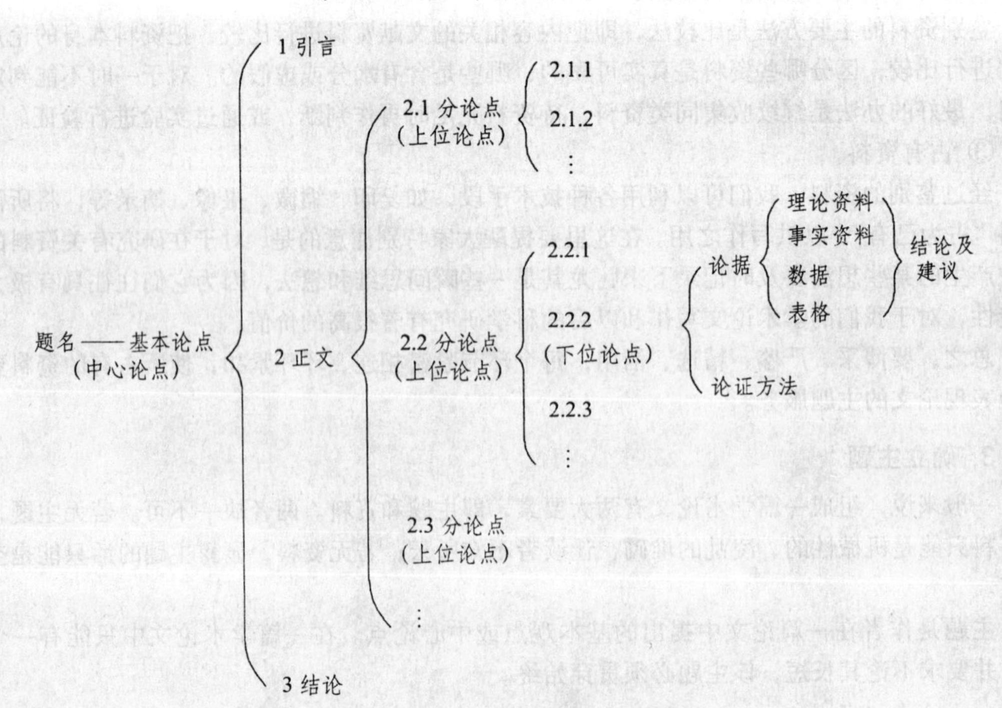

表中的 1、2、3 对应的是学位论文的引言、正文、结论三大部分；2.1、2.2、2.3 对应论文的一级标题，表示上位论点，反映了大段段旨；2.2.1、2.2.2、2.2.3 对应论文的二级标题，是 2.2 的下位论点即从属论点，反映了段旨；依此类推。

论文的提纲可分为简单提纲和详细提纲两种。简单提纲是高度概括性的，只提示论文的要点，对如何展开则不涉及。

写作提纲的具体编写步骤大致如下：

（1）拟定题目，以最简洁、最鲜明的语言概括论文内容；

（2）写出主题句，确定全文中心论点；

（3）考虑全文分成几个部分，以什么顺序安排基本论点；

（4）大的部分安排妥当后，在考虑每个部分的下位观点，最好考虑到段一级，写出段的论点句；

（5）全面检查写作提纲，作出必要的增、删、改。

从学术论文写作提纲的内容和编写步骤中不难看出，在编写学术论文的写作提纲时，作者就必须着手对论文的结构进行安排[150]。

从总体上讲，学术论文的结构要围绕中心，富于逻辑，准确表达。不论是简单列举还是按类归纳，不论是循时空经纬发展顺序还是夹叙夹议去安排，都要注意逻辑上的循序渐进，使读者易于接受；都要注意反映事物本身的发展规律，使文中各部分的相互关系协调。具体而言，合理安排论文结构要做到：

（1）划分好层次段落。

根据反映的客观事物的内部联系，把有关内容分为若干层，再围绕中心思想，按照部分与整体、部分与部分之间的逻辑关系，确定每个层次的地位和次序，把它们组成一个有机的篇章。

论文一般按其结构的基本形式来划分层次，如以时间的推移为顺序安排层次，以作者认识的推进（认识过程）显示层次，以逐步深入的论证展开层次，按资料性质的分类划分层次，按演绎或归纳推理的原则，或并列、或递进、或总分式、或分总式来安排层次等级。

段落是按照表达层次划分出来的一个小的结构单位，是构成论文的基本单元，人们习惯称之为“自然段”。一个自然段，只能有一个中心意思，而且要完整。段与段之间要注意内在联系，使每段均为全篇的一个有机组成部分。

（2）注意过渡照应。

过渡是指上下文之间的衔接、转换，是保证文脉贯通的重要手段。学术论文的过渡，内容上要注意论证的严密性，形式上要巧用过渡词或过渡段，使上下文之间的关系，合乎逻辑，过渡自然。

照应是指论文前后彼此照顾和呼应，以保证全文有机缩（组）合成一个整体。学术论文的照应主要是指首尾照应、前后照应和照应题目。学术论文的照应，要注意基本论点和分论点、主要资料和次要资料都有逻辑关系。例如，结论必须是引言中提出的、正文中论证的，顺理成章，没有论证的就不要妄下结论。

（3）斟酌开头结尾。

开头是学术论文的有机组成部分，是表现论文主题的重要环节。开头体现了作者对所要描写的事件或谈论的问题的整体认识。论文的开头主要有以下六种方式：

① 开门见山，即一开篇就表明观点，然后再逐步阐述；

② 陈述目的，首先交代写作动机和目的，使读者更好地理解论文的内容和观点；

③ 全文提要，用极简练的文字将全文概括介绍，使读者对全篇有扼要的认识；

④ 因题设问，首先提出问题，然后阐述和回答所提问题，引起读者的兴趣和思索；

⑤ 援引常例，先介绍相关的事例或现象，然后引入本题，吸引读者的联想和回味；

⑥ 历史回顾，简要介绍历史状况再转入本题，加深读者的认识。

结尾是学术论文的结论和终结。它是文章内容发展的必然结果，是结论或表达的中心。结尾内容可以是一组结论、一份总结、一组建议或结束语。

5. 撰写初稿

按照写作提纲，围绕主题写出论文的初稿的过程，是整个写作过程中的核心环节，起草前的各项准备工作都是为这一阶段服务的。起草论文是进行再创造的复杂思维过程，表达方式的选择与使用、段落的组织和衔接以及语言形式的运用，都是这一阶段要妥善处理的问题[151]。

起草初稿时，最好是在总体轮廓的基础上打好腹稿。所谓腹稿，就是按照提纲的先后顺序，将论文的内容在头脑里一段一段地思考清楚了，然后再执笔来写。

（1）初稿起笔的两种方式。

① 从引言（结论）起笔：就是按照提纲排列的自然顺序来写，先提出问题，明确全文的基本论点，然后再展开，作充分论述和论证，最后归纳总结，得出结论。这样写容易抓住提纲，也与研究的逻辑思维相一致。比较自然、顺畅，写起来较顺手、习惯，易于把握。

② 从正文（本论）起笔：即先写正文、结论部分后，再写引言。这样写有两点好处：一是正文所涉及的内容是作者研究中思考、耗神最多的问题，是作者研究成果的集中反映，从这里入手容易起笔；二是从引言动笔，往往难于开篇，从正文入手，是先易后难的有效措施。当写好了正文、结论后，论文大局已定，就可悉心写引言和完成全文了。

（2）起草论文的方法。

① 一气呵成法：无论是从引言起笔，还是从正文入手，均按拟定的提纲，一路写下去，不使思路中断，尽可能快地把头脑中涌现出来的句子用文字表示出来。如果一口气写不完，可选择一个恰当的地方停笔，再动笔时，思路还会衔接、连贯。待初稿完成后，再仔细推敲、加工修改。

② 分段写成法：即把全文分成若干部分，分段撰写，逐段推进，各个击破。每个部分以写一个分论点或几个小论点为单元，并注意保持各章节内容的相对完整性。每一部分写好后，稍事梳理，就可转入下一段。

（3）撰写初稿注意事项。

① 主题的表现。

论文写作中如何运用资料来表现主题，即表述自己的观点，是关系论文成败的重要问题。运用资料来表现主题必须注意以下三个问题：

a. 资料要真实。学位论文是一项严肃的科学研究活动，来不得半点含糊和虚假。真实是科学研究的生命。一篇学术论文只要有个别资料“失真”，就会导致读者对整个资料的真实性和论文的观点产生怀疑，有时甚至产生严重的后果。为了保证资料的真实性，作者必须对引用的直接资料进行反复核实，对间接资料要准确查明其出处。

b. 资料要典型。典型资料是指那些能够深刻揭示事物本质并有代表性的资料。典型资料不是偶然的、个别的现象，而是能反映事物发展客观规律的事例。典型资料可以一当十。

c. 资料要集中。资料集中就是在运用资料来表现主题时要紧扣主题，一切资料都要围绕论文的主题来选取。要选取那些能突出和说明主题的资料，并让其在论文中占据主要地位。对那些与论文主题无关或关系不大的资料要坚决舍弃，以免造成主题不突出或不鲜明。所以，在执笔撰写学位论文的初稿时要围绕主题来选择和安排资料。

② 修改写作提纲。

在按照拟定的写作提纲撰写初稿的过程中，有时会由于各种原因写不下去。例如，论述的对象不够明确，或者引用的资料不够恰当，或者段与段之间的衔接和过渡没有考虑好，或者句子与句子之间的连接没有考虑好，等等。这时就需要重新考虑写作提纲。有的可能局部调整，有的可能有较大的变动，有的甚至要重新考虑整个写作提纲。

6. 修改与定稿

论文的初稿写成之后，还要再三推敲，反复修改，这是提高论文质量和写作能力的重要环节。一篇未经修改的论文，总有不成熟、不完善的地方。“文章不厌百回改”，甚至有人说：“文章不是写出来的，而是改出来的”。修改不仅是写作的一个必要环节，也是对读者负责的表现，是作者在一个新的水平上的创作活动。因此，必须重视论文的修改。修改的主要任务是：斟酌论点，检查论证，调整结构，推敲文字。这期间要有耐心、精益求精的精神，应该明白：修改不只是字词句的问题，说到底是对客观事物的认识问题。对事物认识不清楚，表述自然也就不会准确、恰当。客观事物纷繁复杂，且有曲折变化，人们对客观事物的认识也是有一个过程的，只有反复研究、不断修正，才能认识得更清楚，表述得更恰当。

（1）论文修改的范围。

学术论文需要修改的地方很多，修改的范围也很广泛，大到主题思想，小到一个标点符号，发现什么问题，就修改什么问题，什么地方发现，就在什么地方修改。具体地说，可以从论文的主题、结构、资料、表达、标题等方面考虑对论文进行修改。

（2）论文修改的方法。

① 先主后次法。修改涉及论文写作的所有方面，如果不分巨细一路改来，必然要作许多无用功，因此应该分清主次，从大到小。对一篇文章来说，观点、结构是主要的、影响全局的，因此应该先从观点、结构修改起，再逐步修改资料、语言。

② 请教求助法。在初稿完成后，请本学科领域科研能力、写作能力较强的人帮助修改，以便提出更为客观的修改意见，可使论文更全面、更客观。

③“冷处理”法。论文的修改可以在初稿完成后立即进行，凭着作者对存在的问题还有深刻的印象，尽快对论文进行补充修改；也可以在初稿完成后，放上一段时间，然后广泛地浏览有关资料，让头脑冷静下来，再行修改。在作者平心静气更趋理性时再作修改，比较容易改正初稿中的不完善、不妥当之处。这样修改，往往容易突破原来的框框，发现问题，产生新的看法，就可以使论文质量得到明显的提高。

④ 诵读促思法。写作时运用无声语言，修改时运用无声语言，这仿佛是天经地义的，其实不然，如果修改时试着诵读几遍，一边读一边思考，有声语言能激活大脑的积极思维，一定会发现论文中许多文气不接、语意不顺、缺字少词的地方，修改起来会很通畅。

这四种方法，在实际的论文修改过程中，常常结合使用。

（3）论文的打印定稿。

论文经过认真的修改后，就可以打印定稿了。打印稿的排版格式可以视具体情况而定，一般使用 Word 排版，但论文的格式必须遵守国家标准 GB7713—87 规定。很多高校要求毕业生同时提交学位论文的电子文本。

注：西昌学院教务处关于本科毕业生毕业论文（设计）的规范要求详见 http://www.xcc.sc.cn/uploads/soft/201004/33_22085712.doc。主要涉及毕业论文、毕业设计的装订顺序；毕业论文、毕业设计各项内容［封面、毕业论文（设计）任务书、开题报告、目录、毕业论文、毕业设计说明书正文、致谢词、独撰声明、翻译资料、毕业论文（设计）指导教师指导记录表、指导教师的成绩评定表、评阅人的成绩评定表、答辩记录表、答辩小组的成绩评定表、总评成绩评定表填写、附录］的要求。

参考文献

[1] 许芳. 网络学术信息资源评价的理论与方法研究[D]. 武汉：华中师范大学，2003：4.
[2] 俞嘉惠. 计算机与信息科学十万个为什么：2 从烽火台到因特网[M]. 普及版. 北京：清华大学出版社，2001：4.
[3] 孟广均，霍国庆，罗曼，等. 信息资源管理导论[M]. 北京：科学出版社，2003：4.
[4] BUCKLAND M. Information as thing[J]. Journal of American Society of Information Science, 1991, 42(5)：351-360.
[5] CURRUS. The Influence of systems science on the concept of information[J]. International Forum on Information and Documentation, 1993, 18(2)：32.
[6] TAGUE-SUTELIFFE J. Measuring information：an information services perspective[M]. San Diego：Academic Press. Inc., 1995.
[7] 钟义信. 信息科学原理[M]. 北京：北京邮电大学出版社，2002：50.
[8] 孟广均，霍国庆，罗曼，等. 信息资源管理导论[M]. 3 版. 北京：科学出版社，2008：8.
[9] 孟广均，霍国庆，罗曼，等. 信息资源管理导论[M]. 3 版. 北京：科学出版社，2008：9.
[10] 钟义信. 信息科学原理[M]. 北京：北京邮电大学出版社，2002：61-64.
[11] 缪其浩. 信息化：跨世纪的挑战[M]. 上海：上海科学技术文献出版社，2000：3.
[12] 钟义信. 信息科学原理[M]. 北京：北京邮电大学出版社，2002：67.
[13] 阿尔温·托夫勒. 第三次浪潮[M]. 北京：生活·读书·新知三联书店，1984.
[14] 孟广均，霍国庆，罗曼，等. 信息资源管理导论[M]. 北京：科学出版社，2003：15-17.
[15] 朱立文. 信息资源有效开发利用之探讨[C]. //信息资源与社会发展. 武汉：武汉大学出版社，1996.
[16] 霍国庆. 信息资源管理的三个层次[J]. 中国图书馆学报，1996(5)：68-71.
[17] 汪华明，杨绍武. 论信息资源开发利用与国际合作[C]. //信息资源与社会发展. 武汉：武汉大学出版社，1996.
[18] 乌家培. 信息资源与信息经济学[J]. 情报理论与实践，1996(4)：4-6.
[19] 马大川. 论信息资源网络建设[C]. //信息资源与社会发展. 武汉：武汉大学出版社，1996.
[20] 孟广均，霍国庆，罗曼，等. 信息资源管理导论[M]. 北京：科学出版社，2003：30.
[21] 孟广均，霍国庆，罗曼，等. 信息资源管理导论[M]. 北京：科学出版社，2003：31-33.
[22] 孟广均. 信息资源管理导论[M]. 3 版. 北京：科学出版社，2008：34.
[23] 刘也. 成语科学荟萃[M]. 北京：解放军出版社，1988：192.
[24] 王通汛. 论知识结构[M]. 北京：北京出版社，1986.
[25] 黎鸣. 信息时代的哲学思考[M]. 北京：中国展望出版社，1987.
[26] 孟广均. 信息资源管理导论[M]. 3 版. 北京：科学出版社，2008：36.
[27] 曾民族. 信息服务的信息技术应用：下册[M]. 北京：国防工业出版社，2001：353.
[28] 许芳. 网络学术信息资源评价的理论与方法研究[D]. 武汉：华中师范大学，2003：2.
[29] 宋丽萍. 基于 Web 的学术信息资源引文索引与分析体系[C]. //戴维民，汪东波，赵建华. 网络时代的信息组织：全国第四次情报检索语言发展方向研讨会论文集. 北京：北京图

书馆出版社，2006：263-268.

[30] 李晓明. 高教司教学条件处处长李晓明谈中国高校数字化图书馆建设[EB/OL]. 北京：中华人民共和国教育部，(2005-11-22)[2009-01-22]. http：//中华人民共和国教育部. cn/edoas/website18/level3. jsp?tablename=1582&infoid=17318.

[31] CADAL 项目动态：数字化进展[EB/OL]. (2009-05-28)[2010-08-03]. http：//www. cadal. cn/szhjz/szhjz. htm.

[32] 潘树广，黄镇伟，涂小马. 文献学纲要[M]. 南宁：广西师范大学出版社，2000：232.

[33] 中华人民共和国教育部. 普通高等学校图书馆规程(修订)[EB/OL]. (2002-02-21)[2009-02-16]. http：//www. moe. edu. cn/edoas/website18/level3. jsp?tablename=34&infoid=237.

[34] 潘树广，黄镇伟，涂小马. 文献学纲要[M]. 南宁：广西师范大学出版社，2000：18.

[35] 刘兹恒，朱荀. 改革开放 30 年馆藏图书采访发展之路[N]. 新华书目报：图书馆专刊，2008-10-18(C21-C23).

[36] 潘树广，黄镇伟，涂小马. 文献学纲要[M]. 南宁：广西师范大学出版社，2000：34.

[37] 中华人民共和国新闻出版总署. 2008 年全国新闻出版业基本情况[EB/OL]. (2009-07-17)[2010-07-16]. http：//www. gapp. gov. cn/cms/html/21/464/200907/465083. html.

[38] 潘树广，黄镇伟，涂小马. 文献学纲要[M]. 南宁：广西师范大学出版社，2000：41-42.

[39] 中华人民共和国新闻出版总署. 2008 年全国新闻出版业基本情况[EB/OL]. (2009-07-16)[2010-07-17]. http：//www. gapp. gov. cn/cms/html/21/464/200907/465083. html.

[40] 中华人民共和国新闻出版总署. 2008 年全国新闻出版业基本情况[EB/OL]. (2009-07-16)[2010-07-17]. http：//www. gapp. gov. cn/cms/html/21/464/200907/465083. html.

[41] 潘树广，黄镇伟，涂小马. 文献学纲要[M]. 南宁：广西师范大学出版社，2000：45-46.

[42] 国家知识产权局规划发展司. 专利统计简报[EB/OL]. (10-01-22)[2010-07-21]. http：//www. sipo. gov. cn/sipo2008/ghfzs/zltjjb/201001/P020100122519350133217. pdf

[43] 刘兹恒. 非书资料采访工作手册[M]. 北京：北京图书馆出版社，2004：2.

[44] 周鸿铎. 传媒产业市场策划[M]. 北京：经济管理出版社，2003：143.

[45] 刘兹恒. 非书资料采访工作手册[M]. 北京：北京图书馆出版社，2004：3.

[46] 中华人民共和国新闻出版总署. 2007 年全国新闻出版业基本情况[EB/OL]. (2008-08-01)[2009-02-17]. http：//www. gapp. gov. cn/cms/html/21/490/200808/459129. html.

[47] 中华人民共和国新闻出版总署. 2008 年全国新闻出版业基本情况[EB/OL]. (2009-07-16)[2010-07-17]. http：//www. gapp. gov. cn/cms/html/21/464/200907/465083. html.

[48] 中华人民共和国新闻出版总署. 2007 年全国新闻出版业基本情况[EB/OL]. (2008-08-01)[2009-02-17]. http：//www. gapp. gov. cn/cms/html/21/490/200808/459129. html.

[49] 中华人民共和国新闻出版总署. 2008 年全国新闻出版业基本情况[EB/OL]. (2009-07-16)[2010-07-17]. http：//www. gapp. gov. cn/cms/html/21/464/200907/465083. html.

[50] 王流芳，徐美莲. 社区图书馆的理论与实践[M]. 北京：中国民族摄影艺术出版社，2002：123.

[51] 木林森，等. 中文 Windows 98 使用手册[M]. 北京：清华大学出版社，1998：1.

[52] 蒲筱哥. 我国图书馆的特色数据库建设研究[D]. 广州：中山大学，2005：3.

[53] 刘兹恒. 非书资料采访工作手册[M]. 北京：北京图书馆出版社，2004：79.

[54] 程千帆，徐有富. 校雠广义目录编[M]. 济南：齐鲁书社，1998：213.

[55] 国家图书馆. 国家图书馆馆际互借和文献传递的规则[EB/OL]. (2008-06-28)[2009-02-24]. http：//www. nlc. gov. cn/kyck/file/guize. doc.
[56] 中国互联网络信息中心. 第26次中国互联网络发展状况统计报告[EB/OL]. (2010-07-15)[2010-07-17]. http：//www. cnnic. cn/uploadfiles/pdf/2010/7/15/100708. pdf.
[57] 中国互联网络信息中心. 第23次中国互联网络发展状况统计报告[EB/OL]. (2009-01-13)[2010-07-21]. http：//www. cnnic. net. cn/uploadfiles/pdf/2009/1/13/92458. pdf
[58] 刘兹恒. 非书资料采访工作手册[M]. 北京：北京图书馆出版社，2004：107-108.
[59] 刘兹恒. 非书资料采访工作手册[M]. 北京：北京图书馆出版社，2004：98.
[60] CALIS西北地区中心. CALIS“重点学科网络资源导航库”资源类型表[EB/OL]. (2003-10)[2009-02-26]. http：//www. lib. xjtu. edu. cn/lib75/daohangku/zylx. htm.
[61] 中国互联网络信息中心. 第23次中国互联网络发展状况统计报告[EB/OL]. (2009-01-13)[2009-02-25]. http：//www. cnnic. cn/uploadfiles/doc/2009/1/13/92209. doc.
[62] 杨守文. 数字信息资源检索与利用[M]. 北京：化学工业出版社，2007：30.
[63] 杨守文. 数字信息资源检索与利用[M]. 北京：化学工业出版社，2007：5-6.
[64] 杨守文. 数字信息资源检索与利用[M]. 北京：化学工业出版社，2007：58-61.
[65] 赵小龙，刘士俊. 信息资源检索与利用[M]. 北京：中国工商出版社，2003：28-39.
[66] 祝小静. 网络免费学术信息检索[EB/OL]. [2010-09-24]. http：//wenku. baidu. com/view/3831fb1aff00bed5b9f31def. html.
[67] 网络学术免费资源检索与利用[EB/OL]. [2010-10-06]. http：//wenku. baidu. com/view/7866cedb6f1aff00bed51e71. html.
[68] 杨守文. 数字信息资源检索与利用[M]. 北京：化学工业出版社，2007：160.
[69] 郭依群，关志英. 网络学术资源应用导览[M]. 北京：中国水利水电出版社，2006.
[70] 赵志坚. 网络信息资源组织和检索[M]. 北京：人民邮电出版社，2004：30.
[71] 林燕平. 法律文献检索方法、技巧和策略[M]. 上海：上海人民出版社，2004：72-73.
[72] 维基百科. 图书[EB/OL]. (2009-05-18)[2009-06-21]. http：//zh. wikipedia.org/w/index. php?title=%E5%9B%BE%E4%B9%A6&variant=zh-cn.
[73] 维基百科. 电子书[EB/OL]. (2009-05-18)[2009-06-21]. http：//zh. wikipedia. org/w/index. php?title=%E7%94%B5%E5%AD%90%E4%B9%A6&variant=zh-cn.
[74] 郑兰. 信息时代的大学生与大学图书馆[M]. 北京：北京交通大学出版社，2005：123-124.
[75] 江苏汇文软件有限公司. 汇文文献信息服务系统-OPAC[EB/OL]. [2010-07-15]. http：//www. libsys. net/opac. php.
[76] 中国高等教育文献保障系统管理中心. 收费标准[EB/OL]. (2005-11-28)[2010-07-21]. http：//www. calis. edu. cn/calisnew/calis_index. asp?fid=98&class=2.
[77] CALIS全国文理文献信息中心. 经费补贴办法[EB/OL]. (2005-11-28)[2010-07-21]. http：//162. 105. 138. 117：8180/portal/portal/group/sshguest/media-type/html/page/butie. psml.
[78] 维基百科. 期刊[EB/OL]. (2009-06-13)[2009-08-05]. http：//zh. wikipedia. org/w/index. php?title=%E6%9C%9F%E5%88%8A&variant=zh-cn.
[79] 技术辞典[EB/OL]. [2009-08-05]. http：//www. caep. cetin. net. cn/xy/eng_E. htm.
[80] 维基百科. 电子杂志[EB/OL]. (2009-02-26)[2009-08-05]. http：//zh. wikipedia. org/w/index. php?title=%E9%9B%BB%E5%AD%90%E9%9B%9C%E8%AA%8C&variant=zh-cn.

[81] 赵志坚. 网络信息资源组织和检索[M]. 北京：人民邮电出版社，2004：29-30.
[82] 林燕平. 法律文献检索方法、技巧和策略[M]. 上海：上海人民出版社，2004：70.
[83] 赵志坚. 网络信息资源组织和检索[M]. 北京：人民邮电出版社，2004：257.
[84] 林燕平. 法律文献检索方法、技巧和策略[M]. 上海：上海人民出版社，2004：71-72.
[85] 赵志坚. 网络信息资源组织和检索[M]. 北京：人民邮电出版社，2004：257-258.
[86] 林燕平. 法律文献检索方法、技巧和策略[M]. 上海：上海人民出版社，2004：73-80.
[87] 清华大学图书馆信息参考部黄美君. 电子预印本资料库(e-Print arXiv)简介[EB/OL]. (2002-04-20)[2009-08-07]. http：//news. lib. tsinghua. edu. cn/page. user. article. asp?articleid=60.
[88] 中华人民共和国新闻出版总署. 2008 年全国新闻出版业基本情况[EB/OL]. (2009-07-16)[2010-07-17]. http：//www. gapp. gov. cn/cms/html/21/464/200907/465083. html.
[89] 陈继红，青晓. 期刊全文数据库的比较研究[J]. 图书情报工作，2006，s(2)：138-141.
[90] CASHL 管理中心. CASHL 常见问题[EB/OL]. [2009-08-19]. http：//www. cashl. edu. cn/portal/portal/media-type/html/group/whutgest/page/zybzx. psml.
[91] 曹荣桂，杨秉辉. 医院管理学：教学・科研管理分册[M]. 北京：人民卫生出版社，2003：67.
[92] 中华人民共和国教育部. 中华人民共和国学位条例[EB/OL]. [2009-08-19]. http：//www. moe. edu. cn/edoas/website18/29/info1429. htm.
[93] 陈合宜. 写作与编辑[M]. 广州：暨南大学出版社，2003：136-137.
[94] 中华人民共和国国家质量监督检验检疫总局，中国国家标准化管理委员会. GB/T 7713. 1—2006 学位论文编写规则[S]. 北京：中国标准出版社，2007.
[95] 中国教育报. 我国已跨入世界研究生大国行列[EB/OL]. (2008-12-24)[2009-08-21]http：//www. moe. edu. cn/edoas/website18/level3. jsp?tablename=2038&infoid=1230085224544842.
[96] 中华人民共和国教育部. 分学科研究生数（总计）[EB/OL]. (2009-08-05)[2009-08-21]. http：//www. moe. edu. cn/edoas/website18/level3. jsp?tablename=1249610459599815&infoid=1249431407412220&title=分学科研究生数（总计）.
[97] 中华人民共和国教育部. 研究生教育培养机制改革[EB/OL]. (2008-10-29)[2009-08-21]. http：//www. moe. edu. cn/edoas/website18/searchinfo. jsp?offset=6&title1=研究生.
[98] 邱凤鸣. 万方和清华同方两大学位论文全文数据库对比分析[J]. 上海高校图书情报工作研究，2006(4)：49-52.
[99] 陈蓉蓉，何建新. 中文学位论文全文数据库的比较研究[J]. 情报科学，2006，24(12)：1849-1852.
[100] 王方. 对我国学位论文全文数据库的比较研究[J]. 科技情报开发与经济，2006，16(6)：3-4.
[101] 姚冀越. 论网络环境下高校图书馆报纸资源的开发与利用[J]. 科技情报开发与经济，2006，20：1-3.
[102] 中国报业网. 报纸[EB/OL]. http：//www. baoye. net/News. aspx?ID=234358.
[103] 中国新闻传播学评论(CJR). 什么是报纸的数字化[EB/OL]. [2006-11-24]. http：//www. cjr. com. cn.
[104] 刘海涛等. 浅谈数字报纸优劣性[J]. 科技创新导报，2008(27)：209，211.
[105] 黄筱玲. 文献信息资源建设理论与实践[M]. 郑州：湖南大学出版社，2007：49-56.

[106] 章云兰，王学勤. 现代信息检索与利用[M]. 杭州：浙江科学技术出版社，2007：168-172.
[107] 乌日哲等. 大学图书馆报纸的利用和管理[J]. 内蒙古科技与经济，2008. 9：106-107.
[108] 吴丽红. Internet 网络全文电子报纸检索与利用[J]. 图书馆学刊，2007，1：134-135.
[109] 国际专利分类表及其使用[EB/OL]. [2007-06-23]. http：//zhidao. baidu. com/question/29099026. html.
[110] 李建蓉. 专利文献与信息[M]. 北京：知识产权出版社，2002：520.
[111] 夏继明，杨长平，等. 信息检索与利用 · 农业[M]. 成都：四川科学技术出版社，2006：119.
[112] 专利信息检索方法、技术和策略[EB/OL]. [2006-09-01]. http：//old. iprtop. com/iprwiki/.
[113] 专利信息检索的种类及其方法和途径[EB/OL]. [2006-09-01]. http：//old. iprtop. com/iprwiki/.
[114] 杨守文. 数字信息资源检索与利用[M]. 北京：化学工业出版社，2007：110-113.
[115] 夏继明，杨长平. 信息检索与利用·农业[M]. 成都：四川科学技术出版社，2006：128-129.
[116] 包平. 农业信息检索[M]. 南京：东南大学出版社，2003：261.
[117] 许忠锡，姚中平. 信息检索与利用新编教程[M]. 杭州：浙江大学出版社，2007：104.
[118] 滕胜娟，蓝曦. 现代科技信息检索[M]. 北京：中国纺织出版社，2007：153.
[119] ChinaGB 国家标准频道. 世界三大标准化机构简介[EB/OL]. [2009-12-02]. http：//www. chinagb. org/article-57826. html.
[120] 柯以侃，周心如. 化学化工特种文献及其检索[M]. 北京：化学工业出版社，2005：132.
[121] 滕胜娟，蓝曦. 现代科技信息检索[M]. 北京：中国纺织出版社，2007：154.
[122] 肖碧云. 论特色文献数据库的建设[J]. 高校图书馆工作. 2006：36-38.
[123] 赵志静，陈强. 网络环境下医院图书馆特色馆藏建设[J]. 中华医学图书情报杂志，2007：17-18.
[124] 黄燕. 图书馆特色数据库建设探析[J]. 河北科技图苑，2006，6：66-68.
[125] 黄燕. 图书馆特色数据库建设探析[J]. 河北科技图苑，2006，6：66-68.
[126] 张元晶，刘新庄. 谈高校图书馆特色数据库建设的质量保障[J]. 北京化工大学学报：社会科学版，2007，4：71-74.
[127] 刘葵波，郑振容，金健，等. 高校图书馆特色数据库建设实践与思考 ——以“水产科技数据库建设”为例[J]. 情报杂志，2008，2：159-161.
[128] 朱江岭. 网络信息资源检索与利用[M]. 北京：海洋出版社，2007：252.
[129] 马玉珍，吴敏，张惠萍. 知识经济时代与数字图书馆[M]. 兰州：甘肃人民出版社，2006：278.
[130] 万群华，李小强. 新环境下图书馆建设与发展（上）[M]. 武汉：武汉出版社，2007：107-108.
[131] 刘建民. 数字图书馆建设之我见[J]. 湖北师范学院学报：自然科学版，2009，1：49-52.
[132] 姚乐野. 面向创新的图书馆资源建设与知识服务[M]. 成都：四川大学出版社，2007：131-132.
[133] 张晓林. 重新定位研究图书馆的形态、功能和职责——访问美国研究图书馆纪行[J]. 图书情报工作，2006，12：5-10.
[134] 中国在职研究生网. 论我国数字图书馆发展现状及存在的问题[EB/OL]. [2009-12-02]. http：//www. zzyjs. com/html/200912/02102449704. shtml.

[135] 孙庆丽. 高校数字图书馆与远程教育[J]. 图书馆学刊，2004，5：40-41.
[136] 中国计算机报. 数字图书馆的发展趋势[EB/OL]. [2002-06-24]. http：//media. ccidnet. com/media/ciw/1128/e5201. htm.
[137] 李红琴，汪腾. 凉山地区地方特色文献数据库建设[J]. 现代情报，2008，7：95-96.
[138] 沈茂英. 攀西特色农业资源发展意义及项目选择[J]. 安徽农业科学，2005，10：1926-1927，1930.
[139] 清华同方公司[EB/OL][2006-10-08]. http：//tpi. cnki. net/
[140] 王红玲，等. 网络环境下图书馆信息资源的整合开发[M]. 北京：北京图书馆出版社，2006：114.
[141] 旭日在线. 信息的需求与来源的确定[EB/OL]. [2008-12-17]. http：//www. lyyzhn. net/lx/Article_Show. asp?ArticleID=881.
[142] 赵公民，聂锋. 毕业论文的写作与答辩[M]. 北京：中国经济出版社，2006：232.
[143] 刘利. 大学写作教程 一年制下[M]. 北京：红旗出版社，2007：168.
[144] 刘怀亮，孙延海. 信息资源检索与应用[M]. 北京：冶金工业出版社，2007：161.
[145] 夏继明，杨长平等. 信息检索与利用・农业[M]. 成都：四川科学技术出版社，2006：11.
[146] 邓慧智. 信息检索与利用・经济[M]. 西安：世界图书出版公司，2004：306.
[147] 徐庆宁. 信息检索与利用 07 修订[M]. 上海：华东理工大学出版社，2007：213.
[148] 王园春，李瑞斌. 科技信息检索与利用[M]. 北京：石油工业出版社，2006：175-177.
[149] 王瑞平. 学术论文写作指导 大学生篇[M]. 西安：三秦出版社，2006：53.
[150] 任胜国，周敬治. 文献信息检索教程[M]. 北京：北京图书馆出版社，1999：326-327.
[151] 金秋颖，韩颖，王园春. 数字信息检索技术[M]. 北京：石油工业出版社，2006：110-111.